2014年全国选矿前沿技术大会论文集

孙春宝　孙体昌　主编

北　京

冶金工业出版社

2014

内 容 提 要

本书收录了"2014年全国选矿前沿技术与装备大会"的论文35篇，内容涉及选矿方法、选矿工艺、选矿机械以及尾矿处理等内容。

本书可供选矿、采矿等行业生产、科研、设计人员阅读，也可供高等院校师生参考。

图书在版编目（CIP）数据

2014年全国选矿前沿技术大会论文集/孙春宝，孙体昌主编．
—北京：冶金工业出版社，2014.5
ISBN 978-7-5024-6603-9

Ⅰ．①2… Ⅱ．①孙… ②孙… Ⅲ．①选矿—学术会议—文集 Ⅳ．①TD9－53

中国版本图书馆 CIP 数据核字（2014）第 082387 号

出 版 人 谭学余
地 址 北京北河沿大街嵩祝院北巷 39 号，邮编 100009
电 话 (010)64027926 电子信箱 yjcbs@ cnmip. com. cn
责任编辑 杨秋奎 曾 媛 美术编辑 彭子赫 版式设计 孙跃红
责任校对 卿文春 责任印制 李玉山
ISBN 978-7-5024-6603-9

冶金工业出版社出版发行；各地新华书店经销；三河市双峰印刷装订有限公司印刷
2014 年 5 月第 1 版，2014 年 5 月第 1 次印刷
787mm×1092mm 1/16；14 印张；336 千字；216 页
80. 00 元

冶金工业出版社投稿电话：(010)64027932 投稿信箱:tougao@cnmip. com. cn
冶金工业出版社发行部 电话:(010)64044283 传真:(010)64027893
冶金书店 地址:北京东四西大街 46 号(100010) 电话:(010)65289081(兼传真)
（本书如有印装质量问题，本社发行部负责退换）

序

    矿业是国民经济的重要支柱，矿物加工技术的发展对于矿产资源的有效利用是必不可少的，因此其在整个国民经济中的地位非常重要。针对我国矿产资源贫、细、杂的特点，各高等院校、科研单位和生产企业的技术人员一直都在努力创新，每年都有大量的新设备、新工艺、新技术出现。在此背景下，由北京科技大学主办的"2014年全国选矿前沿技术与装备大会"在美丽的海滨城市青岛举行，目的是为广大选矿工作者提供一次相互交流的机会。

    本论文集共收录论文35篇，涉及的内容广泛，包括了矿物加工技术的各个方面，既有选矿新设备、新技术和新药剂的介绍，也有针对企业现场出现的实际问题进行的技术升级和设备改造，还包括了选矿对环境的影响、尾矿水的处理回用、尾矿的综合利用等内容。论文作者有在高等院校和科研单位的师生和研究人员，也有工作在生产一线的工程技术人员，他们在自己工作实践的基础上，针对选矿厂生产中存在的问题进行了大量的技术改造工作，经过总结提高写出的论文具有更强的实用性和一定的推广意义。

    希望本论文集对选矿工作者了解选矿技术和设备的进展有一定的参考价值，对选矿事业的发展有一定的推动作用。

北京科技大学　孙体昌　孙春宝

2014年5月

目　录

煤中的硫分对低品位铁矿石
直接还原—磁选精矿的影响

余 文 孙体昌 高恩霞

（北京科技大学土木与环境工程学院，北京 100083）

摘 要：采用煤基直接还原—磁选技术处理难选铁矿石，以四种硫含量不同的煤为还原剂，考察了煤中的硫分对产品指标的影响。结果表明，该工艺具有较好的脱硫能力，煤中的含硫物质在焙烧过程中转变为 FeS，经磨矿、磁选大部分被除去。但是精矿中的硫含量还是与还原剂中的硫含量密切相关，当采用含硫 2.17% 的高硫煤为还原剂时，所得精矿中硫含量高达 0.175%，远高于电炉炼钢法对原料中硫含量的标准。以高硫煤为还原剂的情况下，添加 $Ca(OH)_2$ 和 Na_2CO_3 均未能起到促进脱硫的效果。

关键词：铁矿石；直接还原；磁选；还原剂；脱硫

随着易选铁矿石资源的快速消耗，如何利用各种难选铁矿石资源成为冶金、选矿界一个迫切需要解决的难题，如高磷鲕状铁矿石、高铝褐铁矿等。另一方面，很多冶金、化工企业产生了大量的含铁固废未能得到有效的利用，如拜耳法赤泥、硫酸渣、铅渣等，不仅浪费了资源，而且占用耕地，对环境造成了污染。针对这些问题，研究人员采用煤基直接还原—磁选技术处理这些含铁物料[1~5]。在这一工艺中，铁氧化物首先被还原成金属铁，铁颗粒聚集长大，然后通过磨矿、磁选回收其中的金属铁。这个工艺所得的产品铁含量可达 90% 以上，可以替代部分废钢作为电炉炼钢原料；而且全流程回收率一般在 85% 以上，远高于常规的选矿—冶炼流程。对于高铝、高磷的矿石，通过调整焙烧条件、加入添加剂等手段，也能实现高效的脱铝、降磷，获得铝、磷含量很低的金属铁产品[1,2]。另外，此工艺以非焦煤为还原剂，节约了焦煤资源，也避免了炼焦过程造成的环境污染。研究人员用到的还原剂涵盖了褐煤、烟煤和无烟煤三大煤种[6,7]，他们发现虽然煤种对还原铁的指标有重要影响，但是通过调整煤用量或是其他焙烧条件，采用各种煤都能获得很好的指标。但是，目前很少有研究关注原煤中的硫分的对产品质量的影响。众所周知，原煤中都含有一定的硫分，从百分之零点几到百分之几不等，这些硫分可能会进入到最终精矿中。而电炉炼钢对原料的硫含量是有严格要求的，硫含量超标会引起钢材的热脆[8]。

有报道[9]称在铁精矿含碳球团的还原工艺中，约 2/3 以上的硫残留在最终产品中，因此精矿的煤基直接还原工艺对还原剂中的硫含量有严格要求。对于煤基直接还原—磁选工艺而言，焙烧完之后对焙烧产品进行超细磨和磁选作业，如果选别过程中含硫物质能被较好的脱除，那么该工艺可能对煤中的硫含量有更好的适应能力。

在本文中采用几种硫含量不同的煤作为一种难选铁矿石的还原剂，研究了煤基直接还原—磁选工艺的脱硫能力，考察了煤中的硫分对精矿中硫含量的影响，并对可能的强化脱硫手段进行探索。

1　试验原料和试验方法

1.1　原料性质

试验所用铁矿石为鄂西"宁乡式"高磷鲕状赤铁矿石，原矿含 Fe 43.33%，含 SiO_2 17.10%，Al_2O_3 9.28%，P 0.83%，S 0.071%。试验所用还原剂及其工业分析见表 1。试验中使用的其他试剂均为分析纯产品。

表 1　还原剂工业分析结果　　　　　　　　　　（%）

煤　种	硫含量	水　分	灰　分	挥发分	固定碳
双山子烟煤	2.15	11.77	17.56	24.86	45.81
内蒙古无烟煤	0.34	1.36	7.90	7.01	83.73
哈密烟煤	0.40	6.55	14.40	24.13	54.92
张家口烟煤	0.69	13.00	13.97	31.21	54.83

1.2　实验方法

1.2.1　造球

按一定的比例称取铁矿石、还原剂、添加剂及黏结剂（羧甲基纤维素钠），混合均匀，然后加入适量的水（8% ~12%）混匀。每次用矿石量20g，还原剂用量按将赤铁矿还原为金属铁理论所需用量，黏结剂用量为铁矿石重量的0.4%。将混合料装入内径30mm 的钢模中，采用液压机压制成球，压力为100kN。

1.2.2　焙烧—选别

焙烧实验在马弗炉中进行，每次将两个小球放入一个石墨坩埚（70mm×75mm）中，当炉膛温度升到1200℃后，将坩埚放入马弗炉中，焙烧时间为40min。待焙烧结束后，取出坩埚，冷却后将焙烧矿破碎到 −2mm，然后进行磨矿。磨矿实验设备为 RK/BM-三辊四筒智能棒磨机（武汉洛克粉磨设备制造有限公司），磨筒体积为1L，磨矿介质为10 根 φ14mm×120mm 的钢棒，磨机转辊转速为289r/min，磨矿浓度为60%。一段磨矿时间为10min，然后在磁选管中磁选分离，一次磁选所得精矿进行二段磨矿，磨矿时间为40min，磁选场强为1120Oe。

1.2.3　产品分析和表征

产品的铁含量委托中国地质大学（北京）分析化验室测试，产品硫含量采用 CS-2800 碳硫分析仪分析。试验中用到的 XRD 测试设备为日本理学 Ultima Ⅳ 型，使用 CU 靶，扫描速度为20℃/min。

2　结果与讨论

2.1　还原剂中的硫含量对精矿硫含量的影响

采用四种硫含量不同的煤作为还原剂，考察原煤中硫含量对精矿硫含量的影响。C/O

比为1：1，结果如表2所示。

表2　以不同煤种还原时的选别指标

煤　种	煤中硫含量/%	精矿硫含量/%	脱硫率/%
内蒙古无烟煤	0.34	0.0395	88.50
哈密煤	0.40	0.0702	80.93
张家口烟煤	0.69	0.1188	77.36
双山烟煤	2.15	0.1747	89.82

从表2可以看出，当采用硫含量分别为0.34%、0.40%、0.69%和2.15%的煤为还原剂时，所得铁精矿的硫含量分别为0.0395%、0.0702%、0.1188%和0.1747%，脱硫率分别为88.50%、80.93%、77.36%和89.82%。由此可见，煤基直接还原—磁选工艺有良好的脱硫效果，能将物料中的绝大部分硫分脱去。但是精矿的硫含量也与所用还原剂的硫含量密切相关，随着所用还原剂的含硫量增加。当采用含硫2.15%的烟煤为还原剂时，产品中的硫含量高达0.17%，这对于电炉炼钢用直接还原铁来说，硫含量过高[8]。

2.2　煤基直接还原—磁选工艺的脱硫机制

为了研究煤基直接还原—磁选工艺的脱硫机制，采用硫含量最高的双山子烟煤为还原剂进行焙烧试验。对焙烧前后含碳球团的硫含量进行测试，结果发现生球中95.92%的硫都保留在焙烧后球团中，说明焙烧过程脱硫率很低。由此可推断主要的含硫物质应该是在磨矿、磁选过程中脱除的。采用XRD对焙烧后球团及选别后所得的精矿和尾矿中的物相进行测试，结果见图1。

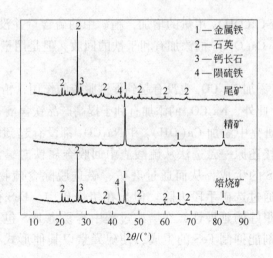

图1　焙烧矿、精矿和尾矿的XRD图谱

从图1中可以看出，在焙烧后球团中硫元素以陨硫铁（FeS）的形式存在。从原矿性质可知，铁矿石中硫含量仅为0.07%，因此可以推断陨硫铁中的硫主要来自还原剂，可能是由煤灰中黄铁矿在高温下转化而成或是由煤中的硫酸盐分解后与铁矿物发生反应生成。从精矿的XRD可以看出，精矿中没有发现FeS的衍射峰，而在尾矿的XRD中FeS衍射峰明显。结合球团焙烧前后的硫含量分析结果可以得出结论，煤基直接还原—磁选工艺的脱硫机制主要是将原料中的硫在高温下转变为无磁性的 FeS，然后在磨矿、磁选阶段加以脱除。

2.3　添加剂对脱硫的影响

如前所述，当采用高硫煤还原剂时，导致精矿的硫含量过高，因此尝试通过添加脱硫剂进行脱硫。孙昊等[3] 报道称采用煤基直接还原—磁选处理硫酸渣的过程中，添加钙盐和钠盐能够促进脱硫，因此在本试验中采用添加 $Ca(OH)_2$ 和 Na_2CO_3 的办法来尝试脱硫。以宁夏烟煤为还原剂，$Ca(OH)_2$ 和 Na_2CO_3 用量对产品硫含量的影响分别如图 2、图 3 所示。

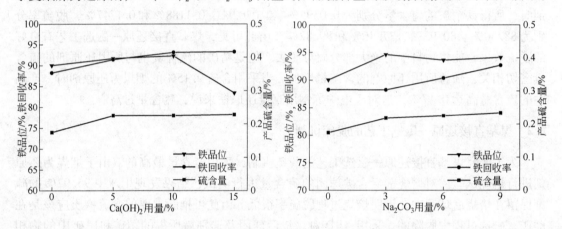

图 2　$Ca(OH)_2$ 用量对选别指标的影响　　　图 3　Na_2CO_3 用量对选别指标的影响

从图 2 可知，随着 $Ca(OH)_2$ 用量的增加，精矿中的硫含量并没有减少，反而出现了小幅上升的趋势。另外 $Ca(OH)_2$ 的添加有利于铁的回收，但是用量超过 10% 会导致产品铁含量下降。

从图 3 可以看出，添加 Na_2CO_3 也没有起到促进脱硫的作用，精矿中硫含量随 Na_2CO_3 用量的增加略微升高。此外，Na_2CO_3 的添加有利于提高产品铁含量和回收率。

由此可见，在本研究中添加 $Ca(OH)_2$ 和 Na_2CO_3 都没有起到脱硫的作用。孙昊等人认为，采用煤基直接还原—磁选法从硫酸渣中回收金属铁时，添加含钙盐或是钠盐的脱硫机理是抑制 FeS 的生成，从而通过磨矿、磁选脱除含硫物质。如前所述，FeS 是非磁性矿物，能够通过选矿手段去除。但是在焙烧矿中，FeS 往往与金属铁紧密共生，加之金属铁具有很好的延展性，在磨矿过程中容易将 FeS 包裹起来从而不利于它的脱除。若加入添加剂能抑制 FeS 的生成，使硫元素以其他形式存在，可能会起到更好的脱硫效果。

为了探明这两种添加剂为何在本研究中都没有起到脱硫的作用，分别对添加 15% $Ca(OH)_2$ 和 9% Na_2CO_3 的焙烧矿采用 XRD 进行物相分析，结果分别如图 4 和图 5 所示。

从图 4 可以看出，在添加 $Ca(OH)_2$ 的情况下，FeS 的衍射峰基本消失，这说明添加 $Ca(OH)_2$ 抑制了 FeS 的生成。从图 5 可以看出，添加 Na_2CO_3 没能抑制 FeS 的生成。但在这两种情况下，精矿中硫含量都没有降低，具体原因需有待进一步研究。

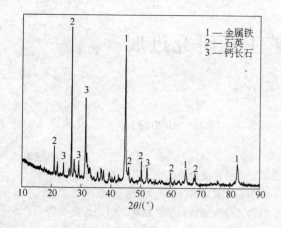

图 4 添加 15% $Ca(OH)_2$ 焙烧矿的 XRD 图谱

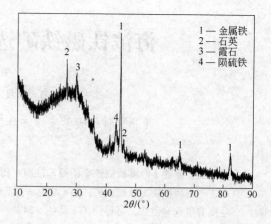

图 5 添加 9% Na_2CO_3 焙烧矿的 XRD 图谱

3 结论

（1）采用煤基直接还原—磁选技术处理难选铁矿石，该工艺具有良好的脱硫能力，物料中的含硫物质在焙烧后主要转化为非磁性的 FeS，经磨矿、磁选可大部分脱除。

（2）虽然该工艺有良好的脱硫工艺，但是精矿的硫含量还是与还原剂中的硫含量密切相关。若煤中硫含量过高，得到的金属铁粉硫含量也高，将难以满足电炉炼钢对原料的要求，所以应尽量采用低硫煤为还原剂。

（3）采用含硫 2.15% 的高硫煤为还原剂时，添加 $Ca(OH)_2$ 抑制了 FeS 的生成，添加 Na_2CO_3 则没有这个作用，但是添加这两种添加剂都没能起到促进脱硫的作用。

参 考 文 献

[1] 姜涛，刘牡丹，李光辉，等. 钠化还原法处理高铝褐铁矿新工艺[J]. 中国有色金属学报，2010 (03)：565~571.

[2] Yu W, Sun T, Kou J, et al. The Function of $Ca(OH)_2$ and Na_2CO_3 as Additive on the Reduction of High-Phosphorus Oolitic Hematite-coal Mixed Pellets[J]. ISIJ International, 2013, 53(3)：427~433.

[3] 孙昊，孙体昌，高恩霞，等. 钙盐在硫酸渣直接还原同步脱硫中的作用及机理[J]. 北京科技大学学报，2013(08)：977~985.

[4] 杨慧芬，张露，马雯，等. 铅渣煤基直接还原—磁选选铁试验[J]. 金属矿山，2013(1)：151~154.

[5] 李国兴，王化军，胡文韬，等. 拜耳法赤泥直接还原—磁选试验[J]. 现代矿业，2013(9)：31~34.

[6] 李永利，孙体昌，徐承焱. 还原剂种类对高磷鲕状赤铁矿直接还原提铁降磷的影响[J]. 矿冶工程，2012(4)：66~69.

[7] 徐承焱，孙体昌，祁超英，等. 还原剂对高磷鲕状赤铁矿直接还原同步脱磷的影响[J]. 中国有色金属学报，2011(3)：680~686.

[8] 张瑞香，李明菊，安健波. YB/T 4170—2008《炼钢用直接还原铁》标准概述[J]. 冶金标准化与质量，2008(6)：8~11.

[9] 段东平，万天骥，郭占成. 硫在含碳球团内的转化行为[J]. 钢铁研究学报，2005，17(5)：16~21.

海滨钛磁铁矿选矿工艺研究进展

高恩霞　孙体昌

（北京科技大学土木与环境工程学院，北京　100083）

摘　要： 概述了海滨钛磁铁矿的原矿性质、传统选矿工艺和直接还原焙烧工艺。海滨钛磁铁矿的主要金属矿物为钛磁铁矿，TFe 品位一般 38% ~60%，TiO_2 品位 6% ~13%；传统选矿工艺主要有重选和磁选，可得到 TFe 品位 >54%、TiO_2 品位 <13% 的钛磁铁矿精矿，但冶炼此类精矿时较困难；直接还原焙烧工艺处理海滨钛磁铁矿，可得到 TFe 品位 >90%、TiO_2 品位 <0.5% 的直接还原铁，煤种、添加剂及焙烧过程等对焙烧矿的影响较大。目前对海滨钛磁铁矿的研究不够完善，还需要继续深入研究。

关键词： 海滨钛磁铁矿；传统选矿；直接还原焙烧

在资源科技学科里，海滨砂矿被定义为在海滨地带由河流、波浪、潮汐、潮流和海流作用，使砂质沉积物中的重矿物碎屑富集而形成的矿床，通常划分为非金属砂矿、黑色金属砂矿、有色金属砂矿及稀有金属砂矿 4 大类。海滨砂矿是世界上多种矿产品的主要来源，如钛铁矿、钛磁铁矿、锡石、金刚石等，且储量丰富，世界已探明的主要海滨金属砂矿储量为 237.71 亿吨。其中钛铁矿储量第一，为 10.25 亿吨；第二为钛磁铁矿，储量为 8.24 亿吨；第三为磁铁矿，储量为 1600 万吨[1]。

海滨砂矿系原生矿经天然风化、富集生成，其储量大、开采方便，在海底矿产资源的开发中，产值仅次于海底石油和天然气，是增加矿产资源储量最具潜力的资源之一。随着陆地矿物资源的日趋减少、枯竭，开发利用海洋矿物资源显得越来越重要[2]。海滨钛磁铁矿作为海滨砂矿的一个重要矿种，对其进行矿物性质研究及选矿技术研究有重要意义。

1　海滨钛磁铁矿原矿性质

海滨钛磁铁矿在菲律宾、印度尼西亚、马达加斯加等沿海地区分布广泛，我国福建、广东沿海地区也有分布，采矿较易，经选矿可得到满足我国"冶炼精料"方针对钒钛磁铁矿精矿品位的要求（TFe >54%、TiO_2 <13%）。

海滨钛磁铁矿中，主要金属矿物为钛磁铁矿，常伴生有钛铁矿，脉石矿物主要有石英、辉石、长石等。常见海滨钛磁铁矿化学分析如表 1 所示，由表 1 可知，原矿中 TFe 品位一般在 38% ~60%，TiO_2 品位 6% ~13%，含 V 较少，主要有害杂质 S、P 含量较低。某种海滨钛磁铁矿扫描电镜照片如图 1 所示，其中 A 为钛磁铁矿。由图 1 可知，海滨钛磁铁矿颗粒明显，粒度较均匀，但钛磁铁矿颗粒并不纯净，颗粒内部有少量 Mg、Al。

表 1　海滨钛磁铁矿化学分析　　　　　　　　　　（%）

产　地	TFe	TiO_2	V_2O_5	S	P	SiO_2	Al_2O_3	MgO	CaO	文献
印　尼	38.41	12.75	0.31	—	—	19.29	4.22	7.00	2.35	[3]

续表1

产　地	TFe	TiO$_2$	V$_2$O$_5$	S	P	SiO$_2$	Al$_2$O$_3$	MgO	CaO	文献
印　尼	47.11	12.10	0.40	0.017	0.022	10.56	3.12	3.18	1.80	[4]
印　尼	51.85	11.33	—	0.232	0.061	14.43	6.86	3.64	1.09	[5]
国外某地	54.92	8.10	0.41	0.036	0.076	6.72	1.84	2.23	0.79	[6]
印尼桑义赫岛	23.72	3.20	0.24	0.04	0.32	36.78	7.30	9.98	7.63	[7]
某　地	47.11	12.10	0.40	0.017	0.051	10.56	3.12	3.18	1.80	[8]

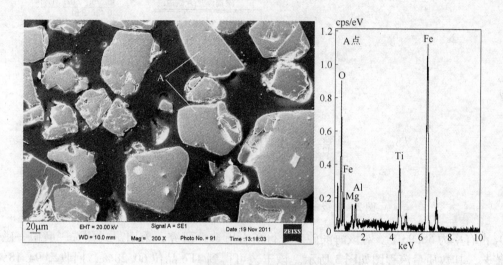

图1　海滨钛磁铁矿扫描电镜照片

2　海滨钛磁铁矿传统选矿工艺研究现状

海滨砂矿床一般沿海岸线连续带状分布，采用船采船选技术可以有效开采水下资源，降低生产成本，取得较好的经济效益。船采船选工艺中，海滨钛磁铁矿原矿直接磁选，所得铁精矿粒度较粗，TFe 品位较低，TiO$_2$ 品位较高，阻碍了铁精矿的有效利用[9]。

国内外海滨钛磁铁矿的传统选矿工艺主要有重选、磁选。

胡真等[10]对印尼某海滨砂矿进行了矿石可选性研究。研究发现，该矿样中主要铁矿物为钛磁铁矿和钛赤铁矿，脉石矿物主要是辉石和石英；原矿含 TiO$_2$ 和 TFe 分别为 6.38% 和 21.91%。由于该矿石经历风化淋滤，钛磁铁矿部分氧化为赤铁矿和少量褐铁矿，钛铁矿变化为白钛石，矿物的次生变化使得钛铁矿物磁性较为复杂，各种矿物磁性范围重叠，采用磁选方法分离铁钛矿物难度较大，属难选矿石。胡真等做了大量探索性试验，最终确定了采用分级—重选—磁选—磁化焙烧联合流程对该矿石进行多次选别，工艺流程如图2所示。该流程使铁、钛矿物得到了较好的分离，获得了 Fe 品位 56.42%、回收率为 63.95% 的铁精矿，以及 TiO$_2$ 品位 46.91%、回收率为 22.42% 的钛铁矿精矿。

孙丽君等[8]对我国某海滨砂的原矿进行分析得知，该海滨砂中 TFe 含量 47.11%，磁性率（FeO/TFe）为 47.89%，同时 TiO$_2$ 品位达 12.10%，属于含钛磁铁矿矿石。且原矿中的铁主要以磁性铁的形式存在，磁性铁占有率为 80.58%，钛主要存在于钛磁铁矿中，

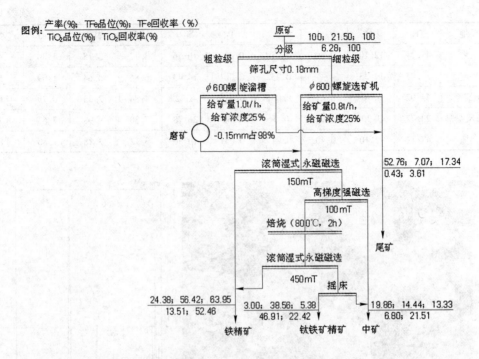

图2　分级—重选—磁选—磁化焙烧联合流程图

TiO_2 占有率为58.93%。对该海滨砂矿进行矿石可选性研究，采用湿式预选—磨矿—磁选的工艺，其数质量流程图如图3所示。该工艺可得到 TFe 品位60.28%，回收率94.18%，TiO_2 品位12.62% 的磁选精矿。

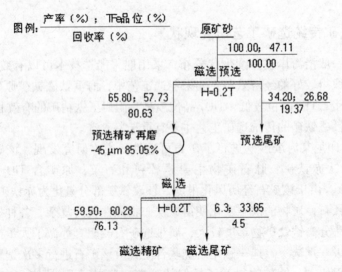

图3　湿式预选—磨矿—磁选数质量流程图

由上文可知，利用传统选矿工艺回收海滨钛磁铁矿是可行的，而且工艺流程较简单，一般采用磁选得到钛磁铁矿，对某些含钛铁矿的矿石采用重选的方法将其回收。但是，通过传统选矿工艺得到的钛磁铁矿精矿，一般 TFe 品位较低，TiO_2 品位较高，虽然可以达到我国对钛磁铁矿精矿冶炼的品位要求,但在铁精矿冶炼时难度较大,目前只有少数钢铁企业有类似矿石的高炉冶炼经验,且钛进入炉渣中回收困难,造成了钛资源的浪费。

3 海滨钛磁铁矿直接还原焙烧工艺研究现状

直接还原是一种非高炉炼铁技术,是将铁矿石或含铁的氧化物在低于熔化温度下被还原成金属产品的炼铁过程。近年来,直接还原焙烧工艺成为研究难选铁矿石选矿的新工艺,研究包括铁精矿压球直接还原得到海绵铁、红土镍矿镍铁选择性还原、高磷鲕状赤铁矿脱磷等领域,海滨钛磁铁矿的直接还原焙烧工艺也有相关研究。

高本恒等[11]对印尼某海滨砂矿精矿进行直接还原-磨矿磁选提铁试验研究。试验原矿为印尼某海滨砂矿经粗选富集后的精矿,TFe 品位 60.50%、TiO_2 品位 11.72%,试验考察了助还原剂 NCP 用量、还原剂烟煤用量、还原温度、还原时间等条件对铁还原效果的影响。结果表明,助还原剂 NCP 和烟煤用量增加,有助于铁的还原,升高焙烧温度和延长焙烧时间也可以促进铁的还原。通过直接还原-磨矿磁选工艺,在焙烧温度 1150℃、焙烧时间 90min、NCP 用量 7.5%、烟煤用量 17.5% 的条件下,可得到 TFe 品位 91.06%,回收率 97.27%,TiO_2 品位 1.6% 的粉末铁和 TFe 品位 4.31%,TiO_2 品位 26.69%,V 品位 0.94% 的钒钛渣。此工艺煤基直接还原焙烧——磨矿磁选工艺能够实现海滨钛磁铁矿中铁与钛的相互分离,助还原剂 NCP 有利于钒钛磁铁矿中铁氧化物的还原,此流程虽然比常规选别工艺效果好,但所得铁精矿中 TiO_2 品位仍较高。

作者也对海滨钛磁铁矿直接还原——磁选钛铁分离工艺进行了研究[5]。所用矿样为印尼某海滨砂矿,原矿 TFe 品位 51.85%,TiO_2 品位 11.33%,有用矿物主要为钛磁铁矿,伴生有($MgFe_2O_4$),少量钛铁矿,脉石矿物主要为石英、霞石、辉石、透辉石,基本不含 V,含 S、P 均较低,属低硫低磷钛磁铁矿。在添加还原煤、添加剂条件下焙烧,焙烧矿经磨矿——磁选可得到 TFe 品位 93.51%、回收率 92.91%、TiO_2 品位 0.39% 的还原铁。该工艺得到的还原铁指标表明,煤基直接还原——磁选工艺可以使钛铁相互分离,并使还原铁中 TiO_2 品位 <0.5%,但必须同时添加还原剂和添加剂。

有学者对(钒)钛磁铁矿的直接还原焙烧过程进行了研究,包括(钒)钛磁铁矿的还原历程、煤种及添加剂在还原焙烧过程的影响以及焙烧条件对直接还原铁的影响。

何其松[12]用 H_2-H_2O、CO_2-CO 及 H_2-H_2O-CO_2-CO 混合气体对含铁物相为赤铁矿和铁板钛矿(Fe_2TiO_5)的钛磁铁矿球团进行了大量的还原过程研究,提出了钛磁铁矿中赤铁矿和铁板钛矿两种矿物的还原途径,即 $Fe_2O_3 \rightarrow Fe_3O_4 \rightarrow FeO \rightarrow Fe$ 和 $Fe_2TiO_5 \rightarrow Fe_2TiO_4 \rightarrow FeTiO_3 \rightarrow Ti_3O_5$。还有一些研究者研究了钛铁矿与 H_2、CO_2/CO 混合气体或 C 的还原过程,钛铁矿的还原历程为 $FeTiO_3 \rightarrow Ti_3O_5 \rightarrow TiO$。

储绍彬[13]等研究了钒钛磁铁矿精矿在 450~850℃ 的温度范围内分别用 H_2 和 CO_2/CO 混合气体的还原过程,从试验的 X 射线分析和热重分析实验看出,在 500℃ 下,钛铁晶石开始按反应式(1)被氢还原,生成钛铁矿。天然矿还原过程的反应如式(2)、式(3),该过程出现由钛铁矿还原到钛铁晶石现象,这是在还原过程产生 FeO 时,通过固相扩散反应式(3)产生的。当原子比 Fe/Fe+Ti >0.5,钛铁矿还原要经过钛铁晶石也可认为由式(2)、式(3)两式形成的。

$$Fe_2TiO_4 + H_2 \longrightarrow Fe + FeTiO_3 + H_2O \tag{1}$$

$$FeO + FeTiO_3 \longrightarrow Fe_2TiO_4 \tag{2}$$

$$6Fe_2TiO_4 + O_2 \longrightarrow 6FeTiO_3 + 2Fe_3O_4 \tag{3}$$

刘松利[14]等的研究发现，钒钛铁精矿内配碳球团在1350℃，氮气保护气氛实验条件下还原30min的过程中，其相变历程依次为：钒钛磁铁精矿→Fe_2TiO_4 和 Fe_3O_4→$3(Fe_3O_4) \cdot Fe_2TiO_4$→$Fe_3O_4 \cdot Fe_2TiO_4$→$Fe_2TiO_4$ 和 FeO→Fe 和 $FeTiO_5$。在磁铁矿大量还原生成浮士体的阶段，钛铁矿与新生成的浮士体发生"钛铁晶石化"，即

$$FeTiO_3 + FeO \longrightarrow Fe_2TiO_4$$

$$Fe_2TiO_4 + CO = Fe + FeTiO_3 + CO_2$$

朱德庆[15]等研究了添加剂对钒钛磁铁矿直接还原结果的影响。试验所用钒钛磁铁精矿由西昌太和铁矿提供，TFe 品位为 52.47%，TiO_2 品位为 13.42%，V_2O_5 品位为 0.595%，添加剂 Na_2SO_4，Na_2CO_3，DA-1，DA-2 均为分析纯，由湖南长沙化学试剂厂生产。不同添加剂对金属化球团磨选指标的影响结果如表2所示。结果表明，添加剂对钒钛磁铁矿直接还原焙烧及铁与钒钛的磁选分离有显著影响，不同的添加剂对结果的影响不同，添加剂作用效果优劣顺序为 DA-2 > DA-1 > Na_2SO_4 > Na_2CO_3 > 无添加剂。通过对不同添加剂的焙烧矿的显微结构观察及能谱分析可知，添加剂可以促进 MFe，TiO_2 晶粒的长大，从而有利于 MFe 与 TiO_2 晶粒间的分离，在磨矿时可以较容易的将 MFe 与 TiO_2 分开，降低磁性产物中 TiO_2 的夹杂，从而改善磁选分离效果。由实验结果可看出，磁性矿物中 TiO_2 的含量依然很高，当 DA-2 用量为 3% 时，也仅使其中的 TiO_2 由 13.42% 降到 4.21%，仍有一部分钛与铁紧密结合在一起，此时铁与钛的结构更为紧密，更难分离，为了更好地将铁与钛分离，有必要对类似矿石进行更深入地研究。

表2　添加剂对金属化球团磨选指标的影响

添加剂	产　物	$\gamma/\%$	$\beta/\%$			$\varepsilon/\%$	
			TFe	TiO_2	S	TFe	TiO_2
无	磁性物	71.52	86.06	7.98		92.31	35.67
	非磁性物	28.48	18.00	36.14	0.04	7.69	64.33
	合　计	100	66.67	16.00		100	100
Na_2SO_4 3%	磁性物	68.82	88.82	5.56		92.52	24.22
	非磁性物	31.18	15.84	38.84	0.05	7.48	75.78
	合　计	100	66.05	15.94		100	100
Na_2CO_3 3%	磁性物	68.26	88.95	5.08		91.46	21.48
	非磁性物	31.74	18.79	39.95	0.03	8.94	78.52
	合　计	100	66.68	16.15		100	100
DA-1 3%	磁性物	68.67	88.07	4.92		92.54	20.34
	非磁性物	31.33	15.55	42.23	0.05	7.46	79.66
	合　计	100	65.35	16.61		100	100

添加剂	产　物	$\gamma/\%$	$\beta/\%$			$\varepsilon/\%$	
			TFe	TiO_2	S	TFe	TiO_2
DA-2 3%	磁性物	68.05	94.25	4.21		92.24	17.35
	非磁性物	31.95	16.35	42.71	0.03	7.76	82.65
	合　计	100	66.60	16.15		100	100

刘松利[16]等的研究表明，还原度随反应温度的升高而增大。温度越高，钒钛磁铁精矿球团在反应前期还原度的增加速率越大，达到的最终还原度越高，且达到最终还原度时所用的时间越短。

陈德胜[17]等对不同添加剂对钒钛磁铁矿直接还原反应的金属化率的研究表明，还原温度、还原时间和碳铁摩尔比对金属化率影响较大，在还原温度为1200℃、还原时间为120min以及碳铁摩尔比为1.3的条件下，金属化率最高可以达到84.5%；当温度大于1000℃时，MFe开始被还原出来，且随着还原温度的升高，金属化率逐渐增加，温度达到1200℃时有高铁板钛矿（Fe_2TiO_5）生成；添加剂CaF_2和Na_2CO_3均可以优化钒钛磁铁精矿的还原条件，促进钒钛磁铁精矿的还原，CaF_2在还原过程中可降低固相反应产物熔点，同时降低其黏度，优化还原过程中的传热和传质，有助于离子间相互扩散，也有利于铁晶粒的长大富集；Na_2CO_3能够引起矿物晶格点阵的畸变，使界面还原的活化能降低，加快其界面的反应速率；在还原温度为1200℃、还原时间为120min以及碳铁摩尔比为1.3的条件下，加入3.0%的Na_2CO_3或CaF_2，钒钛磁铁精矿的金属化率可分别达到96.5%和93.3%。

直接还原焙烧工艺处理海滨钛磁铁矿，通过添加还原煤和添加剂，控制焙烧条件，可以得到TFe品位>90%、TiO_2品位<0.5%的直接还原铁精矿，此类铁精矿在电炉炼钢时可以作为废钢的替代品，提高了此类铁资源的利用价值。此外，利用此工艺处理钛磁铁矿，钛资源主要富集在磁选尾矿中，为回收利用钛资源提供了可能。

4　海滨钛磁铁矿直接还原焙烧工艺研究方向

目前，对海滨钛磁铁矿直接还原焙烧工艺的研究还不够完善，笔者认为主要在以下几个方面需要进行深入研究：

（1）不同还原剂对海滨钛磁铁矿的影响及其作用机理。

（2）不同添加剂对海滨钛磁铁矿的影响及其作用机理。

（3）还原剂和添加剂的不同组合对海滨钛磁铁矿的影响及其作用机理。

（4）焙烧温度、焙烧时间及焙烧方式对海滨钛磁铁矿的影响及其作用机理。

（5）海滨钛磁铁矿中的铁矿物和钛矿物在直接还原焙烧过程中的相变过程，钛资源的有效回收利用。

5　结论

（1）海滨钛磁铁矿储量丰富，开采方便；其主要金属矿物为钛磁铁矿，常伴生有钛铁矿，TFe品位一般在38%～60%，TiO_2品位6%～13%，含V较少，主要有害杂质S、P

含量较低。

（2）海滨钛磁铁矿传统选矿工艺主要有重选、磁选，可得到 TFe 品位 > 54%、TiO_2 品位 < 13% 的钛磁铁矿精矿。

（3）直接还原焙烧工艺处理海滨钛磁铁矿，可得到 TFe 品位 > 90%、TiO_2 品位 < 0.5% 的直接还原铁，煤种、添加剂及焙烧过程对焙烧矿的影响较大。

参 考 文 献

[1] 刘国栋. 海洋矿产资源开发综述[J]. 有色金属（矿山部分），1991（3）：6～11.

[2] 李恺，邓杏才，叶志平. 马达加斯加海滨砂矿的开发利用[J]. 资源与产业，2009，11（5）：30～34.

[3] 洪秉信，傅文章. 印尼某海滨砂钒钛磁铁矿物质组成研究[J]. 矿产综合利用，2012（5）：44～48.

[4] 陈平，吕宪俊，邱俊，等. 印度尼西亚某海滨铁矿砂选矿试验研究[J]. 金属矿山，2009（8）：39～41.

[5] 高恩霞，孙体昌，徐承焱，等. 基于还原焙烧的某海滨钛磁铁矿的钛铁分离[J]. 金属矿山，2013（11）：46～48.

[6] 吕良，王守敬，岳铁兵，等. 国外某铁砂矿综合回收技术研究[J]. 金属矿山，2012（1）：73～76.

[7] 卫敏，李英堂，吴东印，等. 印尼桑义赫岛海滨砂矿可选性试验研究[J]. 矿产保护与利用，2009（2）：33～36.

[8] 孙丽君，吕宪俊，陈平，等. 某海滨砂矿的矿物学特征与选矿试验研究[J]. 矿业研究与开发，2010，30（2）：62～65.

[9] 戴翠红，母传伟，库学斌. 海滨砂矿船选工艺研究与设计[J]. 采矿技术，2013，13（3）：104～107.

[10] 胡真，张慧，李汉文，等. 印尼某海滨砂矿合理选矿工艺流程的研究[J]. 矿冶工程，2009（6）：33～35.

[11] 高本恒，王化军，曲媛，等. 印尼某海滨砂矿精矿直接还原—磨矿—磁选提铁试验研究[J]. 矿冶工程，2012，32（5）：44～46.

[12] 何其松. 磁铁矿球团的还原历程及其热力学分析[J]. 钢铁，1983，18（4）：4～6.

[13] 储绍彬，石笙陶. 钒钛磁铁矿精矿粉的还原过程[J]. 钢铁，1981，6（1）：12～15.

[14] 刘松利，白晨光，胡途，等. 钒钛铁精矿内配碳球团高温快速直接还原历程[J]. 重庆大学学报，2011（1）：60～65.

[15] 朱德庆，郭宇峰，邱冠周，等. 钒钛磁铁精矿冷固球团催化还原机理[J]. 中南工业大学学报（自然科学版），2000（3）：208～211.

[16] 刘松利，白晨光，胡途，等. 钒钛铁精矿内配碳球团直接还原的动力学[J]. 钢铁研究学报，2011（4）：5～8.

[17] 陈德胜，宋波，王丽娜，等. 钒钛磁铁精矿直接还原反应行为及其强化还原研究[J]. 北京科技大学学报，2011（11）：1331～1336.

还原剂对含碳球团强度的影响

崔 强 孙体昌

（北京科技大学土木与环境工程学院，北京 100083）

摘 要：以印尼某海滨钛磁铁矿为研究对象，研究了煤和煤泥对含碳球团强度的影响。研究结果表明，随着煤的粒度减小，球团强度逐渐上升，而随着煤用量的增加，球团强度先降低再升高。使用煤泥压球，球团强度远大于用煤压制的球团，且随着煤泥用量的增加，球团强度逐步升高。

关键词：煤泥；压球；海滨钛磁铁矿

高炉炼铁工艺经过长时期的发展，技术已经非常成熟，但是也存在着固有的不足，即对冶金焦的强烈依赖[1]。焦煤资源的日益匮乏，冶金焦的价格持续走高，采用廉价的非焦煤资源炼铁工艺逐渐被重视，经过长时间的探索，至今已经形成了以直接还原和熔融还原为主体的现代化非高炉炼铁工艺体系。

另一方面，随着铁矿石资源开发的逐步扩展，海滨含铁砂矿逐渐受到研究单位和企业的重视。海滨含铁砂矿的开发有其优势，即原矿粒度较细，省去了破碎工段作业，可大幅降低企业建厂的投资及生产成本。此外，海滨铁砂矿依海开采，技术简单，也无需考虑尾矿库问题。印度尼西亚、菲律宾、马来西亚等国家拥有大量此类资源，由于距离我国较近，海运成本低廉，可作为我国铁矿石资源的重要补充和来源之一[2]。

针对海滨砂矿的各种利用也有较多的研究，龙运波等人[2]利用传统的磁选、重选等方法得到了铁精矿，但是钛铁分离效果还有待提高。而加拿大的Jena[3]通过火法湿法来处理钒钛磁铁矿效果优良。我国的一些学者也通过直接还原的方式处理海滨钛磁铁矿粉矿，得到了品位较高的铁精矿，成功地实现了钛铁分离[4,5]。

粉矿想要用于工业大规模生产十分困难，无论是转底炉、回转窑还是竖炉工艺，都需要球团入炉，并且对强度有不同的要求，因此合适的造球工艺对于海滨砂的工业应用有着重要的指导意义。

1 实验原料

实验所用原料为印尼海滨钛磁铁矿，煤为宁夏烟煤，煤泥为望峰煤泥，成分分析如表1、表2所示，海滨钛磁铁矿粒度分析见图1。

表1 海滨钛磁铁矿成分分析 （%）

成分	TFe	SiO_2	TiO_2	Al_2O_3	MgO	CaO	SO_3	MnO	Na_2O	P_2O_5
含量	51.85	14.43	11.33	6.86	3.64	1.09	0.58	0.49	0.42	0.14

表 2　试验用煤煤质分析（空干基）　　　　　　　　　（%）

煤　种	水　分	灰　分	挥发分	固定碳
烟　煤	11.77	17.56	24.86	45.81
煤　泥	26.60	34.50	15.34	23.56

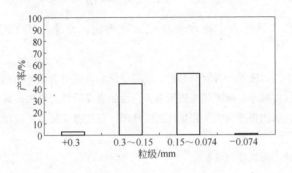

图 1　海滨钛磁铁矿粒度分布

2　试验方法

将 20g 矿与 30% 煤、黏结剂及其他添加剂按一定比例混匀后，加入 11% 水拌匀，装入如图 2 所示模具，置于数显液压压力试验机上，匀速缓慢加压至 80kN，压制成直径 3cm 的球团。压制成型后的湿球和干球分别测定落下强度，在 0.5m 高处落下，反复直至碎裂，记下碎裂前摔落次数以表征球团强度。试验中干球为室温下自然放置 3 天。所有数据为两个球取平均值的结果。试验中所用到的设备有 YES-300 数显液压压力试验机（长春市第一材料试验机厂）、RK/BM 三辊四筒智能棒磨机（武汉洛克粉磨设备制造有限公司）。

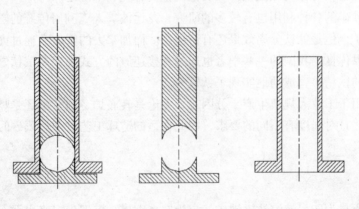

图 2　模具剖面图

3　结果与讨论

3.1　煤的粒度影响

粒度对球团强度的影响最为基础，也十分关键，不同粒度的物料颗粒可以通过相互作用，嵌合成紧密结实的球团。考虑到原矿粒度较细，试验直接采用原矿压球，考察煤的粒度对球团强度的影响规律。试验采用两种不同黏结剂：膨润土10%、羧甲基纤维素钠1%（以下简称CMC）。

由表3可以看出，分别采用上述两种不同的黏结剂时，含碳球团的强度都是随着煤粒度的减小而升高。以膨润土为黏结剂时，若采用0.6~1mm粒级的煤，含碳球团湿球0.5m落下一次即碎，干球落下强度也仅为2次，而当煤的粒度下降到-0.28mm时，球团强度上升到了湿球落下2次，干球4次。

表3 不同粒度的煤压球试验结果

黏结剂种类及用量	煤的粒度/mm	球团强度/次·(0.5m)$^{-1}$	
		湿 球	干 球
膨润土10%	0.6~1	0	2
	0.28~0.6	1	3
	-0.28	2	4
CMC 1%	0.6~1	0	0
	0.28~0.6	0	1
	-0.28	6	4

想要强度较好，球团的孔隙率应当更低，因此球团中各颗粒物质构成应当更为紧密，而煤作为还原剂，添加量为原矿的30%，根据致密堆积理论与经验[6]，适合做细颗粒物料，因此煤的粒度小于原矿更合适，细的煤可以更好的填充在原矿颗粒之间，形成强度更高的球团。而原矿粒度集中在0.3~0.074mm，因此大于0.3mm的煤不容易填充，孔隙率较高，对球团强度有负面影响。

3.2 煤的用量影响

为了验证这一想法，采用粒度为-0.28mm的烟煤，其他条件同上，选用此条件下球团强度较高的CMC做黏结剂，进行了煤的用量试验，所得试验数据如表4所示。

表4 不同煤的添加量压球试验结果

煤的用量/%	球团强度/次·(0.5m)$^{-1}$		煤的用量/%	球团强度/次·(0.5m)$^{-1}$	
	湿 球	干 球		湿 球	干 球
30	6	4	20	1	1
25	3	4	15	0	2

表中数据显示，随着煤用量的增大，湿球强度逐渐提高，而干球强度变化相对不明显，这其中有两方面的原因，一是煤的亲水性，二是煤的粒度。由于煤亲水性较差，与铁矿石结合能力较差[7]，内配煤用量增多隔绝了铁矿石颗粒与黏结剂的接触，使矿石成球性变差[8]，而另一方面煤的粒度小于矿的粒度，根据致密堆积经验，两种物料组分情况下，粗细颗粒比为7:3最为合适，因此细颗粒的煤用量的增加，有利于提高球团强度。在这两方面的交互影响下，当煤的紧密作用大于疏水性作用时，强度提高，反之降低，因此球团强度呈现出先降低，后升高的情况。

3.3　煤泥压球试验

目前在含碳球团的研究过程中,添加的还原剂都是煤,而煤由于其疏水性影响,使矿石成球性变差,但是又由于还原性的需求,必须加入足够量的煤,使得黏结剂的添加量大大增加,成本提高。煤泥作为煤矿生产中的一种副产品,具有粒度细、持水性强、灰分高、黏性大等特点,这些特点制约了它用于大多数工业生产,却恰恰适合进行含碳球团的压制。将煤泥引进用于生产含碳球团,既可以解决煤泥的应用问题,也可以提高球团的强度,一举两得。

试验采用膨润土10%与CMC 1%这两种黏结剂,在不同矿物粒度的情况下,进行了压球试验（见表5）。

表5　不同矿物粒度时煤泥压球试验结果

黏结剂种类及用量	矿物 -200 目含量/%	球团强度/次·(0.5m)$^{-1}$	
		湿　球	干　球
膨润土10%	1.10	12	23
	45.09	10	21
	65.92	9	19
	87.13	6	13
	96.30	5	6
CMC 1%	1.10	7	28
	45.09	6	20
	65.92	5	16
	87.13	5	12
	96.30	3	10

对比表3数据,显而易见的是,用煤泥做还原剂生产的含碳球团强度远远大于煤,这是由于煤泥的多方面特性决定的。首先煤泥中有机质含量远低于煤中有机质含量,而他们的疏水性主要是由有机质来决定的,这使得煤泥的疏水性远小于煤,反之由矿物质决定的亲水性要远大于煤[9];其次煤泥的持水性高,使物料间的分子黏结力大,湿球强度高;再次煤泥的粒度细,其中 -200 目含量在70%以上,与原矿粗细相结合,容易形成孔隙率低的球团;再次煤泥中灰分多,这些黏土类的物质在含碳球团的生产中起到了类似黏结剂的效果,增大了球团强度。

从表5的数据也可以看出,随着矿物颗粒的减小,球团强度呈降低的趋势,这是因为煤泥的粒度很细,微细颗粒占大多数,而随着矿物颗粒的减小,这两种物料的粒度越来越接近,粗细相差不明显甚至会使含量仅为30%的煤泥成为粗颗粒物料,孔隙率不断增大,球团强度自然会降低。

3.4　煤泥的用量影响

煤泥与煤相比,固定碳含量较低,在还原过程中,需要的量可能会增加,出于这方面的考虑,采用10%膨润土做黏结剂,以原矿直接压球,对煤泥的用量进行了试验（见表6）。

表6　煤泥用量试验

煤泥用量/%	球团强度/次·(0.5m)$^{-1}$		煤泥用量/%	球团强度/次·(0.5m)$^{-1}$	
	湿球	干球		湿球	干球
35	13	25	25	9	19
30	12	23	20	7	13

由表6中数据可见，随着煤泥用量的提高，强度逐步提高。由于微细粒的煤泥加入，物料的孔隙率降低，根据致密堆积理论与经验，三种物料的粗中细比例为7：1：2时，物料堆积最为紧密。而另一方面，煤做还原剂时由于疏水性带来的负面影响减少了，取而代之的是煤泥的持水性以及高黏性，因此球团强度随着煤泥用量的增大而提高。

4　结论

（1）印尼海滨砂矿原矿粒度较细，粒级窄，压球难度大。

（2）针对原矿压球，不同粒度的煤压球效果不同，越细的煤压出来的球团强度越高，在试验所用粒度中 -0.28mm 的烟煤效果最好。

（3）由于煤的疏水性，添加细粒级的煤时，随着煤用量的增加，球团强度先降低再升高。

（4）煤泥用于海滨钛磁铁矿压球效果良好，可以替代煤用做含碳球团的还原剂，并且随着煤泥用量增大，球团强度逐步提高。

参 考 文 献

[1] 方觉. 非高炉炼铁工艺与理论[M]. 北京：冶金工业出版社，2002.

[2] 龙运波，张裕书，闫武，等. 印度尼西亚某海滨含铁砂矿选矿试验研究[J]. 金属矿山，2010(9)：51～53.

[3] Jena B C, Dresler W, Reilly I G. Extraction of Titanium, Vanadium and Iron From Titanomagnetite Deposits at Pipestone Lake, Manitoba, Canada[J]. Minerals Engineering, 1995(8)：159～168.

[4] 高本恒，王化军，曲媛，等. 印尼某海滨砂矿精矿直接还原—磨矿—磁选提铁试验研究[J]. 矿冶工程，2012，32(5)：44～46，53.

[5] 高恩霞，孙体昌，徐承焱，等. 基于还原焙烧的某海滨钛磁铁矿的钛铁分离[J]. 金属矿山，2013(11)：46～52.

[6] 叶菁. 粉体科学与工程基础[M]. 北京：科学出版社，2009.

[7] 白铭. 高碳冷压球团的研究[J]. 烧结球团，1996，21(4)：30～32.

[8] 彭志坚，罗浩，黎应君，等. 巴西赤铁矿富矿粉直接还原试验研究[J]. 武汉科技大学学报，2007，30(4)：337～341.

[9] 闫世春. 煤泥处置[M]. 北京：煤炭工业出版社，2001.

石英晶体微天平在矿物加工领域中的应用

郭　玉　寇　珏　孙体昌　徐承焱　徐世红　于春晓

（北京科技大学土木与环境工程学院，北京　100083）

摘　要： 文章介绍了石英晶体微天平（QCM-D）的结构及工作原理，综述了其在矿物加工领域中的应用现状。QCM-D 可用于药剂、金属离子与矿物表面相互作用过程的实时原位监测，可测定吸附层质量和厚度随时间的变化；并可同时得到吸附层黏弹性参数，由此推测出吸附层的结构变化。基于 QCM-D 的工作原理和应用特点，为在原位条件下研究药剂在矿物表面吸附层的结构性状，了解矿物与浮选溶液之间作用的全过程，探讨药剂在矿物表面的作用机理起到了积极的推动作用。

关键词： QCM-D；矿物加工；浮选；吸附机理

石英晶体微天平（Quartz Crystal Microbalance with Dissipation，QCM-D）是基于石英晶体的压电效应发展起来的一种测量仪器，起初主要应用于气相检测，直到 20 世纪 80 年代初才开始应用于液相环境中[1]。QCM-D 是一种灵敏度极高的质量传感器，根据其共振频率的变化（Δf）可以精确测量石英晶体表面吸附膜纳克级的质量变化和纳米级的厚度变化，结合能量耗散因子的变化（ΔD），可以得到石英晶体表面物质的质量、黏度和剪切模量等参数。因此被广泛应用于化学、生物和表面科学等领域[2~4]中，用以进行作用过程、微质量和薄膜厚度的检测等。还可以根据需要在金属电极上有选择地镀膜，进一步拓宽其应用。其最大的特点和优势就是可以在液态环境中实时、原位测定物质在固体表面的吸附质量和吸附层厚度。在矿物加工领域中，要实现不同矿物的选择性浮选的关键步骤是通过浮选药剂改变矿物表面的疏水性，捕收剂与矿物表面的作用过程是一个动态的过程。而目前，对于捕收剂与矿物表面作用机理的研究主要是采取物理或化学的分析测试手段从微观上对药剂与矿物作用前后矿物表面结构和成分进行研究的，这些方法几乎都是非原位或非实时的。近年来，QCM-D 开始被应用于浮选及絮凝领域中，来研究药剂在矿物表面的吸附机理，采用 QCM-D 对药剂在矿物表面作用的全过程进行原位动态量化，并得出吸附的动力学性质，为探究药剂的作用机理提供了新的研究手段和思路。

1　QCM-D 的结构和工作原理

1.1　QCM-D 的结构

QCM-D 一般由流动池、驱动电路、数据采集系统和计算机等几个部分构成[5]。流动池内用来安装石英晶体谐振器，具有样品进出口和温控系统，是待测物与传感器表面发生反应的场所；驱动电路主要是给石英晶体的共振提供能量；数据采集系统主要负责将驱动电路产生的模拟信号数字化；计算机是数据读取和显示的系统。QCM-D 的结构示意如图 1 所示。

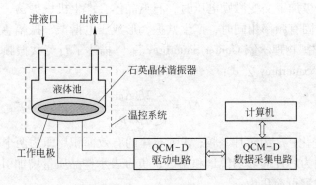

图 1 石英晶体微天平（QCM-D）的结构示意图

石英晶体谐振器（如图 2 所示）是 QCM-D 的核心部件，是利用石英的压电特性制成的一类压电传感器。它是将一块 AT-CUT 的石英晶体夹在两片金电极中间构成的，在谐振器工作电极表面可以根据研究需要涂镀或修饰不同的待测物质[6]，包括各种有机物、微生物和矿物等。石英晶体谐振器的电极与 QCM-D 驱动电路相连接，驱动电路在石英晶体谐振器上产生一定频率的震荡电流，当其他物质与谐振器表面作用时，石英晶体的共振频率会产生变化，从而石英晶体谐振器上输出电信号的频率变化反映了石英晶体谐振器表面的微小质量变化。QCM-D 数据采集电路负责将驱动电路产生的模拟信号数字化，然后通过计算机等其他辅助设备进行计算和模拟，从而实现对动态吸附全过程中表面吸附层质量、厚度和密度的实时原位测定；此外，QCM-D 还可以同步测定系统内的能量耗散变化，由测得的能量耗散因子可以计算得到吸附层的黏度和剪切弹性模量，从而可以判断出吸附层的牢固程度及形貌变化，并能进行反应动力学模拟[7,8]。QCM-D 的进液系统可以在不间断测定的情况下多次更换不同的溶液或调整不同的流速，从而可以实现吸附和解吸过程以及不同物质多层吸附的动态连续模拟。待测溶液的流量由数显式蠕动泵控制，系统温度可以控制在 ±0.01℃。因此，只需在石英晶体谐振器工作电极表面修饰待测的矿物，就可以在液体里直接进行捕收剂的动态吸附研究。

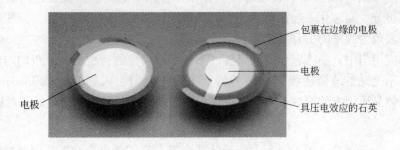

图 2 石英晶体传感器

1.2 QCM-D 的工作原理

QCM-D 是利用石英晶体的压电效应，将待测物质的质量信号转换成频率信号输出，从而实现质量、浓度等检测的仪器。1880 年 Curie[9,10] 兄弟发现石英晶体具有压电效应，当石英晶体两侧电极加上交变激励电压时，石英晶体会产生机械振荡，当交变激励电压的频率与石英晶体的固有频率相同时，产生共振，形成压电谐振，振幅急剧增大，此时振荡最稳定。1959 年德国物理学家 Gunter Sauerbrey[11~13] 描述了石英共振频率与吸附质量的关系，提出了著名的 Sauerbrey 公式：

$$\Delta f = \frac{-2f_0^2 \Delta m}{A \sqrt{\mu_q \rho_q}}$$

式中，Δf 为频率变化；f_0 为芯片基频；A 为芯片的有效面积（即为两个电极共同覆盖的面积）；μ_q 和 ρ_q 分别为芯片的剪切模量和密度；负号表示样品质量增加引起石英芯片频率的降低。Sauerbrey 方程可简化为：

$$\Delta f = -Kf^2 \Delta m / A$$

式中，K 为常数。从中可以看出对于刚性沉积物，在芯片有效面积 A 一定的条件下，晶体振荡频率变化值 Δf 正比于工作电极上沉积物的质量改变量 Δm。根据 Sauerbrey 方程得出的条件可知，该方程适用于吸附层厚度较薄且厚度均匀，溶剂黏弹性不变的情况。基于此理论，QCM 最早应用于真空膜厚度、气体吸附成分的测定。由于晶体在液相中振荡的能量损耗远大于气相中的损耗，故在很长时间内石英晶体微天平一直局限于气相中的质量检测。

Kanazawa 和 Gordon[14] 讨论了振荡频率与溶液黏弹性、密度之间的关系，提出了著名的 Kanazawa-Gordon 方程，揭示了晶体谐振频率在牛顿流体中的变化规律，为 QCM 在液体中的测量提供了理论基础。

Kanazawa-Gordon 方程为：

$$\Delta f \approx -f_0^{1.5} \sqrt{n \eta_l \rho_l / (\pi \mu_q \rho_q)}$$

式中，f_0 为基频频率；n 为谐波次数；η_l 和 ρ_l 分别为流体的黏度和密度；μ_q 和 ρ_q 分别为晶体的剪切模量和密度。

1980 年，Nomura 等[15,16] 人实现了 QCM 在液体环境中稳定振荡，然而，在溶液环境中，QCM 频率变化不仅依赖于表面与分析物相互作用引起的质量变化，同时与周围溶液的作用密不可分。同芯片一起振动的物质的质量增加会引起频率的下降，但振动物质的黏弹性变大则表现为频率的上升[17]。

在实际应用当中，晶体表面的吸附膜既不是严格刚性的，也不是分布均匀的，故单靠频率测量并不能完整地描述吸附体系的特征，因此人们引入耗散（dissipation）因子 D，其定义为晶体品质因素的倒数或为一个振荡周期内损耗能量与储存能量的相对比值[18,19]：

$$D = 1/Q = E_{dissipated} / (2\pi E_{stored})$$

式中，$E_{dissipated}$ 为石英芯片振动过程中能量的减少量；E_{stored} 为储存在振荡回路里的能量。

如果将一个正在振荡的晶体突然断开，晶体会工作在一种欠阻尼振荡方式上，晶体上的振幅将按指数方式衰减：

$$V = Ae^{-t/\tau} \sin(ft + \varphi) + B$$

式中，A，B，φ 分别为常数；τ 为衰减时间常数。

记录下此指数衰减信号，经过数值拟合，可以得到衰减时间常数 τ，进而通过下式得

到 D:

$$D = 1/(\pi f \tau)$$

式中, f 为晶体的谐振频率。

在实际测量中, 我们所测得是因物质在石英晶体表面吸附而引起耗散因子的变化值 ΔD。ΔD 是表征晶体表面吸附膜物理属性的一个重要参量, 与晶体表面吸附层的质量、长度、黏度、剪切模量等都有关表示晶体表面吸附膜体系的能量内耗。耗散因子与共振频率变化相结合, 可以得到吸附层结构性质更加精确的信息。

耗散因子 ΔD 的物理含义如图 3 所示[5]。ΔD 越大, 表示吸附层越松散; ΔD 越小, 表示吸附层越紧密。

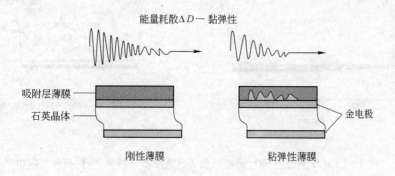

图 3 耗散因子 ΔD 的物理含义示意图

2 QCM-D 在矿物加工中的应用

目前 QCM-D 在矿物加工工程浮选理论及絮凝研究中的应用才处于初始阶段, QCM-D 在关于矿物表面的活化、絮凝以及捕收剂在矿物表面的吸附等方面都有相关文献的报道。在实际应用中, 需要将待测的矿物均匀地镀膜在石英晶体谐振器的金电极表面, 目前常见的矿物镀层有 Fe_2O_3、Al_2O_3、ZnS、硅酸盐矿物及黏土矿物等。浮选试验中药剂与矿物颗粒的作用过程, 是药剂在矿物表面动态吸附或表面化学反应的过程, 应用 QCM-D 不仅可以通过石英晶体谐振器表面物质质量的变化, 推断出反应类型, 表征作用后药剂在矿物表面的物理性状, 最重要的是可以精确测定液态环境下药剂在矿物表面作用随时间变化的全过程, 从而可以得出药剂与矿物表面作用的吸附速率的动力学方程。QCM-D 主要是在线跟踪检测微观过程变化, 从而获得原位、实时的测试信息, 并可以从简单的量的分析深入到动力学过程机理的研究。

2.1 药剂在矿物表面吸附及脱吸附的动态量化

Deng 等[20]在研究石膏过饱和溶液对石英和闪锌矿表面性质的影响中, 应用 QCM-D 监测了石膏在石英和闪锌矿沉淀以及石膏微粒与石英或闪锌矿传感器的相互作用。石膏过饱和溶液和浓度为 0.08% 的钙溶液通入后, SiO_2 谐振器和 ZnS 谐振器频率发生了变化, 表明 Ca^{2+} 在矿物表面发生了吸附, 如图 4 所示, 两者的频率改变量相近为 $-5Hz$, 且用去离子冲洗表面时, 两者频率改变量又回到了 $0Hz$, 说明 Ca^{2+} 在 SiO_2 和 ZnS 表面为物理吸附;

图 5 表明在通入石膏悬浮液时，SiO₂ 和 ZnS 谐振器的频率变化均为 0Hz，说明没有石膏颗粒沉积在两种谐振器表面，进一步得出矿物与石膏颗粒之间不存在异质凝结现象。其进一步研究了石膏过饱和工艺水对二氧化硅和硫化锌矿之间的相互作用的影响[21]，QCM-D 测试结果表明在 ZnS 镀层的谐振器表面存在大量的细粒二氧化硅沉淀，同时在 SiO₂ 镀层谐振器表面也观察到大量的二氧化硅颗粒沉积，这说明在石膏过饱和溶液中，细粒二氧化硅包裹在闪锌矿表面，同时二氧化硅细粒之间也存在同类聚合。

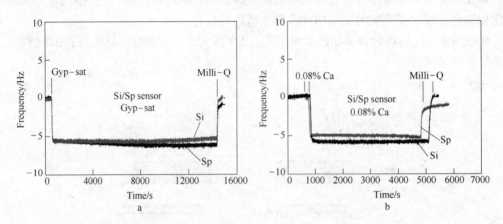

图 4　QCM-D 测得的 SiO₂ 谐振器和 ZnS 谐振器分别在（a）石膏过饱和
溶液和（b）0.08% 钙溶液中的频率

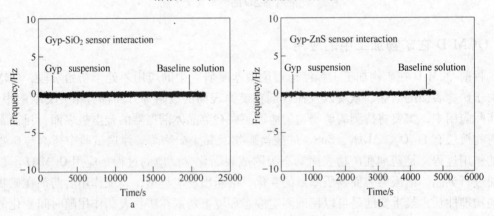

图 5　QCM-D 研究 SiO₂ 谐振器和 ZnS 谐振器与石膏颗粒在 pH = 10 的
石膏过饱和溶液中的相互作用
（基线溶液为石膏过饱和溶液，石膏颗粒大小约 265nm）

磺酸盐在未被活化的闪锌矿表面很难吸附，Teng 等[22,23] 通过 QCM-D 测试异戊基黄药在干净的 ZnS 谐振器表面，也得出谐振器频率几乎没有发生变化，说明异戊基黄药没有吸附在 ZnS 上。在 ZnS 表面通入硝酸银溶液后，如图 6（a）所示，发现 5min 后 Δf 下降到 -30Hz，同时 ΔD 保持在 $0.3 \sim 0.1 \times 10^{-6}$，且此后 Δf 继续下降，由于 $\Delta D / \Delta f < 2 \times 10^{-9}$，说明 Ag⁺ 取代了 ZnS 中的 Zn²⁺ 而非 Ag⁺ 在谐振器表面发生了物理吸附，而且 ΔD 在整个过程中均小于 2×10^{-6}，表明 Ag⁺ 层较薄且呈刚性。图 6（b）表示根据图 6（a）中 Δf 计算

得到的谐振器表面质量的增加随时间的变化。并且用 QCM-D 对异戊基黄药在活化后的 ZnS 表面进行了吸附测试，发现 Δf 在最初 10min 内迅速下降到 -3Hz，3h 后下降到了 -12Hz，15h 后又继续下降了 2Hz，这很好地符合了理论计算结果。此后用去离子水冲洗 ZnS 谐振器表面，谐振器频率变化不大，说明吸附不可逆，异戊基黄药在活化后 ZnS 表面发生了化学反应。

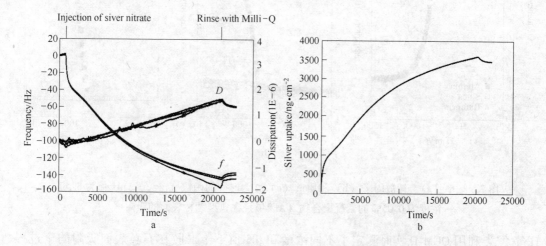

图 6　在 QCM-D 测定硝酸银活化 ZnS 中　(a) 频率和耗散因子及　(b) 质量随时间的改变

Illiana G. Sedeva 等[24] 运用 QCM-D 对普通小麦糊精（Dextrin TY）、苯基琥珀酸糊精（PS Dextrin）、氧化苯乙烯糊精（SO Dextrin）三种聚合物在疏水表面（在金表面连续修饰混合的烷硫醇）的吸附进行了表征，发现三种糊精导致的谐振器频率改变量随着三者浓度的增大呈数量级增大。当浓度为 100mg/L 时，三种糊精均吸附达到平衡，且吸附较紧密，并在此浓度下考察了三种糊精在疏水表面吸附时频率（Δf）和耗散因子（ΔD）随时间的变化，得到 SO Dextrin 吸附的 Δf 变化最大，Dextrin TY 的次之，PS Dextrin 的最小，计算出三种糊精的吸附质量分别为 $3.5mg/m^2$、$2.5mg/m^2$、$6.4mg/m^2$，随后用溶剂对这三种吸附层进行脱吸附，发现解析均较弱。通过对吸附前 15 分钟的 QCM-D 数据的动力学分析，清楚看到 PS Dextrin 和 SO Dextrin 在输水表面的吸附较 Dextrin TY 更加迅速，并分析得出质量运输不控制吸附速率，而吸附步骤是主要控制这三种聚合物在不带电疏水表面的吸附速率的。

Colin Klein 等[25] 通过 QCM-D 测试絮凝剂在 Al_2O_3、SiO_2 和修饰有沥青的表面的吸附情况，图 7 表明，通入絮凝剂后，Al_2O_3 谐振器的 Δf 达到平衡时为 -15Hz，ΔD 为 5×10^{-6}，吸附层属于黏弹性薄膜，并计算得到平衡时絮凝剂的吸附质量为 $9mg/m^2$；而絮凝剂在 SiO_2 和沥青表面几乎不发生吸附，这与 Alagha 等[33] 报道的研究结果相一致，他们研究得到聚合物在二氧化硅和氧化铝上的吸附量分别为 0 和 $10mg/m^2$。絮凝剂聚合物在 Al_2O_3 表面具有更好的亲和力，由此证实了受沥青污染的颗粒会阻碍絮凝。

2.2　药剂在矿物表面的吸附动力学

通过对 QCM-D 原位实时测得的数据进行分析，可以得到吸附过程的动力学性质。寇

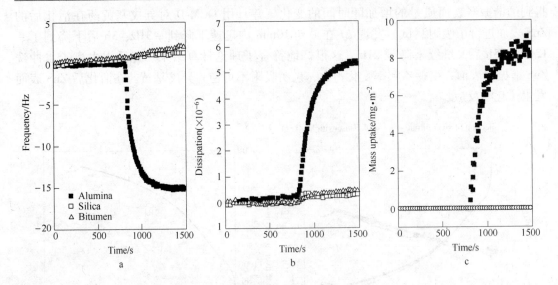

图 7　频率（a）、耗散因子（b）和质量（c）作为时间的函数（$n=3$），pH 值为 8.5 时
浓度为 0.05% 的絮凝聚合物（AF246）在典型颗粒表面的吸附[25]

珏等[26~31]利用 QCM-D 实时测定了不同浓度和 pH 值下十二胺在石英表面吸附的全过程，以及油酸钠和改性塔尔油在羟基磷灰石表面吸附的全过程。用 QCM-D 对十二胺在石英表面的吸附过程中进行研究时发现，当 pH=9.5，十二胺浓度不大于 100mg/L 时，在表面沉积的过程中，存在捕收剂分子重新排列及水分子从吸附层中析出的阶段，表现为单位药剂吸附量对系统的能量耗散因子的影响明显减弱了一段时间，然而，在相同 pH 值下继续增大浓度，这一阶段消失。该研究还揭示了十二胺分子在石英表面从单层吸附到多层松散吸附再到多层紧密吸附的变化过程，该研究结果有助于判断在何种条件下捕收剂形成的吸附层更加牢固[26]。在采用 QCM-D 对油酸钠在羟基磷灰石表面的吸附机理进行研究中发现，在 pH=9 和 10，油酸根浓度不小于 250mg/L 时，油酸钠在羟基磷灰石表面发生了两个吸附阶段（如图 8（b）和（c）所示），即在形成吸附量低的单分子吸附层之后，又在此基础上形成了吸附量高且黏弹性高的第二层吸附；而在图 8（a）中，pH=8，油酸根浓度不小于 250mg/L 时，实时测定的吸附量变化显示吸附一开始就迅速形成了厚度大、黏度高的不稳定吸附层，在此过程中并不存在化学吸附而只有表面沉积作用[31]。

Teng 等[22]通过对 QCM-D 测得的银离子活化闪锌矿过程的数据分析，由磺酸盐吸附试验中，闪锌矿表面厚度增加、表面疏水性改变及 Ag_2S 的出现证实了银对闪锌矿的活化作用，研究得出银吸收—时间曲线上两个不同的阶段（如图 9 所示），初始阶段很好地符合对数函数，后来阶段符合抛物线函数；而在此之前的一些报道因为测试技术的限制没有获得足够的合理时间范围内的数据，只发现一个对数函数的过程。

Serkan Keleşoğlu 等[32]运用 QCM-D 研究环烷酸在矿物表面的吸附发现，环烷酸对矿物表面的亲和力大小排序为方解石 > 氧化铝 > 氧化硅，吸附数据可以被 Langmuir 等温线和吸附自由能很好地描述，表明环烷酸与矿物表面的结合具有物理性。不同浓度每分子表面积的变化曲线表明，环烷酸的吸附过程随着表面覆盖变化而改变，表明环烷酸链在吸附过程中发生了构象变化。对于所有的测试浓度，吸附在矿物表面的环烷

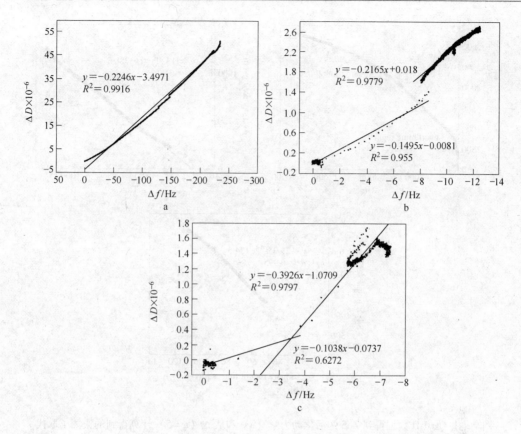

图8　(a) pH = 8、(b) pH = 9 和 (c) pH = 10 时 3.3mM 油酸钠在
羟基磷灰石表面吸附的 ΔD-Δf 图[31]

酸的单分子表面积为方解石 < 氧化铝 < 二氧化硅，这支持了吸附亲和力的排序。

　　Lana Alagha 等[33]通过 QCM-D 研究了一种有机-无机混合聚合物（Al-PAM）在石英和氧化铝上的吸附动力学，考察了分子质量和 Al-PAM 含铝量对其在不同溶液 pH 值下吸附的影响，发现分子质量和铝含量一定时，在研究的 pH 值范围内，Al-PAM 在石英上的吸附强度和速率大于氧化铝。随着分子质量和铝含量的增加，Al-PAM 在石英上的吸附速率增大，而低铝的 Al-PAM 更易吸附在氧化铝上。最近他们[34]又通过 QCM-D 探究一种基于聚苯烯酰胺聚合物（Al_{25}-PAM_{600}）在高岭土各向异性基面的吸附特性，得出其吸附量（Γ）为 18mg/m² 左右，在不到一个小时吸附就达到平衡，并且存在三个不同的吸附阶段：初始阶段Ⅰ，耗散随着频率的降低迅速增大（$\Delta D/\Delta f \approx 0.25$），此阶段聚合物吸附为扩散控制，其在高岭土表面覆盖率较低；阶段Ⅱ，耗散随频率下降继续增大（$\Delta D/\Delta f \approx 0.1$），此阶段由于更多的 Al_{25}-PAM_{600} 分子接触高岭土表面，出现 Al_{25}-PAM_{600} 分子的重新排列，吸附层厚度继续增大；阶段Ⅲ，随着吸附质量的增大，耗散保持不变，吸附层水分子受到排挤。

　　Amit Rudrake 等[35]使用 QCM-D 研究沥青质在金表面的吸附随时间的变化，发现吸附动力学表现为初始时反应快速，随后缓慢达到平衡。当对反应时间的平方根作图时，最初反应呈线性趋势，这表明吸附初始阶段为扩散控制。在更长的时间范围内，发现数据遵循

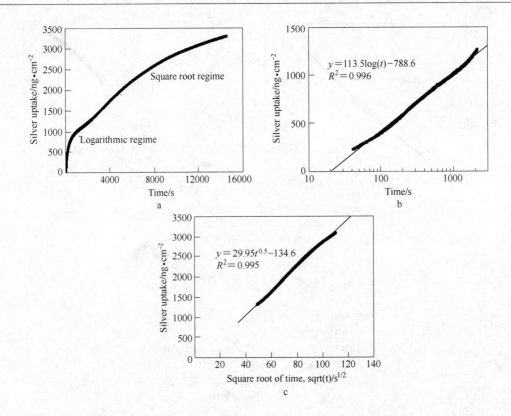

图 9　由 QCM-D 数据得到 ZnS 的活化动力学（a）和从 $\Delta f\,(n=5)$ 计算得到的银离子取代
显示的对数拟合机制（b）及抛物线拟合机制（c）[22]

一级动力学，对于 $t>10\mathrm{min}$，数据可以充分符合以下形式的方程：

$$m = m_{\mathrm{eq}} + (m_0 - m_{\mathrm{eq}})\,\mathrm{e}^{-t/\tau}$$

　　并且通过 QCM-D 测试结果估计沥青质吸附层的厚度为 8.3nm，这与 Toulhoat 等[36]通过 AFM 测得沥青质在云母表面吸附层厚 10~20nm，以及 Sztukowski 等人[37]估计的其在油水界面吸附厚度在 2~9nm 范围内符合较好。

　　Liu 等[38]通过 QCM-D 对传感器表面修饰 SiO_2、氧化铁和 Al_2O_3 来研究这些矿物表面对 CeO_2 纳米颗粒在 NaCl 溶液中沉积的影响，发现在通入 10mM NaCl（pH = 4.0）溶液后，SiO_2 传感器的频率迅速下降，同时耗散急剧增大，表明 CeO_2 纳米颗粒在 SiO_2 表面发生了沉积。SiO_2 传感器的频率和耗散改变量程均直线变化，其频率变化率（$d\Delta f/dt$）为 $-0.0172\mathrm{Hz/s}$，大于氧化铁和 Al_2O_3 传感器的频率变化率（分别为 $-0.0109\mathrm{Hz/s}$ 和 $-0.0073\mathrm{Hz/s}$）。而在 pH = 6.0 和 pH = 8.5 时，CeO_2 在三种表面均没有明显沉积。

　　Lamia Goual 等[39]通过 QCM-D 研究沥青质在油/水及油/金界面吸附时发现，根据沥青质浓度的不同，存在稳态吸附和非稳态吸附两种吸附机制。在低浓度时，沥青质为非稳态吸附，吸附速率慢，吸附不稳定，吸附不可逆；浓度高时，为稳态吸附，吸附稳定并伴随一定程度的可逆性，从而导致快速的吸附饱和。

　　Erica Pensini 等[40]运用 QCM-D 研究羧甲基纤维素钠（CMC）在氧化铁及多种硅酸盐

矿物表面的结合，发现离子强度和阳离子化合价均对结合产生影响，尤其是 $CaCl_2$ 的存在直接影响了 CMC 的可溶性。QCM-D 测试结果显示 CMC 在氧化铁表面吸附导致频率和耗散的改变量在低 pH 值和/或高浓度阳离子存在下更大，表明在此条件下，更有利于吸附，吸附量大且不可逆，提出在低 pH 值或盐存在条件下，CMC 分子与氧化铁之间以及不同的 CMC 层之间存在很强的结合，这些结合在离子强度减弱或 pH 升高时都保持稳定，阻止了 CMC 分子从氧化铁上脱吸附。数据还表明钙离子存在时的吸附比钠离子存在时的吸附更多，溶液甚至 $CaCl_2$ 比 NaCl 溶液具有更低的离子强度，推测这可能是因为钙离子的吸附导致 CMC 碳链溶解度降低的结果；此外，钙离子可以结合 CMC 分子，减低了它们负电密度，减弱了 CMC 分子间的静电排斥作用。而 CMC 水溶液或盐溶液均在氧化硅和 Al-Si 化合物上的吸附不发生吸附或者吸附较弱且可逆。

3 结论

QCM-D 具有结构简单、操作方便、灵敏度度高等特点，可以在液态环境下原位实时测定溶液与固体表面的作用过程，可以实现溶液中药剂在矿物表面吸附的动态量化，这些特点使其成为浮选药剂与矿物表面作用机理研究中一种新的有力的研究测试手段，在定量地表征化学反应动力学方面具有不可替代的优点。但是，QCM-D 也有不足，需要同其他分析技术相结合、取长补短。QCM-D 应用不仅局限于以上几个方面，作者希望本文能起到抛砖引玉的作用，使这一技术能为矿物加工解决更多的问题。

参 考 文 献

[1] S. Bruckenstein, M. Shay. Experimental Aspects of Use of the Quartz Crystal Microbalance in Solution[J]. Electrochimica Acta, 1985, 30(10): 1295~1300.

[2] G. V. Lubarsky, M. R. Davidson, R. H. Bradley. Hydration-Dehydration of Adsorbed Protein Films Studied by AFM and QCM-D[J]. 2007(22): 1275~1281.

[3] Anne Gry Hemmersam, Kristain Rechendorff, Morten Foss, et al. Fibronectin Adsorption on Gold, Ti-, and Ta-Oxide Investigated by QCM-D and RSA Modeling[J]. Journal of Colloid and Interface Science, 2008 (320): 110~116.

[4] Romain Bordes, Jürgen Tropsch, Krister Holmberg. Adsorption of Dianionic Surfaces Studied by QCM-D and SPR[J]. Langmuir, 2010, 26(13): 10935~10942.

[5] 方佳节. 聚合物界面吸附行为及吸附膜属性的石英晶体微天平响应分析[D]. 北京：中国科学院大学, 2009.

[6] 陈柱，聂立波，常浩. 石英晶体微天平的研究进展及应用[J]. 分析仪器, 2011(4): 18~22.

[7] Fredriksson C., Kihlman S., Rodahl Metal. The Piezoelectric Quartz Crystal Mass and Dissipation Sensor. A Means of Studying Cell Adhesion[J]. Langmuir, 1998, 14(2): 248~251.

[8] Rodahl M, Kasemo B. Frequency and Dissipation-Factor Responses to Localized Liquid Deposits on a QCM Electrode[J]. Sensors and Actuators B, 1996(37): 111~116.

[9] Cahill D. G. 1990. Thermal Conductivity Measurement From 30 to 750K: the 3ω Method[J]. Rev. Sci. Instrum., 61: 802~808.

[10] Curie P, Curie J. Développement, Par Pression, de l'électricité Polaire dans les Cristaux Hémièdres à Faces Inclines[J]. Comptes Rendus de l'Académie des Sciences, 1880, 91: 294~298.

[11] Sauerbrey G. Verwendung von Schwingquarzen zur Wagung Dunner Schichten und zur Mikrowagung[J].

Zeitschrift Fur Physik, 1959, 155: 206 ~ 222.

[12] 汪川, 王振尧, 柯伟. 石英晶体微天平工作原理及其在腐蚀研究中的应用与进展[J]. 腐蚀科学与防护技术, 2008, 20(5): 367 ~ 371.

[13] Wang Z. L., Tang D. W., Liu S., et al. Thermal-Conductivity and Thermal-Diffesion Measurements of Nanofluids by 3ω Method and Mechanism Analysis of Heat Transport[J]. Int. J. Thermophysics, 2007, 28: 1255 ~ 1268.

[14] Kanazawa K., K. Gordon J. G. Frequency of a Quartz Microbalance in Contact With Liquid[J]. Anal Chem., 1985, 57: 1770 ~ 1771.

[15] Nomura T., Hattori O. Determination of Micromolar Concentrations of Cyanide In Solution With a Piezoelectric Detector[J]. Anal Chim Acta, 1980, 115: 323 ~ 326.

[16] Ward M. D., Buttry D. A. In-situ Interfacial Mass Detection With Pizoelectric Transducers[J]. Sci., 1990, 249: 1000 ~ 1007.

[17] 何建安, 付龙, 黄沫, 等. 石英晶体微天平的新进展[J]. 中国科学: 化学, 2011, 41(11): 1679 ~ 1698.

[18] Michael Rodahl, Bengt Kasemo. A Simple Setup to Simultaneously Measure the Resonant Frequency and the Absolute Dissipation Factor of a Quartz Crystal Microbalance[J]. 2005(76): 1 ~ 14.

[19] Michael Rodahl, Bengt Kasemo. On the Measurement of Thin Liquid Overlayers With the Quartz-Crystal Microbalance[J]. Sens. Actuators A, 1996(54): 449 ~ 456.

[20] Meijiao Deng, Qingxia Liu, Zhenghe Xu. Impact of Gypsum Supersaturated Solution on Surface Properties of Silica and Sphalerite Minerals[J]. Mineral Engineering, 2013(46 ~ 47): 6 ~ 15.

[21] Meijiao Deng, Zhenghe Xu, Qingxia Liu. Impact of Gypsum Supersaturated Process Water on the Interactions Between Silica and Zinc Sulphide Minerals[J]. Mineral Engineering, 2014(55): 172 ~ 180.

[22] Fucheng Teng, Qingxia Liu, Hongbo Zeng. In situ Kinetic Study of Zinc Sulfide Activation Using a Quartz Crystal Microbalance With Dissipation (QCM-D)[J]. Journal of Colloid and Interface Science, 2012, (368): 512 ~ 520.

[23] Fucheng Teng. Understanding Zinc Sulfide Activation Mechanism and Impact of Calcium Sulfate in Sphalerite Flotation[D]. The University of Alberta, Edmonton, 2012.

[24] Illiana G. Sedeva, Renate Fetzer, Daniel Fornasiero, et al. Adsorption of Modified Dextrins to a Hydrophobic Surface: QCM-D Studies, AFM Imaging, and Dvnamic Contact Angle Measurements[J]. Journal of Colloid and Interface Science, 2010, 345: 417 ~ 426.

[25] Colin Klein, David Harbottle, Lana Alagha, et al. Impact of Fugitive Bitumen on Polymer-Based Flocculation of Mature Fine Tailings[J]. The Canadian Journal of Chemical Engineering, 2013, 91: 1427 ~ 1432.

[26] Kou J., Tao D., Xu G. A Study of Adsorption of Dodeclyamine on Quartz Surface Using Quartz Crystal Microbalance With Dissipation[J]. Colloids and Surface A: Physicochem. Eng. Aspects, 2010(368): 75 ~ 83.

[27] 寇珏, Tao D, 孙体昌, 等. 新型阳离子捕收剂在磷酸盐矿反浮选中的应用及机理研究[J]. 有色金属 (选矿部分), 2010(6): 51 ~ 56.

[28] 寇珏, 孙体昌, Tao D, 等. 胺类捕收剂在磷矿脉石石英反浮选中的应用及机理[J]. 化工矿物与加工, 2010(5): 12 ~ 16.

[29] Kou J., Tao D., Xu G. Fatty Acid Collectors for Phosphate Flotation and Their Adsorption Behavior Using QCM-D[J]. International Journal of Mineral Processing, 2010(95): 1 ~ 9.

[30] 寇珏, 孙体昌, Tao D, 等. 精炼塔尔油在磷酸盐浮选中的应用及 QCM-D 吸附研究[J]. 北京科技大学学报, 2010, 32(11): 1393 ~ 1399.

[31] Kou J. , Tao D. , Sun T. , et al. Application of Quartz Crystal Microbalance With Dissipation Method in Study of Oleate Adsorpion onto Hydroxyapatite Surface[J]. Minerals & Metallurgical Processing Journal, 2012, 29(1): 47~55.

[32] Serkan Keleşoğlu, Sondre Volden, Mürşide Kes, et al. Adsorption of Naphthenic Acids onto Mineral Surfaces Studied by Quartz Crystal Microbalance With Dissipation Monitoring (QCM-D) [J]. Energy Fuels, 2012, 26: 5060~5068.

[33] Lana Alagha, Shengqun Wang, Zhenghe Xu, et al. Adsorption Kinetics of a Novel Organic-Inorganic Hybrid Polymer on Silica and Alumina Studied by Quartz Crystal Microbalance[J]. The Journal of Physical Chemistry, 2011, 115(31): 15390~15402.

[34] Lana Alagha, Shengqun Wang, Lujie Yan, et al. Probing Adsorption of Polyacrylamide-Based Polymers on Anisotropic Basal Planes of Kaolinite Using Quartz Crystal Microbalance[J]. Langmuir, 2013, 29: 3989~3998.

[35] Amit Rudrake, Kunal Karan, J. Hugh Horton. A Combined QCM and XPS Investigation of Asphaltene Adsorption on Metal Surfaces[J]. Journal of Colloid and Interface Science, 2009(332): 22~31.

[36] Danuta M. Sztukowski, Maryam Jafari, et al. Journal of Colloid and Interface Science, 2003, 265: 179~186.

[37] Herve Toulhoat, Cecile Prayer, Gerard Rouquet. Colloids and Surfaces A, 1994, 91: 267~283.

[38] Xuyang Liu, Gexin Chen, Chunming Su. Influence of Collector Surface Composition and Water Chemistry on the Deposition of Cerium Dioxide Nanoparticles: QCM-D and Column Experiment Approaches[J]. Environ. Sci. Technol. , 2012, 46: 6681~6688.

[39] Lamia Goual, Géza Horváth-Szabó, Jacob H. Masliyah, et al. Adsorption of Bituminous Components at Oil/Water Interfaces Investigated by Quartz Crystal Microbalance: Implication to the Stability of Water-in-Oil Emulsions[J]. Langmuir, 2005, 21: 8278~8289.

[40] Erica Pensini, Christopher M. Yip, Denis O'Carroll, et al. Carboxymethyl Cellulose Binding to Mineral Substrates: Characterizaion by Atomic Force Microscopy-Based Force Spectroscopy and Quartz-Crystal Microbalance With Dissipation Monitoring[J]. Journal of Colloid and Interface Science, 2013, 402: 58~67.

焙烧温度和时间对某难选铁矿石直接还原的影响

王传龙　　杨慧芬　　李彩红　　苑修星　　王亚运　　张莹莹

（北京科技大学土木与环境工程学院，北京　100083）

摘　要： 采用煤基直接还原—磁选方法对云南某褐铁矿型难选铁矿石进行了回收铁的探究，着重研究了焙烧温度、时间对产品的影响，并采用 XRD、高倍显微镜对直接还原过程中铁的物相与粒度变化进行了研究。结果表明，在焙烧温度 1150℃，焙烧时间 50min，质量配比原矿：褐煤：添加剂（CaO）= 100：20：15 的最佳条件下，可获得铁品位、铁回收率分别为 92%、88% 的直接还原铁粉。在直接还原过程中铁的氧化物还原成单质铁并不断析出、兼并、长大，在最佳条件下铁颗粒的粒度可以达到 100 ~ 150μm。控制好焙烧温度和时间，就能使焙烧产品通过粗磨实现铁颗粒的单体解离，从而实现磁选回收。

关键词： 难选铁矿；直接还原；焙烧温度；焙烧时间；磁选

我国铁矿石资源丰而不富，97% 的为贫矿，平均品位为 33%，低于世界铁矿石平均品位 11 个百分点，炼铁对精矿的品位要求为 65% 以上，因此，绝大部分铁矿石须经选矿富集后方入炉[1~2]。铁矿中的褐铁矿的理论铁品位较低，且经常与钙、镁、锰呈类质同象共生，采用物理选矿方法铁精矿品位很难达到 45% 以上。铁矿石中的褐铁矿含铁 35% ~ 40% 并且富含结晶水，脉石矿物主要为黏土、绿泥石等铝硅酸盐。铁矿物嵌布粒度细，共生关系复杂，磨矿易泥化，采用物理选矿方法，铁精矿品位很难达到 60%，因此褐铁矿属较难选别的铁矿石[3~4]。采用传统磁选、重选、浮选很难获得较高的指标，考虑到褐铁矿经焙烧后因烧损较大而可大幅度提高铁精矿品位。在煤存在的条件下铁矿石中各种铁的氧化物被还原为单质铁，可通过磨矿—磁选较容易的回收，控制还原过程中的条件就可获得指标较好的铁精矿。国内外已经对难选铁矿石采用直接还原—磁选工艺处理进行了研究，取得了较好的实验室指标[5~9]。因此，采用煤基直接还原—磁选工艺处理难选褐铁矿是一条较适合的技术路线。本文着重研究煤基直接还原过程中焙烧温度、时间对铁还原和磨矿—磁选指标的影响。

1　试验原料和方法

1.1　试验原料

原矿取自云南某地，其化学组成见表 1。可见，原矿中的主要有价金属为铁，含量达到 37.41%，主要杂质元素为磷，含量为 0.30%。

表 1　原矿的化学多元素分析　　　　　　　　　　　　　　（%）

成分	TFe	P	S	C	SiO$_2$	Al$_2$O$_3$	CaO	MgO	Na$_2$O	K$_2$O
含量	37.41	0.30	0.089	0.96	15.62	4.02	2.38	4.06	0.33	0.24

表2为原矿中铁矿物的化学物相。可见,原矿中的铁的物相比较单纯,97.21%以褐铁矿的形式存在,还含有部分磁铁矿,其他铁矿物形式存在的铁含量很少。

表2 原矿中铁的化学物相 (%)

铁 相	褐铁矿中的铁	碳酸盐矿物中的铁	磁铁矿中的铁	总 铁
含 量	35.55	0.13	0.89	36.57
占有率	97.21	0.36	2.43	100.00

图1所示分别为原矿中褐铁矿与脉石矿物的嵌布关系。可见,多数褐铁矿与脉石共生在一起,部分褐铁矿为细针状、纤细状或集合体存在,褐铁矿呈微细粒嵌布,多属微细粒—细粒嵌布,即使细磨,多数铁矿物也难以充分单体解离,常规分选方法难以回收原矿中的铁矿物,属极难选铁矿石。

表3所示为直接还原研究中所用到的褐煤成分,其中固定碳的含量为37.09%,挥发分含量为43.52%,灰分为6.21%。试验所用助熔剂CaO为分析纯。

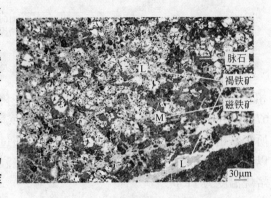

图1 原矿的显微照片

表3 所用褐煤的空干基成分

水分/%	灰分/%	挥发分/%	固定碳/%	全硫/%	煤的类别
13.18	6.21	43.52	37.09	0.19	褐煤

1.2 试验方法

将原矿、还原剂和助熔剂按一定比例混匀后放入石墨坩埚内加盖在CD-1400X型马弗炉中进行恒温还原焙烧。焙烧产物经水淬冷却后,进行磨矿—磁选,同时用平行样制作光片进行显微结构观察和XRD分析。通过控制直接还原过程中的焙烧温度和焙烧时间研究其对焙烧产品粒度和物相变化的影响。焙烧产品中铁的粒度变化通过光学显微镜观察分析,铁的物相变化通过XRD和高倍显微镜综合分析。

2 结果与讨论

2.1 试验结果

2.1.1 焙烧温度试验

试验固定条件:质量配比原矿:褐煤:助熔剂 = 100:30:25;焙烧时间40min,进行了不同焙烧温度试验。焙烧产品经水淬冷却再磨矿—磁选,磁选磁场强度为199.04kA/m,得到在不同温度下铁精矿的品位和回收率。试验结果如图2所示。

可见,磁选铁精粉品位和回收率随着焙烧温度的上升而不断上升,当焙烧温度超过1000℃时下降。这可能是温度超过1000℃后原矿中的低熔点组分可能产生熔融现象,渣铁

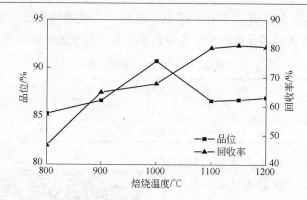

图 2　焙烧温度对试验指标的影响

相互包裹量增大，从而使铁精矿品位有所下降。在 1000℃时可获得品位 90.71%，回收率 67.89% 的铁精粉，但回收率太低，研究意义不大。当焙烧温度在 1100～1200℃范围内时，所得铁精粉品位和回收率接近。焙烧温度超过 1250℃时，焙烧产物有明显的烧结现象，难以进行后续的磨矿—磁选试验。由此，焙烧温度应控制在 1100～1200℃范围内，确定最佳焙烧温度为 1150℃。

2.1.2　焙烧时间试验

在质量配比原矿：褐煤：助熔剂（CaO）= 100：20：15，焙烧温度 1150℃的条件下进行了不同焙烧时间的试验。焙烧产品的磨矿—磁选试验，磁选磁场强度为 199.04kA/m，试验结果如图 3 所示。

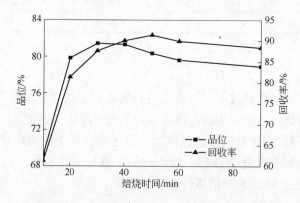

图 3　焙烧时间对铁精粉品位和回收率的影响

可见，随着焙烧时间的延长，铁精粉品位和回收率均先升高再降低。品位在焙烧时间大于 20min 后变化不大，为 80% 左右，而回收率最高为焙烧时间 50min 时的 91.40%。随着还原时间延长，炉内还原气氛减弱，氧化气氛增强，将使新生成的铁颗粒再氧化，从而降低品位和回收率。当焙烧时间高于 60min 时，所得焙烧产物的可磨性明显下降。综上分析，最佳焙烧时间为 50min。

2.2　试验分析

煤基直接还原过程中焙烧温度和焙烧时间影响原矿中铁的还原，从而影响磁选精矿的品位和回收率。铁的还原过程包括物相的变化和铁颗粒的长大,还原产物中的金属化率反映了物相的变化,铁颗粒的粒度大小反映了铁颗粒的长大程度。

对焙烧产物进行 XRD 分析结果如图 4 及表 4 所示。分析知,原矿经过直接还原过程后物相主要以单质铁和石英相为主,这说明原矿的中铁物相基本被还原为金属铁,具有韧性,而脉石的组成主要是 SiO₂,这使得两者在接触面破裂更容易,因此可获得较好的单体解离。

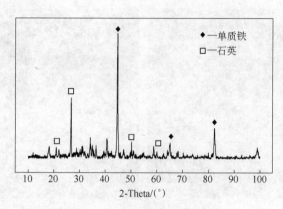

图 4 还原焙烧后 XRD 衍射图

表 4 直接还原铁主要化学成分分析结果　　　　　　　　　　（%）

成分	TFe	C	P	S	SiO₂	Al₂O₃	CaO	MgO	Na₂O	K₂O
含量	93.17	0.16	0.04	0.05	1.18	1.17	1.42	1.35	0.089	0.038

比较表 4 与表 1 可以看出,试样经过直接还原—磁选,其中的铁得以显著富集,杂质含量显著下降,铁品位从 36.57% 提高到 93.17%,SiO₂、P、S 等含量均较低,满足炼钢原料指标要求。

3 焙烧温度和时间对铁还原过程中物相和粒度变化的影响

3.1 焙烧温度和时间对还原过程中铁物相变化的影响

原矿在直接还原过程中的还原顺序为:$Fe_2O_3 \rightarrow Fe_3O_4 \rightarrow FeO \rightarrow Fe$。煤作还原剂通过两种方式实现铁物相的还原:一种是 C 直接参与反应,另一种为氧化成 CO 参与反应。反应（1）为强吸热反应,升高温度有利于反应的进行。CO 扩散进入反应层与氧化铁发生还原反应,会生成 CO_2,CO_2 再扩散进入煤层发生气化反应（2）。反应（2）是一个强吸热反应,温度越高越有利于反应的进行[10]。反应（3）也是强吸热反应,升高温度,有利于该反应的进行。因此,升高温度有利于铁还原的逐级进行,实现 $Fe_2O_3 \rightarrow Fe$ 的物相变化。适当延长焙烧的时间可使还原过程中的反应充分进行,使铁相进一步得到还原,提高焙烧产物的金属化率。

$$FeO + C =\!=\!= Fe + CO; \qquad \Delta_r H_m(298.15K) = -152kJ/mol \qquad (1)$$

$$C + CO_2 =\!=\!= 2CO; \qquad \Delta_r H_m(298.15K) = -165.6kJ/mol \qquad (2)$$

$$Fe_3O_4 + CO =\!=\!= 3FeO + CO_2; \qquad \Delta_r H_m(298.15K) = -19.3kJ/mol \qquad (3)$$

3.2 焙烧温度对铁还原过程中金属铁粒度变化的影响

在质量比原矿：褐煤：添加剂（CaO）＝ 100∶20∶15，焙烧时间 50min 的条件下，研究了不同焙烧温度下金属铁的粒度变化，结果如图 5 所示。

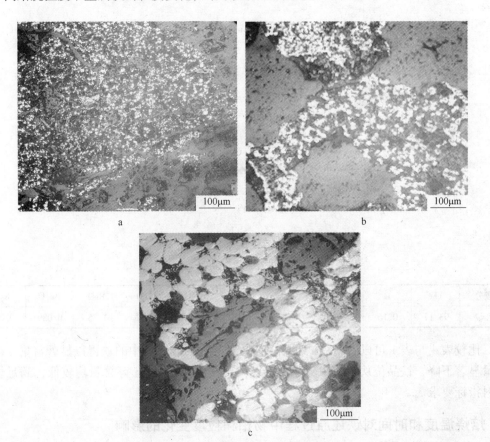

图 5　不同焙烧温度下焙烧产物显微镜照片
a—900℃；b—1000℃；c—1150℃

分析图 5 知，图 a 中铁颗粒较小，集中在 5μm 左右，并与脉石交错在一起；图 b 中已经形成了许多较大的铁颗粒，大多呈不规则的球状，有部分已经连成条状；图 c 中的焙烧产物已经出现了大颗粒的金属铁，多数晶粒粒度在 100 ~ 150μm，较多金属铁晶粒形成连晶，铁颗粒与脉石间出现了较好的解离界面。这说明铁颗粒在还原中是一个长大的过程，温度对还原过程产生较大的影响，在一定温度范围内温度越高越有利于铁颗粒的长大。

铁的氧化物的还原过程是一种结晶化学反应，包括铁晶核的形成和长大两个过程。铁的氧化物在还原过程中先是在某些点上形成铁的晶核，而后铁晶核不断长大成为铁颗粒。在直接还原过程中，金属晶粒成核和晶核长大活化能表现出差异，铁晶粒成核活化能较小，综合的还原速度主要受晶核长大速率控制[11]，升高还原过程的温度可使晶粒获得较大的活化能，从而增大金属成核速率和晶核长大速率，形成大颗粒的金属铁。铁颗粒长大有利于渣铁的有效分离，从而可获得较高品位和回收率的铁精矿。

3.3　焙烧时间对直接还原过程中金属铁的粒度变化的影响

在质量比原矿∶褐煤∶添加剂(CaO) = 100∶20∶15，焙烧温度1150℃的条件下，研究了不同焙烧时间下金属铁的粒度变化，结果如图6所示。

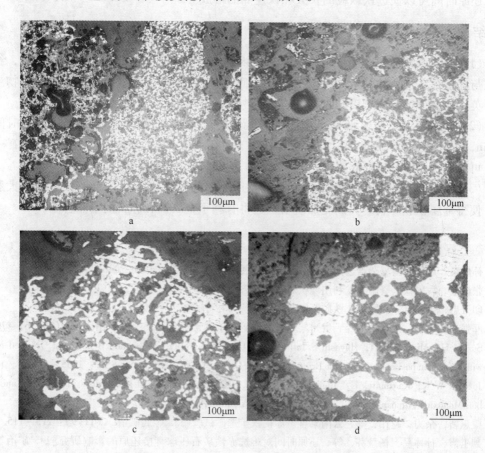

图6　不同焙烧时间下焙烧产物的显微镜照片

a—10min；b—20min；c—30min；d—50min

分析图6知，图a中铁颗粒较小，粒度大都在10μm以下，呈点状分布并且与脉石相互交错；图b中铁颗粒开始兼并长大，形成细长的带状，颗粒状金属铁粒级较小；图c中铁颗粒进一步长大兼并出现较明显的粗带状，并且与脉石的解离已经较清晰；图d中大部分铁颗粒连接成片和大颗粒，与脉石间的界面已经非常清晰。这说明还原过程中金属铁颗粒随还原时间的延长而长大，形成铁连晶，并不断扩散和聚集。在最佳焙烧时间下，形成的铁颗粒尺寸多数在150μm左右。

铁颗粒长大过程是金属铁扩散聚集的过程，因此延长反应时间有利于铁粒的聚集长大。铁连晶形成的过程中伴随着位错的产生和运动[12]。已知 α-Fe 的自由扩散系数为：

$$D = 2.0\exp(-28950/T)\quad(cm^2/s)$$

或　　　　　　　　　　$D = 118\exp(-32800/T)$　　(cm^2/s)

式中，T 为还原温度。Fe 原子的扩散距离公式为 $X = (Dt)^{1/2}(cm)$。式中，t 为还原时间。从式中可知在一定温度下，Fe 的扩散距离是随还原时间的延长而增大的。在位错和 Fe 的能带结构中的自旋劈裂的共同作用下形成铁连晶，并在界面自由能和浓度梯度的作用下相互融合兼并形成连续的铁晶相，以降低界面自由能，使系统的能量降低[13]。综上所述，延长还原时间可以促进铁颗粒的长大和铁连晶的形成。

4　结论

（1）云南某难选铁矿石中的铁大部分以褐铁矿的形式存在，并且呈微细粒嵌布，绝大多数与脉石存在复杂的共生关系，大部分以细针状、纤细状或集合体存在；脉石矿物主要为石英。常规分选方法难以回收其中的铁矿物，属极难选铁矿石。

（2）采用煤基直接还原—磁选工艺处理该矿石，在焙烧温度为 1150℃，焙烧时间为 50min，质量配比原矿：褐煤：添加剂（CaO） = 100：20：15 的最佳条件下，经过磨矿—磁选，可获得铁品位、铁回收率分别为 92.54%、88.43% 的铁精粉。

（3）在一定范围内提高焙烧温度、延长还原时间可促进直接还原铁颗粒的长大和兼并，使得金属铁和脉石的界面更加清晰，这将有利于金属铁和脉石的单体解离。

参 考 文 献

[1] 孙炳泉. 近年我国复杂难选铁矿石选矿技术进展[J]. 金属矿山, 2006, 046(3): 11~13.

[2] 张泾生. 我国铁矿资源开发利用现状及发展趋势[J]. 中国冶金, 2007, 17(1): 1~6.

[3] 印万忠, 丁亚卓. 我国难选铁矿石资源利用现状[J]. 有色矿冶, 2006(S1): 163~168.

[4] 邓强, 陈文祥, 余红林, 等. 贵州某难选褐铁矿选矿试验研究[J]. 金属矿山, 2009(2): 67~70.

[5] Suzuki H, Mizoguchi H, Hayashi S. Influence of Ore Reducibility on Reaction Behavior of Ore Bed Mixed with Coal Composite Iron Ore Hot Briquettes[J]. ISIJ International, 2011, 51(8SI): 1255~1261.

[6] Jozwiak W K, Kaczmarek E, Maniecki T P, et al. Reduction Behavior of Iron Oxides in Hydrogen and Carbon Monoxide Atmospheres[J]. Applied Catalysis A-general, 326(1): 17~27.

[7] 戴惠新, 余力, 赵伟, 等. 云南某含磷赤褐铁矿选矿试验[J]. 金属矿山, 2011(9): 113~115.

[8] 魏玉霞, 孙体昌, 杨慧芬, 等. 还原时间对难选赤铁矿石压球直接还原的影响研究[J]. 矿冶工程, 2012, 32(z1): 434~437.

[9] 杨慧芬, 王静静, 景丽丽, 等. 焙烧温度对高铁提钒尾渣煤基直接还原效果的影响[J]. 北京科技大学学报, 2010(10): 1258~1263.

[10] 龚竹青, 龚胜, 陈白珍, 等. 用硫铁矿烧渣制取海绵铁的碳还原过程[J]. 中南大学学报（自然科学版）, 2006, (4): 703~708.

[11] 梅贤恭, 袁明亮, 左文亮, 等. 高铁赤泥煤基直接还原中铁晶粒成核及晶核长大动力学[J]. 中南工业大学学报, 1996, 27(2): 159.

[12] 孙体昌, 秦晓萌, 胡学平, 等. 低品位铁矿石直接还原过程铁颗粒生长和解离特性[J]. 北京科技大学学报, 2011, (9): 1048~1052.

[13] 陈津, 刘浏, 曾加庆, 等. 自熔性烧结含碳球团铁连晶形成动力学过程[J]. 电子显微学报, 2002 (1): 69~71.

某含钛磁铁矿的性质及选矿工艺研究

曹允业 孙体昌 寇 珏 余 文 高恩霞 郭 玉

（北京科技大学金属矿山高效开采与安全教育部重点实验室，北京 100083）

摘 要： 本文对该高铁低钛磁铁矿的原矿性质进行了系统研究发现，铁的存在形态是磁铁矿，钛以固溶体形式存在于磁铁矿中。在工艺研究中，发现磁铁矿可以被回收利用，钛不能被单独回收，采用阶段磨矿阶段磁选，取得了良好的选矿效果。结果表明，该方法可获得铁品位为 63.85%，磁铁矿回收率为 97.67%，TiO_2 含量为 3.85% 的铁精矿，同时发现预先磁选的尾矿经处理后可获得具有有用价值的云母粉。由 SEM 分析结果得知造成精矿铁品位难提高的原因是钛赋存于磁铁矿中，而弱磁选并不能将其二者分离。

关键词： 磁铁矿；磁选；云母；固溶体

1 引言

中国铁矿资源丰富，截至 2010 年底查明的铁矿资源储量为 714 亿吨，资源储量列世界第 5 位，但铁矿石平均品位只在 30% 左右[1]，近年随中国钢铁工业的发展，对铁矿石的需求急剧增加，因此，原来难选未开发利用的铁矿石也纳入了研究视线[2]。

我国的钒钛磁铁矿资源丰富，但 95% 的钛赋存于原生钒钛磁铁矿石中，TiO_2 含量低于 10%，与钛磁铁矿紧密共生，而且钙镁杂质含量高，利用困难[3]。近年来，有学者采用磁选、重选—浮选联合的方法对钛磁铁矿进行利用，例如对河北某钛铁矿[4]的研究中，采用了摇床重选—浮选联合工艺研究最终获得 TiO_2 品位为 45.53%、回收率为 68.78% 的钛精矿；范先锋[5]等首次将微波能作为一种预处理技术用于钛铁矿选矿，研究了微波能在磨矿、磁选和浮选中的应用，取得了一定进展；也有研究人员采用直接还原焙烧—磁选的方法使钛铁分离[6]，但产品中含钛仍较高。

该含钛磁铁矿是新开发的一处矿藏，对于它的原矿性质、选别工艺流程均处于空白阶段。本研究的目的是查明该含钛磁铁矿中铁与钛的赋存关系，同时确定该含钛磁铁矿实验室选别工艺流程，为它以后的工业生产提供技术参考。研究发现，该磁铁矿含钛量较低，并且钛是以固溶体形式存在于磁铁矿中，并不能被单独回收利用；矿石中的磁铁矿经过预先弱磁选抛除部分尾矿后，然后将粗精矿磨矿后经过一次精选即可获得合格产品，同时发现预先磁选的尾矿经处理后可获得具有经济价值的云母粉。通过对铁精矿产品的 SEM 分析发现造成精矿品位不高的原因是钛赋存于磁铁矿中及有磁团聚现象。

2 试验原料及试验方法

2.1 试样性质

试验原料为某难选含钛磁铁矿（以下简称试样），通过 XRF 分析查明其主化学成分组成，结果见表 1，通过 X 射线粉晶衍射分析可知其矿物组分，结果见图 1。

表 1　试样 XRF 分析结果

成　分	Fe_2O_3	TiO_2	V_2O_5	SiO_2	Al_2O_3	MgO	P	CaO
含量/%	62.80	3.13	0.129	8.88	1.14	15	0.873	5.19
成　分	CuO	MnO	CoO	ZnO	K_2O	SrO	SO_3	
含量/%	0.174	0.252	0.0947	0.0294	0.328	0.0351	0.18	

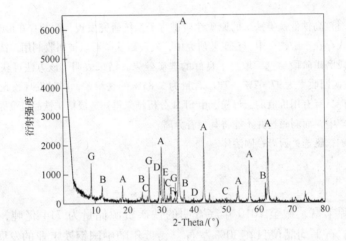

图 1　试样 XRD 图谱

A—磁铁矿，Fe_3O_4；B—蛇纹石，$(Mg,Al)_3[(Si,Fe)_2O_5](OH)_4$；C—氟磷灰石，$Ca_5(PO_4)_3F$；

D—方解石，$CaCO_3$；E—白云石，$CaMg(CO_3)_2$；F—菱镁矿，$MgCO_3$；

G—云母，$KMg_3Si_3AlO_{10}(F,OH)_2$

　　原矿经化验分析得 TFe 为 55.72%、TiO_2 含量为 3.93%。从表 1 可知，试样的 S 含量较低，其他元素无回收利用价值。

　　从图 1 可知，试样中主要成分是磁铁矿，它是需要回收的有用矿物；其他脉石矿物为蛇纹石、氟磷灰石、方解石、白云石、菱镁矿、云母。因为 X 射线粉晶衍射分析结果中未发现含钛矿物，所以使用 SEM 技术手段对原矿性质进行进一步研究，结果见图 2。

　　从图 2 可知，磁铁矿（点 2 区域）部分以单体颗粒形式存在，部分与蛇纹石嵌布紧密，所以这部分磁铁矿需要细磨才可与蛇纹石单体解离后得以回收。由图 1 和图 2 可知，点 1 区域代表蛇纹石，点 3 区域是氟磷灰石，点 4 区域为方解石，点 5 区域为云母，与云母伴生的是区域 6 代表的白云石。根据点 2 的 EDS 能谱图结果可知，在磁铁矿中有少量的含钛矿物，该含钛矿物与磁铁矿共生，二者是固溶体形式存在，所以钛不能被单独回收利用。

　　图 2 表明，试样中磁铁矿粒度较小，为了回收该矿物，所以需要进一步确定试样的粒度组成，试样的累计粒度曲线见图 3，Fe 和 TiO_2 在粒级中的分布规律见图 4。

　　从图 3 和图 4 可知，试样的粒级主要在 -1mm 以下，而 Fe 的分布 80% 以上均在 -0.28mm，所以必须通过细磨，才能实现磁铁矿与脉石矿物的单体解离，再通过弱磁选回收磁铁矿。

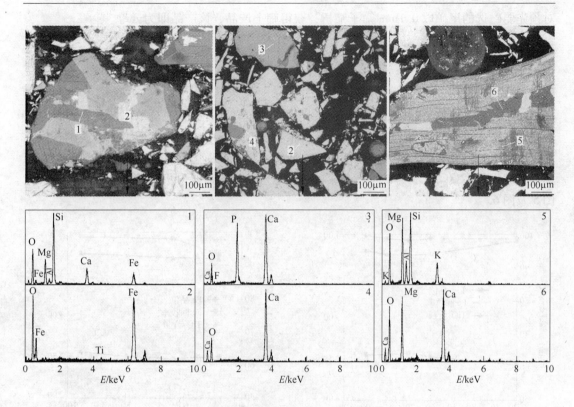

图2 原矿 SEM 像及 EDS 能谱图结果

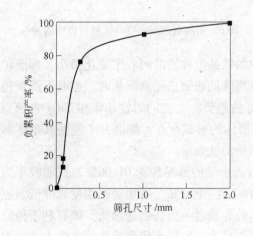

图3 负累积产率

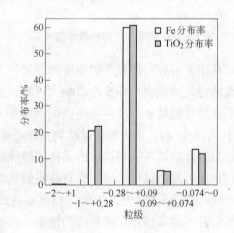

图4 Fe 和 TiO₂ 的分布率

2.2 试验方法

选用设备为 RK/BK 三辊四筒智能磨矿机、RK/CRS 弱磁选机、RK/BMφ170 × 200 棒磨机。

试验样品粒度为 –2mm 占 100%，因为试样主要成分是磁铁矿，所以采用预先弱磁选，然后将粗精矿在磨矿后再进行一次精选的方法，达到回收磁铁矿的目的。与此同时，对预先弱磁选的尾矿以 0.1mm 筛子筛析，获得筛上产品，该产品即为云母。

3　试验结果及讨论

3.1　一段弱磁选的影响

一般而言，适宜的磨矿细度可以使试样中磁铁矿与脉石矿物充分单体解离，同时降低弱磁选磁场强度可以提高铁精矿中铁品位。根据第 2.1 节中试样的性质，该磁铁矿石仅磁铁矿可以单独回收利用，含钛矿物却不能，所以本文对试样选别过程中的磨矿细度和磁选场强强度进行考察。其中磨矿细度考察中的弱磁选的磁选强度为 95.55kA/m，试验结果见图 5 及图 6。

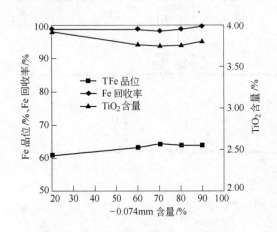
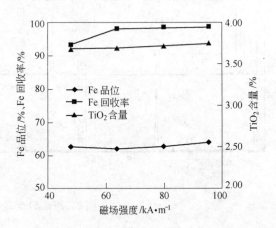

图 5　磨矿细度与铁精粉指标的关系　　　　图 6　弱磁选磁场强度与铁精粉指标的关系

从图 5 可知，随着磨矿细度的增加，产品中的铁品位和铁的回收率变化很小，即磨矿细度的变化对选别指标没有影响；同时，当降低当降低弱磁选磁选场强时，也并不能获得较高铁品位的精矿，反而会使铁的回收率有下降的趋势，与此同时铁精矿中 TiO_2 含量稳定于 3.7% 左右，这说明含钛矿物与磁铁矿以固溶体的形式存在，细磨并不能使其单体解离，只有通过破坏钛磁铁矿的晶格才能降低精矿中的钛含量。

由图可知当试样未经细磨直接弱磁选时，所得产品的铁品位为 61.06%，铁回收率为 98.91%，TiO_2 含量为 3.93%，抛尾率达到 7.31%。综上可知，增加磨矿细度和降低弱磁选场强并不能获得较高铁品位的精矿，若将试样首先经过一次弱磁选预选，即有利于抛除部分尾矿，也省去一次磨矿费用，降低了选矿经济成本，所以本研究采用预先弱磁选的方式处理该含钛磁铁矿，其中预先弱磁选的场强为 95.55kA/m。

3.2　再磨精选对铁精粉指标的影响

将预先磁选获得的粗精矿进行一次精选，其磁选的磁场强度为 95.55kA/m。考察磨矿细度对铁精矿指标的影响，结果见图 7。

由图 7 可知，随着磨矿细度的增加，虽然铁精矿中钛含量基本未变，但是精矿中铁的品位和回收率均有波动。在 −0.074mm 占 90% 的弱磁选时，铁的回收率仅为 95.03%，而

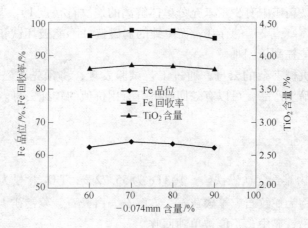

图 7　磨矿细度与铁精矿指标的关系

当磨矿细度 −0.074mm 占 70% 时，弱磁选的铁精矿的铁品位为 63.85%，磁铁矿回收率为 97.67%；而在磨矿细度 −0.074mm 占 90% 时，弱磁选的铁精矿的铁品位为 62.30%，磁铁矿回收率为 95.03%，原因是磨矿细度太小时，即造成了过磨降低了回收率又会使磁团聚现象加剧而降低了铁精矿中的铁品位。综合上述可知，原矿经一次预磁选，之后将预磁选后的粗精矿磨矿至 −0.074mm 含量占 70%，在场强为 95.55kA/m 下弱磁选，此条件为最佳。

3.3　影响铁精矿中铁品位的因素研究

一般而言，磁铁矿经选别后，铁精矿中的铁品位均会在 65% 以上，但该钛磁铁矿精矿的铁品位在 63% 左右。为了查明其中的原因，对最佳条件下的铁精矿用 SEM 进行分析，结果见图 8。

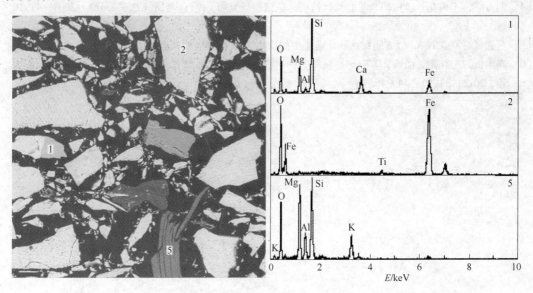

图 8　铁精矿的 SEM 像及 EDS 能谱图

由图 8 可知，铁精矿中有少量未充分单体解离的蛇纹石（点 1）、夹杂的云母（点 5）；同时因为钛铁固溶体（点 2）的存在，而单纯的弱磁选并不能破坏钛和铁的晶体结构，所以铁精矿中铁的品位提高较困难。

点 5 代表的是机械夹杂的云母，通过工艺试验发现，将预先弱磁选的尾矿经 0.1mm 的筛子的筛析，取筛上产品，可以有效回收具有有用价值的较纯云母。该回收云母工艺十分简单。

4　结论

（1）该铁矿石为难选含钛磁铁矿，其 TFe 为 55.72%，TiO_2 含量为 3.93%，有用矿物为磁铁矿，脉石矿物为蛇纹石、氟磷灰石、方解石、白云石、菱镁矿、云母。其中钛是以固溶体形式存在于磁铁矿中，不能被单独回收。

（2）该钛磁铁矿的选矿工艺流程简单，方法是原矿在 95.55kA/m 下预先弱磁选后获得粗精矿，将粗精矿磨至 -0.074mm 占 70%，在场强为 95.55kA/m 条件下经过一次精选，可获得铁品位为 63.85%，磁铁矿回收率为 97.67%，TiO_2 含量为 3.85% 的铁精矿。

（3）研究发现，将预先弱磁选的尾矿经 0.1mm 筛子筛析后的筛上产品为具有有用价值的较纯的云母粉。

参 考 文 献

[1] 崔立伟，夏浩东，王聪，等. 中国铁矿资源现状与铁矿实物地质资料筛选[J]. 地质与勘探，2012，48(5)：894~905.

[2] YU Yong-fu, QI Chao-ying. Magnetizing Roasting Mechanism and Effective Ore Dressing Process for Oolitic Hematite Ore[J]. Journal of Wuhan University of Technology-Mater. Sci. Ed. 2011，26(2)：177~182.

[3] 刘邦煜，王宁，陈娟，等. 钛铁矿深加工及高钛渣生产中资源综合利用研究[J]. 矿物学报，2007(s1)：388~399.

[4] 刘万峰，于梅花，滕根德. 河北某钛铁矿选矿试验研究[J]. 有色金属（选矿部分），2008，4：10~14.

[5] 范先锋，罗森 N A. 微波能在钛铁矿选矿中的应用[J]. 国外金属矿选矿，1999(2)：227.

[6] 高本恒，王化军，曲媛，等. 印尼某海滨砂矿精矿直接还原—磨矿—磁选提铁试验研究[J]. 矿冶工程，2012，32(5)：44~46.

煤泥作为钛磁铁矿直接还原焙烧还原剂的试验研究

于春晓　孙体昌　高恩霞

（北京科技大学金属矿山高效开采与安全教育部重点实验室，北京　100083）

摘　要：煤泥是煤炭洗选加工过程中的副产品，其粒度细、黏性大、灰分含量高、发热量较低，以其为某海滨钛磁铁矿直接还原焙烧中的还原剂，通过"直接还原焙烧-两段磨矿磁选"的工艺，得到 Fe 品位 92.15%，回收率 91.93% 的直接还原铁，为煤泥的综合利用开辟了新的途径。

关键词：煤泥；还原剂；海滨钛磁铁矿；直接还原焙烧

1　引言

煤泥是煤粉含水形成的一种粒度较细（一般小于1mm）、含水量较高的半固体物，是煤炭生产过程中的一种副产品。目前常见的煤泥主要有三种类型[1]：炼焦煤选煤厂产生的浮选尾煤、煤水混合物产出的煤泥、矿井排水夹带的煤泥以及矸石山冲刷下来的煤泥，不同类型的煤泥虽然来源不同，性质差异也较大，但均具有以下共同性质：（1）持水性强、水分含量高；（2）黏性较大；（3）灰分含量较高，发热量较低；（4）粒度细、微粒含量多。由于煤泥大多为选煤厂洗选、冲刷的产物，其粒度较细，-0.074mm 含量可以达到70%~90%，这种性质决定了煤泥遇水即流失，风干即飞扬，这为煤泥的堆放、运输等造成了困难，不仅浪费了煤炭资源，也对环境造成了严重的污染。

目前我国产生的煤泥有较大部分掺入中煤、混煤或原煤中外销；有一小部分用于生产民用型煤或烧砖、烧水泥、烧石灰等；还有一部分煤泥因所在地区运输困难，只能作为井下充填料或者直接堆放在矿山；还有相当一部分煤泥直接排入环境中[2]。就目前煤泥的利用状况来看，煤泥大多是直接成浆使用或干燥成型使用，按用途主要可以分为直接燃烧发电、制型煤、配煤、水煤浆、汽化率、井下充填、作建筑掺合料、工业填料、颗粒活性炭以及制备化工产品等[3]。

因此，用煤泥来代替优质煤作为直接还原焙烧过程中的还原剂，对于煤泥的综合有效利用开辟了新的途径，有明显的经济效益和环境效益。在以煤泥为还原剂对某海滨钛磁铁矿进行直接还原焙烧，通过"直接还原焙烧-两段磨矿磁选"的工艺，得到的直接还原铁中 Fe 品位可达92.15%，回收率可达91.93%，TiO_2 含量可降至0.72%，具有较好的选别效果。

2　煤泥及试验原料性质

本试验选用三种煤泥：煤泥 TJ、煤泥 HF 和煤泥 MT，三种煤泥的煤质分析如表1所示。从表1中可以看出三种煤泥的水分含量均较低；煤泥 HF 的灰分、硫含量较高，固定碳含量较低；煤泥 TJ 挥发分、固定碳含量较高，灰分含量较低；而煤泥 MT 的灰分、挥发分及固定碳含量则介于煤泥 HF 和煤泥 TJ 之间。煤泥中不同煤质成分的含量对于其作为还原剂的还原效果会有一定影响。

表 1　试验用煤泥煤质分析　　　　　　　　（ % ）

煤泥种类	水分（空干基）	灰分（干燥基）	挥发分（干燥基）	固定碳（干燥基）	全硫（干燥基）
煤泥 TJ	1.42	29.73	26.75	43.52	0.58
煤泥 HF	1.99	44.54	22.16	33.29	1.66
煤泥 MT	0.72	39.82	22.84	37.34	0.25

本试验原矿选用某海滨钛磁铁矿，其多元素分析结果如表 2 所示，XRD 分析如图 1 所示。从表 2 中可以看出，原矿中 TFe 和 TiO_2 的品位分别为 51.85% 和 11.33%，基本不含 V，S，P 含量均较低。从图 1 中可以看出，原矿中有用矿物主要为钛磁铁矿，伴生有钛铁矿，脉石矿物主要是霞石、石英、辉石和透辉石。试验中选用纯度为 80% 的添加剂 YSE 和实验室分析纯的添加剂 YHG。

表 2　原矿多元素分析结果　　　　　　　　（ % ）

成　　分	Fe	SiO_2	TiO_2	Al_2O_3	MgO	CaO	SO_3	MnO
含　　量	51.85	14.43	11.33	6.86	3.64	1.09	0.58	0.49
成　　分	Na_2O	P_2O_5	Cr_2O_3	K_2O	ZnO	Cl	ZrO_2	
含　　量	0.42	0.14	0.13	0.1	0.07	0.04	0.01	

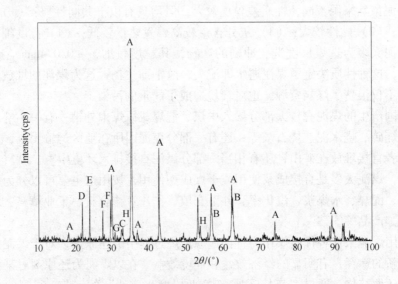

图 1　印尼某海滨砂矿 XRD 图谱

A—钛磁铁矿（$Fe_{2.75}Ti_{0.25}O_4$）；B—$MgFe_2O_4$；C—钛铁矿（$FeTiO_3$）；D—石英（SiO_2）；

E—霞石（铝硅酸钠）；F—辉石（$(Fe,Mg)(Si_2O_6)$）；G—透辉石（$(Ca,Mg)(Si_2O_6)$）；H—Ti_2O_3

3　试验研究

3.1　煤泥种类及用量试验

以煤泥 TJ、煤泥 HF 和煤泥 MT 为还原剂进行煤泥种类和用量试验，相对于原矿质量，三种煤泥均进行用量为 15%、20%、25% 的试验，其中，添加剂 YSE 用量相对原矿质量为 8%，添加剂 YHG 用量相对原矿质量为 3%；将原矿、煤泥、添加剂 YSE 和 YHG 混合均匀后置于坩埚中，在 1250℃ 时放入马弗炉中焙烧 60min 后取出，进行两段磨矿、两段磁选；其中，一段磨矿，磨矿细度 −0.074mm 占 70%，二段磨矿，磨矿细度 −0.043mm 占 70%，两段磁选磁场强度均为 151kA/m；过滤烘干后得到直接还原铁。试验结果如图 2 所示。

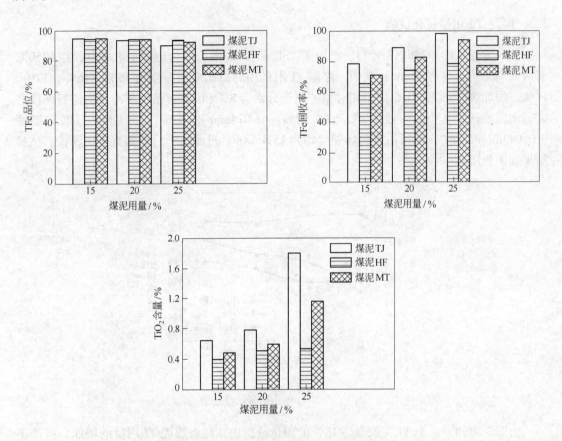

图 2　煤泥种类与用量试验结果

由图 2 可知，不同煤泥作还原剂进行直接还原焙烧得到的铁产品的指标不同。三种煤泥试验结果总体来看，随着煤泥用量的增加，得到的直接还原铁中 Fe 品位下降，Fe 回收率逐渐升高，同时 TiO_2 含量也随之升高，但不同煤泥，其变化的幅度不同。从 Fe 品位来看，三种煤泥均能使最终直接还原铁中的 Fe 品位达到 90% 以上，说明煤泥作为还原剂在直接还原焙烧过程中能够起到有益效果，但 Fe 回收率和 TiO_2 含量有较大差距，说明不同的煤泥因其煤质成分不同，最终所起的作用也是有差距的；煤泥 TJ 的固定碳含量较高，灰分含量较低，其效果较之煤泥 HF、煤泥 MT 要好，因此，固定碳含量高、灰分含量低且挥发分适中的煤泥可以用作还原剂，通过调整试验参数，能够达到较好的效果。

相同煤泥用量时，煤泥 TJ 所得直接还原铁中 Fe 回收率最高，TiO_2 的含量也较高，但在煤泥 TJ 用量由 20% 增至 25% 时，直接还原铁中 Fe 品位、回收率和 TiO_2 含量变化幅度较大，Fe 品位明显下降，Fe 回收率上升幅度较大，TiO_2 含量增加较多，因此考虑煤泥 TJ 的最佳用量应在 20% 以内，可以进一步缩小煤泥 TJ 的用量范围进行试验，相比之下，煤泥 HF 的直接还原铁中 Fe 回收率偏低，煤泥 MT 用量为 20% 时，Fe 回收率与煤泥 TJ 用量 15% 时相近，因此要达到与煤泥 TJ 相同的指标，煤泥 MT 用量会较大，而煤泥 TJ 用量 20% 时，直接还原铁能够达到 Fe 品位 93.38%，Fe 回收率 90.51%，TiO_2 含量 0.79% 的指标，因此用煤泥 TJ 进行进一步的优化用量试验。

3.2　煤泥 TJ 用量优化试验

将一定质量的原矿与煤泥 TJ、添加剂 YSE 和 YHG 混合均匀后置于坩埚中，在 1250℃ 时放入马弗炉中焙烧 60min；其中，煤泥 TJ 用量相对原矿质量分别为 15%、16%、17%、18%，添加剂 YSE 和 YHG 用量相对原矿质量分别为 8% 和 3%；焙烧矿冷却后进行两段磨矿、两段磁选；其中，一段磨矿，磨矿细度 −0.074mm 占 70%，二段磨矿，磨矿细度 −0.043mm 占 70%，两段磁选磁场强度均为 151kA/m；过滤烘干后得到直接还原铁。试验结果如图 3 所示。

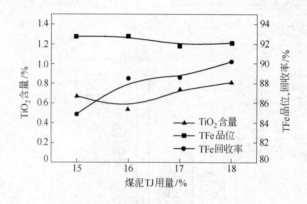

图 3　煤泥 TJ 缩小用量试验结果

由图 3 可知，煤泥 TJ 在 15%～18% 的用量范围内，随着煤泥 TJ 用量的增加，直接还原铁中 Fe 品位变化不大，都在 90% 以上，Fe 回收率则逐渐升高，在用量为 18% 时最高，达到 90% 以上，TiO_2 含量总体呈升高趋势，但都在 0.8% 以下，属于较低的含量范围；因此，煤泥作为还原剂进行某海滨钛磁铁矿的直接还原焙烧，能够取得理想的选别效果，煤泥 TJ 用量为 18% 时，直接还原铁能够达到 Fe 品位 92.14%，Fe 回收率 90.19%，TiO_2 含量 0.78% 的良好指标。

3.3　直接还原焙烧温度与时间试验

将一定质量的原矿与煤泥 TJ（用量相对原矿质量为 18%）、添加剂 YSE（用量相对原矿质量为 8%）和添加剂 YHG（用量相对原矿质量为 3%）混合均匀后置于坩埚中，分别在 1150℃、1200℃ 和 1250℃ 下焙烧 60min，焙烧矿冷却后通过两段磨矿两段磁选进行选别，其中，一段磨矿，磨矿细度 −0.074mm 占 70%，二段磨矿，磨矿细度 −0.043mm 占 70%，两段磁选磁场强度均为 151kA/m；过滤烘干后得到直接还原铁。焙烧温度试验结果如图 4 所示。

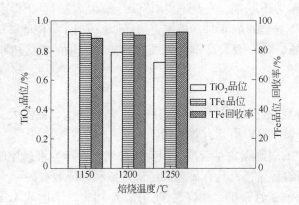

图 4　焙烧温度试验结果

由图 4 可知，焙烧温度对最终直接还原铁的指标影响较大，随着焙烧温度的升高，直接还原铁中 Fe 品位变化不大，Fe 回收率随着温度的升高而提高，同时 TiO_2 含量也随温度升高明显降低，在焙烧温度为 1250℃ 时，指标最好，直接还原铁中 Fe 品位能够达到 92.15%，Fe 回收率能够达到 91.93%，TiO_2 含量降至 0.72%；因而，煤泥 TJ 作为还原剂在 1250℃ 焙烧效果最佳。

进而考虑焙烧时间的影响。将一定质量的原矿与煤泥 TJ（用量相对原矿质量为 18%）、添加剂 YSE（用量相对原矿质量为 8%）和添加剂 YHG（用量相对原矿质量为 3%）混合均匀后置于坩埚中，在 1250℃ 时放入马弗炉中，分别焙烧 20min、30min、40min 和 60min，焙烧矿冷却后通过两段磨矿两段磁选进行选别，其中，一段磨矿，磨矿细度 −0.074mm 占 70%，二段磨矿，磨矿细度 −0.043mm 占 70%，两段磁选磁场强度均为 151kA/m；过滤烘干后得到直接还原铁。焙烧时间试验结果如图 5 所示。

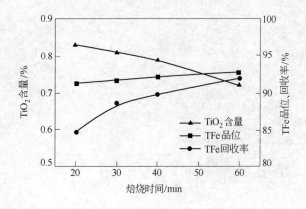

图 5　焙烧时间试验结果

由图 5 可知，焙烧时间对最终直接还原铁的指标影响也较大，随着焙烧时间的延长，直接还原铁中 Fe 品位和回收率都会上升，TiO_2 含量明显下降，综合考虑经济成本等，焙烧时间为 60min 时，能够得到理想的焙烧效果。

综上所述，对于某海滨钛磁铁矿，煤泥作为还原剂进行直接还原焙烧能够达到理想指标，特别是煤泥 TJ 作为还原剂，在用量为 18%、添加添加剂 YSE（用量 8%）和 YHG（用量 3%）、1250℃下焙烧 60min 时，最终直接还原铁中 Fe 品位能够达到 92.15%，Fe 回收率能够达到 91.93%，TiO_2 含量降至 0.72%，达到较理想的直接还原焙烧指标。

4　结语

（1）煤泥作为煤炭洗选加工过程中的副产品，其粒度细、黏性大、灰分含量高、发热量较低，目前大部分煤泥都未得到有效利用。

（2）部分煤泥中的固定碳含量较高，用其代替优质煤作为直接还原焙烧过程中的还原剂，开辟了煤泥利用的新途径，具有显著的经济效益和环境效益。

（3）试验用某海滨钛磁铁矿，在煤泥 TJ 用量为 18%，添加剂 YSE 用量为 8%，YHG 用量为 3%，焙烧温度为 1250℃，焙烧时间为 60min 时，能够取得理想的焙烧效果，最终直接还原铁中 Fe 品位能够达到 92.15%，Fe 回收率能够达到 91.93%，TiO_2 含量降至 0.72%。

（4）对比煤泥煤质分析，固定碳含量高，灰分含量低，挥发分适中的煤泥能够作为直接还原焙烧过程中的还原剂，通过调整焙烧条件，可以得到较好的焙烧效果。

参 考 文 献

[1] 武卫新. 合理利用煤泥途径的探讨[J]. 煤矿现代化，2004(3)：65～66.

[2] 蔡明华. 煤泥的合理利用[J]. 选煤技术，1994(10)：32～35.

[3] 黄光许，谌伦建，申义青. 煤泥无废排放综合利用模式[J]. 洁净煤技术，2005(2)：59～62.

酒钢镜铁山粉矿磁化焙烧工业实践

张志荣[1,2]　魏士龙[2]　陈　莉[3]

(1. 北京科技大学土木与环境工程学院，北京　100083；

2. 酒钢选烧厂，嘉峪关　735100；

3. 甘肃钢铁职业技术学院，嘉峪关　735100)

摘　要： 镜铁山式铁矿石属于国内典型的复杂难选、氧化贫铁矿石。酒钢镜铁山 0～15mm 的难选粉矿先后进行了竖炉焙烧工业试验、沸腾炉焙烧半工业试验、回转窑焙烧工业试验、斜坡炉焙烧工业试验、冷压球竖炉焙烧半工业试验，大多取得了较好技术指标，但是因为存在各种制约问题而没有应用，本文对所进行过的磁化焙烧进行了综述，提出了今后的磁化焙烧研究及应用的建议。

关键词： 磁化焙烧；镜铁山粉矿；工业实践

1　引言

酒钢选烧厂选矿工序处理的镜铁山式铁矿石属于国内典型的复杂难选、氧化贫铁矿石，具有矿物组成复杂多样、比例多变；单矿物纯度低，杂质含量高；矿物嵌布粒度粗细不均，需要细磨等特点[1]。目前采用块矿（15～150mm）磁化焙烧—弱磁—反浮选、粉矿（0～15mm）强磁选的生产工艺流程[2]。2011～2013 年酒钢选矿强磁、弱磁流程生产指标见表 1，弱磁反浮选同强磁工艺指标相比，精矿品位高约 12 个百分点，回收率高约 12 个百分点，简记"双十二"；酒钢选矿实践证明磁化焙烧是酒钢处理镜铁山铁矿物的最有效途径[1,3]。近 60 年来，酒钢一直在研究粉矿利用的途径，并进行工业实践。本文对此进行归总，分析历次试验的优缺点，以期对酒钢未来的研究工作有指导作用，同时也希望为国内相关的研究和生产单位提供借鉴。

表 1　2011～2013 年强、弱磁流程生产指标　　　　　　　　（%）

年　份	弱磁流程			强磁流程		
	原矿品位	精矿品位	回收率	原矿品位	精矿品位	回收率
2011	41.00	59.36	81.36	34.12	46.96	65.80
2012	40.03	59.18	79.18	33.97	46.51	66.76
2013	40.84	59.35	79.27	35.96	48.73	68.81

2　粉矿磁化焙烧实践

从 1972 年建厂前期开始，酒钢选矿技术人员针对提高镜铁山粉矿的经济技术指标进行了长期技术攻关，曾先后进行了竖炉焙烧磁选工业试验、沸腾炉焙烧半工业试验、回转窑焙烧工业试验、斜坡炉焙烧工业试验和冷压球竖炉焙烧半工业试验，均因为建设投资大、生产成本高、设备不过关等问题而未能用于生产中[4]。酒钢目前仍旧研究新的磁化焙烧工艺及装备，为提高粉矿利用水平而努力。

2.1 粉矿直接竖炉焙烧工业试验

竖炉磁化焙烧过程：将矿石从顶部矿槽加入，通过自重依次落入预热带、加热带、还原带和冷却带。用上升的高温烟气预热；进入加热带后，矿石被强化加热到 700 ~ 850℃，然后进入还原带，在一定浓度的还原剂作用下，保持一定温度（550 ~ 600℃）和时间，使弱磁性铁矿石还原成强磁性铁矿，最后落入水中冷却后送到下道工序。焙烧过程中加热、还原是主要的工艺过程。炉膛上部是预热带，中部为加热带，下部为还原带，炉膛中部有一狭窄的炉腰；炉腰下部有导火孔，与炉两侧的燃烧室相通，燃烧室与加热煤气相连；在还原带下部的炉底上有煤气喷出塔，每个塔有独立的管道与炉外还原煤气主管相接。炉子下部两侧各有用来排出矿渣用的排灰漏斗。炉子两侧设有排出焙烧产品用的辊式排矿机；辊式排矿机轴中心线以下全部淹没在水封池水中，水封池中设有两台斗式搬出机，用来搬出落入水中的焙烧矿。竖炉装有抽烟机，使得整个炉子在负压下工作；烟气经过除尘器除尘后排入大气。焙烧竖炉结构图见图1。

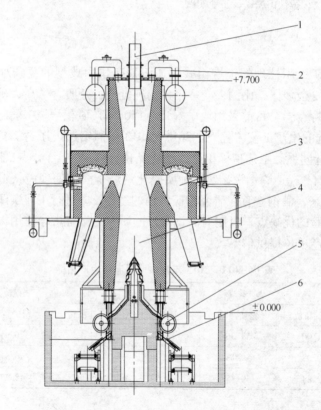

图 1　焙烧竖炉结构图

1—给矿漏斗；2—废气管道；3—燃烧室；4—还原塔；5—排矿辊；6—搬出机

1966 年，采用镜铁山粉矿在鞍山烧结总厂进行了磁化焙烧工业试验。取得了精矿铁品位 59%，铁回收率 75% 的指标。由于粉矿透气性差，导致焙烧效果差，虽然进行了烟气系统改进，但是竖炉仍旧存在焙烧不均匀、细粉熔融结块等问题，试验没有成功。

2.2 沸腾炉半工业试验

1966 年，中国科学院化工冶金研究所、马鞍山矿山研究院对桦树沟 0 ~ 4mm 的粉矿分别进行了流态化焙烧扩大试验和中间试验，取得了精矿铁品位 61% 左右，铁回收率 78% 的指标。1968 年，马鞍山矿山研究院在 φ1.0m 沸腾炉上进行了 0 ~ 3mm 粉矿直接焙烧即沸腾炉半工业试验，取得了精矿铁品位 59% 左右，铁回收率 82% 的较好指标。

由于沸腾炉磁化焙烧存在能耗高，焙烧成本高，还原时间长，运行不稳定等问题，同时对给料粒度要求严格，工业流化床及排料不畅问题没有得到彻底的解决，最终该焙烧装备没有在酒钢实现工业化应用。

2.3 回转窑工业试验

工艺过程：粉矿和还原煤分别用圆盘给料机按比例混合后经皮带运输机给入回转窑，来自一、二段旋风收尘器收到的粉尘也自动返入窑内进行逆流焙烧。

1981 年，酒钢在实验室 φ0.25m × 4m 回转窑试验的基础上，进行了 φ3.6m × 50m 回转窑工业试验，取得了精矿铁品位 58% 左右，铁回收率 83% 的较好指标[5]。回转窑磁化焙烧工艺联系图见图 2。

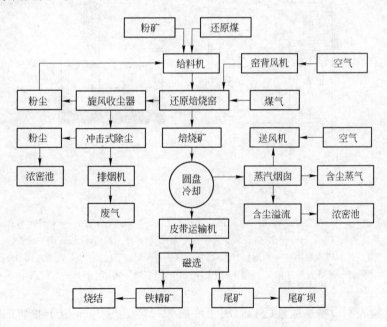

图 2   回转窑磁化焙烧工艺联系图

试验发现当还原带温度超过 850℃后，会发生"粘窑"现象，故温度不宜过高，温度过低会使焙烧不充分，影响磁选效果，还原带温度一般控制在 750℃左右；窑速过快，则焙烧时间不够，还原不充分，将影响磁选效果；若窑速过慢，则降低窑的生产率。还原带温度为 700℃以上时，窑速定为 70 ~ 81r/s，即焙烧时间 1h 以上。

实践表明：回转窑焙烧除了结圈问题外，仍然存在磁化过程缓慢，矿石还原不均匀，焙烧成本高等问题，不利于选矿的生产。当时酒钢设计采用 φ3.0m 圆盘冷却机为主体的排料系统，炽热的焙烧矿经圆盘冷却机喷水冷却后分成三部分排出，选矿仅能回收粗粒级焙烧矿，无法有效回收蒸汽管道的溢流和除尘细粒级矿泥，导致金属流失、环境污染严重。

2.4　斜坡炉工业试验

粉矿滑动焙烧炉主要由两部分组成，如图 3 所示，右侧为加热室，左侧为还原室。加热室下部周围布置有多个煤气烧嘴，用于加热空气；上部设有一块与水平面成 30° 的算子板，算子板上开有呈水平方向的直径为 6mm 的圆孔，开孔率为 5%；顶部的废气管道经除尘器与抽烟机相连，在除尘的同时，使室内形成负压。工作时，粒度小于 10mm 的粉矿经给矿斗自动给到算子板上。在上升高温气流的作用下，粉矿沿算子板向下滑动，整个床层呈半流态化状态。粗细粒矿粉在滑动过程中自然分层，从而迅速完成加热过程。

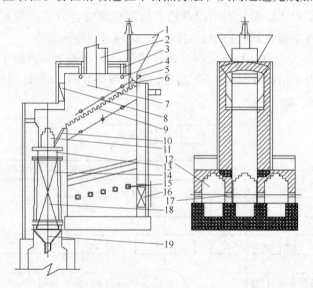

图 3　斜坡炉结构图

1—给矿斗（1 个）；2—废气管；3—视孔（3 个）；4—测温（压）点（12 个）；5—矿斗事故孔（3 个）；
6—给矿挡板（1 个）；7—加热室；8—算子板上人孔（1 个）；9—算子板；10—滑铁板；
11—事故孔；12—燃烧室（西侧）；13—格条；14—分配塔（7 层）；15—烧嘴（10 个）；
16—算子板下人孔（10 个）；17—倒火孔（10 个）；18—还原室；19—排矿漏斗

斜坡炉试验表明设备适应性强，解决了沸腾炉只能处理 3mm 以下粉矿的难题，可以通过控制算子板的倾斜度，提高焙烧矿粒度上限；同时可以解决采用沸腾炉时细粉恶性循环的问题。

斜坡炉存在问题：能源消耗大；算子板容易被烧坏，无法长时间投入工业化应用。

2.5　冷压球竖炉焙烧半工业试验

2012 年，针对竖炉热效率高、作业率高、能耗低的优势，存在不能处理粉矿的局限性，酒钢根据国内焙烧动态，开发出冷压球—竖炉焙烧半工业试验—选别工艺，半工业前期试验取得了精矿品位55%、回收率83%的综合选别指标。在500t冷压球连续焙烧半工业试验时，由于炉子结构没有根据冷压球的特性进行改造，出现磁化焙烧时间不够的问题，导致回收率只有65%。

由于冷压球需要前期破碎、黏结剂、制球、烘干等过程，成本较高，同时焙烧仍旧易粉化，产生的综合效益不明显，后期没有再进行深入研究。

3 酒钢磁化焙烧目前进行的工作

酒钢所处的独特地理位置要求酒钢必须充分利用镜铁山铁矿及其周边资源，所以酒钢近年来加快了磁化焙烧技术研究，简述如下。

3.1 闪速磁化焙烧[6]

闪速磁化焙烧是由中国工程院余永富院士提出的一种新型焙烧技术，该技术将粉状难选氧化铁矿石，在还原气氛中，经多级循环流态化焙烧，使之在5~100s内快速还原成磁铁矿，再经弱磁选，获得高品质合格的铁精矿。

黄红等人对 -0.30mm 酒钢富含镜铁矿、褐铁矿和镁（锰）菱铁矿的难选铁粉料进行了闪速磁化焙烧研究，在弱还原气氛和740~800℃下，通过闪速磁化焙烧处理，获得了铁品位为55.21%~55.67%、铁作业回收率为81.66%~86.57%的弱磁选铁精矿[7]。

3.2 水平移动—固定床式磁化还原焙烧[8]

过程如下：（1）将粉矿过筛后进行压块造球，得到原料。（2）将原料通过水平移动—固定床式磁化还原焙烧装置中矿仓的布料机将其分布到水平移动床上，使其下层为矿石，上层为球。（3）将水平移动床上的矿石及球采用煤气或煤粉进行磁化还原焙烧；待矿石充分还原后，完成磁化焙烧过程。（4）将步骤（3）焙烧好的矿石和球在床面端部由刮板卸料，排入水冷装置，经水冷却后，搬出机搬出矿石，并送入磨矿选别工序即可。本发明粉矿磁化还原焙烧的预热、加热和还原等过程均在水平移动—固定床式焙烧装置上全部完成，不但简化了生产工艺过程，降低了投资成本，而且可以避免类似于回转窑等焙烧粉矿的结圈问题。

3.3 含碳球团竖炉磁化焙烧方法[9]

王明华等人采用球团烘干床与竖炉焙烧本体为一体化的炉型对难选低品位铁矿石含碳球团竖炉煤基磁化焙烧，将干磨制粉后的原矿粉与还原煤粉和膨润土按一定比例进行配料和润磨，得到成分均匀和水分含量一定的混合料，进行造球，筛分后将合格的含碳球团进行烘干，入竖炉内进行磁化焙烧，球团经干燥、预热、焙烧、均热、冷却处理，直接进入水中进行水淬，生产出合格的焙烧磁化矿。采用粉状难选低品位铁矿石含碳球团竖炉煤基磁化焙烧方法，焙烧矿磁选后可得到铁品位为62%~63%的铁精矿，其金属回收率和铁精矿品位比采用强磁选工艺分别高出18%~19%和13%~14%。

4 结语

本文结合酒钢镜铁山铁矿资源特点，概述了近60年来酒钢镜铁山式弱磁性贫氧化铁矿石磁化焙烧生产应用实践，简要介绍了各种磁化焙烧的技术指标和主要影响因素；这些工业应用实践虽然因粉矿的透气性差、易烧结黏结、设备可操作性差或成本高等因素而没有实现工业生产，但是对酒钢今后粉矿利用的研究方向有着实际意义。最后简述了酒钢目前正在进行的闪速磁化焙烧、水平移动—固定床式磁化焙烧等新技术，展示酒钢磁化焙烧研究动态。

直接还原—磁选具有原料和能源的灵活性大、生产成本较低、环境污染少等优势。该技术工业化后可以将弱磁性难选铁矿石的长流程：磁化焙烧—弱磁选—浮选—烧结—炼铁—炼钢转化为短流程：直接还原焙烧—弱磁选—炼钢，对于难选粉矿的利用有着现实意义，酒钢有必要跟踪、试验研究该项技术。

参 考 文 献

[1] 陈毅琳. 镜铁山式铁矿石选矿技术发展现状及展望[J]. 2006 年全国金属矿节约资源及高效选矿加工利用学术研讨与技术成果交流会论文集，2006.

[2] 唐晓玲，陈毅琳，高泽宾，等. 酒钢选矿厂焙烧磁选铁精矿阳离子反浮选生产实践[J]. 金属矿山，2008(11)：43.

[3] 姜华. 不断改进的酒钢选矿厂竖炉焙烧工艺[J]. 金属矿山，2006(7)：44.

[4] 孙忠信，郭效东. 酒钢强磁选 20 年发展回顾[J]. 甘肃冶金，1999(4)：23.

[5] 任亚峰，余永富. 难选红铁矿磁化焙烧技术现状及发展方向[J]. 金属矿山，2006(11)：20～23.

[6] 余永富，刘根凡，梅丰，等. 难选氧化铁矿石闪速磁化焙烧反应速度的测试装置. 中国，ZL CN 200510019932.1[P]. 2006-05-24.

[7] 黄红，罗立群. 细粒铁物料闪速磁化焙烧前后的性质表征[J]. 矿冶工程，2011(02)：61.

[8] 陈毅琳，张荣华，刘金长. 水平移动—固定床式磁化还原焙烧装置. 中国，ZL CN 2011 10200933[P]. 2011-12-07.

[9] 王明华，权芳民. 粉状难选低品位铁矿石含碳球团竖炉煤基磁化焙烧方法. 中国，ZL CN 2013 10085460.4[P]. 2013-07-17.

鲕状赤铁矿选矿研究发展动态

罗立群[1,2]　　吴远庆[1,2]

(1. 武汉理工大学资源与环境工程学院，武汉　430070;
2. 矿物资源加工与环境湖北省重点实验室，武汉　430070)

摘　要: 鲕状赤铁矿的选别研究是国内外选矿技术发展的重点和难点之一。本文综述了鲕状赤铁矿选别研究的发展动态，并简单归纳为直接入选、磁化焙烧—磁选、深度还原三类工艺进行论述。直接入选能耗低，污染少，但对磨矿细度有要求，矿石泥化严重，多数铁收率处于45% ~65%；磁化焙烧—磁选是目前处理鲕状赤铁矿行之有效的办法，精矿铁品位能够达到55%以上，多数铁收率能够达到70% ~80%，但精矿中普遍磷含量较高，需后续处理；深度还原法处理鲕状赤铁矿，能够将还原铁品位提高到85%以上、金属化率可达到90%、铁收率达到85%以上，但能耗高、成本较大，工艺复杂、技术处于研发阶段。

关键词: 鲕状赤铁矿；磁化焙烧—磁选；深度还原；脱磷

随着我国经济建设的持续快速发展，钢铁冶金行业迅猛发展，国内铁矿石的需求越来越大，导致铁矿石的进口量年年攀升，铁矿石的进口价格也一度上涨[1]。我国铁矿资源虽然储量丰富，但是品位低，平均铁品位32%，比世界平均品位低11个百分点。铁矿石的主要特点是贫、细、杂，复杂难选的红铁矿占20.8%[2,3]。我国鲕状赤铁矿储量可观，约占已探明铁矿石资源总储量的1/9[4]，近年来对鲕状赤铁矿的开发与利用研究已经取得了较大的进展。本文对此进行了系统的总结和归纳，阐述了当前鲕状赤铁矿的选矿试验研究动态，探讨了未来鲕状赤铁矿分选技术的发展前景。

1　鲕状赤铁矿石的性质简介

鲕状赤铁矿石是国内外难选矿石之一，具有铁品位和杂质磷、铝和硅等含量较高的特点，是典型的低硫高磷的酸性氧化矿石。矿石中铁主要以赤铁矿和褐铁矿的形式赋存，其他含铁形态含量较少；脉石矿物主要包括石英、鲕绿泥石、高岭石和胶磷矿等。矿石中含铁矿物与脉石矿物多为细粒嵌布，结构复杂，鲕粒外形主要呈从球形至椭球形的卵石形，呈鲕状和层状同心环带结构，典型的鲕粒结构多为赤铁矿或褐铁矿内核被具有深浅不一的棕色物质呈 5 ~10μm 厚的同心外壳交替排列而成[5]。根据鲕粒的不同分为以下两种：一是鲕粒主要为含铁矿物，包裹层主要为脉石矿物；二是鲕粒主要为石英、胶磷矿等脉石矿物，包裹层主要为含铁矿物。其中，前者较后者易于选别，选别前需对矿石进行细磨。由于鲕状赤铁矿特殊的结构和特性，磨矿能耗高，磨矿产品中细粒级含量多，矿石易泥化。例如宣龙式鲕状赤铁矿，当原矿磨矿细度为 -0.074mm 占55%时，赤铁矿的单体解离度仅为12.33%；-0.045mm 粒级赤铁矿单体解离度仅为22.25%，-0.045mm 占31.43%。

基金项目：国家"十二五"科技支撑计划（2013BAB03B03）。

随磨矿粒度 – 0.074mm 含量增加，赤铁矿单体解离度增加，但变化区间不大， – 0.074mm 达到 95% 时，赤铁矿的单体解离度为 52.23% ； – 0.045mm 粒级为 65.78% ， – 0.045mm 含量为 60.82% 。

目前对鲕状赤铁矿的研究，主要分选加工工艺可概括为三类：（1）直接入选，即磨矿—磁选或磨矿—反浮选；（2）磁化焙烧—磁选，包括后续增加反浮选、酸浸等工艺；（3）深度还原或直接还原等单独或联合工艺。

2　鲕状赤铁矿直接入选工艺研究现状

2.1　直接入选法研究现状简介

鲕状赤铁矿中铁的赋存状态主要是赤铁矿和褐铁矿，早期考虑采用细磨—强磁，细磨—反浮选以及强磁—反浮选联合工艺的选矿方法进行选别，此类均归结为直接入选。直接入选的选矿工艺研究动态如表 1 所示。

表 1　鲕状赤铁矿直接入选工艺研究现状

原料产地	操作工艺		原矿/%		精矿/%		TFe 收率 /%	脱磷率 /%	文献来源
	原则工艺	制　度	TFe	P	TFe	P			
—	磁选	两段磨矿三段磁选	47.44	—	61.11	—	44.35	—	刘青[6]
湖北巴东	反浮选	选择性絮凝、二次脱泥、一次粗选、三次扫选	46.05	0.84	56.23	0.098	75.28	92.81	张芹[7]
—	反浮选	先脱磷—后脱硅	48.97	0.92	54.21	0.28	64.60	82.24	刘万峰[8]
鄂西某地	强磁—反浮	抑制剂：改性 CMS 捕收剂：自制 QD-01	42.93	0.93	53.21	0.47	58.23	76.26	董怡斌[9,10]
贵州赫章	强磁—反浮	一粗一精一扫磁选——一次浮选	45.56	0.63	56.14	0.22	62.48	82.30	唐云[11]
宣钢龙烟	强磁—重选	阶段磨矿—强磁选抛尾—重选	47.66	0.24	61.01	—	47.85	—	白丽梅[12]
河北某地	选择性絮凝—强磁选	分散—絮凝——粗一扫强磁	47.41	0.24	55.51	—	76.02	—	牛福生[13]
河北某地	强磁—反浮	一粗一精磁选——粗一扫浮选	47.66	0.24	62.74	—	48.70	—	牛福生[14]
	强磁—重选	强磁抛尾—重选			61.01	—	47.85	—	
国内某矿	强磁—选择性絮凝脱泥—反浮选	ZH 型三盘强磁——粗一精两扫闭路浮选	43.92	1.05	56.42	0.097	65.89	95.26	解琳[15]

从表 1 分析可知，对鲕状赤铁矿进行强磁选、反浮选或两者结合和衍生的工艺处理，能达到铁的富集，实现分选目的。对于原矿中较高的磷含量，也能通过上述分选过程同步降低，达到合格精矿的要求。精矿中铁品位处于 55% 左右，但是铁的回收率不是很高，多

数铁收率处于45%~65%，造成铁资源的较大浪费。其原因是鲕状赤铁矿嵌布粒度细，与杂质连生紧密，使得入选铁矿物单体解离不够，精矿品位较低；若浮选过程中添加絮凝剂进行选择性絮凝，能够有效提高TFe的回收率到75%以上。若入选物料中矿泥含量高，也可预先采用脱泥，再絮凝强磁或与絮凝反浮选，可望提高铁矿物的回收率。

2.2 直接入选面临的问题与发展

虽然采用强磁选、反浮选和强磁—重选以及强磁—反浮选联合工艺能够实现铁与杂质的分离富集回收。但是由于鲕状赤铁矿中含铁矿物单体解离困难，磨矿产品细粒含量高，矿石易泥化，使得分选指标难以让人满意。很难获得铁品位大于60%的合格精矿，铁回收率较低、磷含量较高，试验指标不够理想。采用选择性絮凝等技术后，技术指标有较大幅度的提升，同时反浮选能够较好地同步降低铁精矿中磷的含量，因此应积极探索微细粒分选技术。此类选矿工艺适合于鲕状赤铁矿的嵌布粒度相对较粗，或对分选指标要求不高时采用。因此，未来合理选择磨矿分级制度，以及开发高效的浮选药剂对直接入选工艺有很大帮助。

3 鲕状赤铁矿磁化焙烧—磁选工艺研究现状

磁化焙烧技术作为物料预处理的一项重要技术，是处理低品位铁矿石较为有效的方法。铁物料的磁化焙烧工艺主要针对强磁选难分离物料、要求高铁品位物料、铁物料除杂、水资源等条件限制，以及用于磁化焙烧处理二次资源等物料[16]。磁化焙烧的实质就是在一定的还原气氛中，使试样在一定温度下进行焙烧并发生一系列物理化学变化，将其中弱磁性的物质转变成为强磁性物质的过程。

3.1 鲕状赤铁矿磁化焙烧—磁选法研究现状

鲕状赤铁矿石中铁主要以赤铁矿和褐铁矿这类弱磁性物质的形式存在，其中磁铁矿含量极少。通过磁化焙烧可以将矿石中弱磁性铁物质转变成强磁性铁物质，而脉石矿物的磁性在这一过程中几乎没有变化，再通过磁选的方法，实现矿石中铁矿物与脉石矿物的分离，达到选别效果。由于磁化焙烧—弱磁选后，部分产品中含磷等杂质仍然较高，后续增加了反浮选、酸浸等工艺，以进一步提铁降杂提高铁精矿质量。国内外关于鲕状赤铁矿磁化焙烧—磁选的相关研究已经不少，本文对近年来的相关研究进行简单总结如表2所示。

表2　鲕状赤铁矿磁化焙烧—磁选工艺研究现状

原料产地	原则流程	最佳操作参数			原矿/%		精矿/%		TFe收率/%	脱磷率/%	文献来源
		焙烧温度/℃	保温时间/min	配煤量/%	TFe	P	TFe	P			
云南某地	磁化焙烧—磁选	850	60	5	43.63	0.75	58.40	0.71	87.86	—	王成行[17]
贵州某地鲕状赤铁矿	磁化焙烧—磁选—酸浸	700	30	50	40.08	0.36	57.73	0.065	50.81	93.27	郭宇峰[18]
鄂西某地	磁化焙烧—磁选—酸浸	850	25	5	43.50	0.85	57.98	0.055	96.47	95.30	李育彪[19]

续表2

原料产地	原则流程	最佳操作参数			原矿/%		精矿/%		TFe 收率 /%	脱磷率 /%	文献来源
		焙烧温度 /℃	保温时间 /min	配煤量 /%	TFe	P	TFe	P			
鄂西某地	磁化焙烧— 磁选—反浮	750	60	11	43.76	0.84	59.87	0.28	71.08	76.25	张汉泉[20]
四川某地	磁化焙烧— 弱磁—反浮	1000	15	5	38.30	0.654	60.92	0.225	72.74	83.04	李广涛[21]
重庆某地 鲕状赤铁矿	磁化焙烧— 磁选—反浮	800	90	6	38.52	1.10	58.15	0.28	69.37	87.63	龙运波[22]
湖北某地	磁化焙烧— 磁选—反浮	850	40	12	48.36	0.80	60.47	0.18	80.01	85.60	郭超[23]

由表 2 中结果可知，磁化焙烧—磁选处理鲕状赤铁矿能够达到很好的指标，精矿中铁的品位均在 57% 以上，铁收率较直接入选能够大幅提高，多数能够达到 70%～80%。不同地区的鲕状赤铁矿石，较好的焙烧条件有一定的差异，工艺制度要根据矿石工艺学研究和选矿试验结果来确定。通过调整工艺参数，能够达到较高的指标。针对精矿中磷含量较高的问题，采用酸浸或者反浮选处理都能降到 0.5% 以下，达到合格精矿的要求。针对磁化焙烧—磁选工艺尾矿中铁的品位较高，有的达到 30% 左右，应采取进一步的研究，提高铁的回收率，避免对铁资源的另一种浪费。

李茂林[24]等人通过控制焙烧条件研究了矿石焙烧后可磨度的变化，采用正交实验法研究了不同焙烧温度、保温时间和还原剂用量条件下，焙烧矿粒度组成的变化和可磨性的变化，发现焙烧后矿石粒度变粗，磨矿性能提高。王泽红[25]等研究了六偏磷酸钠对鲕状赤铁矿磨矿性能的影响，在试验给定的相同磨矿条件下，加入 0.8%（占试样质量百分比）的六偏磷酸钠，可使磨矿产品中 -0.074mm 的含量提高 30.25 个百分点；六偏磷酸钠通过降低矿浆的黏度、改变矿粒表面的吸附特性和矿粒表面电位、减少矿粒表面吸附的微细矿粒、增加矿粒表面的微细裂隙等方式促进鲕状赤铁矿的粉碎，提高其磨矿效率。

3.2　鲕状赤铁矿闪速磁化焙烧—磁选研究简介

与传统的磁化焙烧相比，采用闪速磁化焙烧处理鲕状赤铁矿更为快速有效。传统的磁化焙烧工艺需要在焙烧前进行球团作业和焙烧后的磨矿作业；如果能够直接在流态化状态下进行磁化焙烧，实现闪速磁化，则能大大提高反应速度和焙烧速度，简化工艺流程，降低成本和能耗[26]。闪速磁化焙烧是基于磁化还原的温度和气氛条件，物料处于流态化运动条件下的快速磁化转变的过程。武汉理工大学在此方面做了较多的研究工作[27~30]，闪速磁化焙烧反应装置框图如图 1 所示。研究规模已经达到了半工业试验要求，产业化前景广阔。

陈超[31]等对"宁乡式"鲕状赤铁矿进行了悬浮焙烧试验研究，采用 H_2 为还原剂，N_2 为保护气体，加入 50g（-0.074mm 75%）的鲕状赤铁矿进行实验。采用单因素试验法研究了气流速度、H_2 浓度、焙烧温度和反应时间分别对精矿铁品位和回收率的影响。原矿

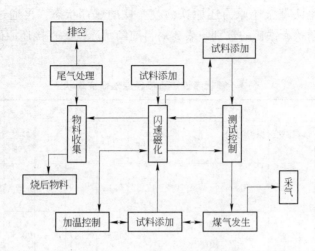

图1 闪速磁化焙烧反应装置框图

中 Fe 品位 44.56%，磷含量为 1.02%。确定了最佳工艺为气流速度 2.1m/s、H_2 浓度为 40%、焙烧温度为 750℃、反应时间为 75s。最佳指标为 TFe 品位 56.73%，回收率 83.96%。并同时研究了常规磁化焙烧（马弗炉）试验，工艺条件为焙烧温度 800℃，配 煤量为 11%，焙烧时间为 20min。最佳指标为 TFe 品位 54.90%，回收率 72.74%。可见 闪速磁化焙烧不仅很好地提高了精矿指标，而且大大缩短了焙烧时间，降低焙烧能耗。

　　闪速磁化焙烧是新型的一种磁化焙烧方式，由于其试验反应装置较常规过程复杂，专 属性较强，连续化试验费用较高，设备大型化在实验室试验难以进行，其他单位对鲕状赤 铁矿进行闪速磁化焙烧的研究并不多见。其优点有目共睹，相比常规的选别法，产品指标 良好，产业化前景光明。未来可以结合生物浸矿技术，积极探索脱磷清洁生产工艺，推动 产业化技术的应用。

4　鲕状赤铁矿深度还原研究现状

　　深度还原是指铁矿石或含铁氧化物在低于熔化温度之下还原成固态金属产品的过程，使铁矿石中的铁矿物还原为金属铁，并使金属铁生长为一定粒度的铁颗粒的过程。深度还原是介于"直接还原"和"熔融还原"之间的一种状态，该工艺包含铁氧化物还原和金属铁颗粒长大两个过程，其产品为金属铁颗粒[1]。深度还原产品成分稳定、有害元素质量分数低、粒度均匀。其主要特征是含碳量低、空隙率较大、金属化率和全铁含量高，且硫、磷含量低、环境污染少等[32]。按照还原剂的不同可以分为气基直接还原法和煤基直接还原法两类。

4.1　鲕状赤铁矿直接还原法研究现状

　　U. Srivastava 和 S. Komar Kawatra[33]对比研究了低品位铁矿石直接还原与先进行常规选别再冶炼两种方式对产品还原铁的品位和回收率的影响。研究发现，铁的品位和回收率在预先分选再冶炼工艺中不及直接还原工艺高，其原因主要是预先分选尾矿中带走相当一部分的铁，无法回收。针对矿物颗粒嵌布粒度极细，单体解离困难的鲕状赤铁矿，通过直接还原，将矿石中氧化铁直接还原为还原铁，改变铁的赋存状态，再通过磁选进行杂质分离，较好地实现了鲕状赤铁矿的选别。表 3 对目前鲕状赤铁矿直接还原研究现状进行了归纳总结。

表 3　鲕状赤铁矿直接还原法研究现状

原料产地	原则流程	操作条件			原矿/%		精矿/%		金属化率/%	TFe收率/%	脱磷率/%	文献来源
		焙烧温度/℃	保温时间/min	还原气氛	TFe	P	TFe	P				
宣化某矿	深度还原—磁选	1350	50	配煤粉20%	47.87	0.12	88.79	—	97	92.85	—	刘红召[34]
鄂西某地	深度还原—磁选	1250	160	碳与氧摩尔质量比=3.5	42.21	1.31	96.47		90.50	87.62	—	李国峰[35]
鄂西某地	深度还原—磁选	1350	50	矿煤比=3:2	40.13	0.83	85.0	—	97	92	—	孙永升[36]
某贫鄂西赤铁矿	深度还原—磁选	1200	120	矿煤比=2:1	32.16	0.70	92.18		90.45		—	刘淑贤[37]
广西某地	深度还原—磁选	1050	300	矿煤比=5:6	48.95	0.87	89		90	85	—	沈慧庭[38]
贵州某地	深度还原—磁选	1050	180	配煤量40%	38.50	0.35	90.80	—		89.58	—	何洋[39]
国内某地	深度还原—磁选	1200	120	矿煤比=1.5:1	47.66	0.24	91.94			95.85	—	倪文[40]
湖北某地黑石板矿	深度还原—磁选	1250	30	配煤粉40%	44.90	0.76	96.08	0.17		97.93	80.20	谢桦[41]
—	深度还原—磁选	1000	90	配煤量30%	42.59	0.23	90.23	0.06		87.00	97.17	韦东[42]

从表 3 中鲕状赤铁矿直接还原法研究现状可知，深度还原的铁精矿产品中，铁的品位均达到 85% 以上，金属化率则均处于 90% 以上，铁回收率较高，均超过 85%，有的铁收率处于 90% 以上。这说明直接还原法处理鲕状赤铁矿，对有用成分铁的提纯和回收效果很好。但是工艺条件高，焙烧温度高达 1200℃ 以上，能耗大，设备要求高，同时需添加较多的还原剂等其他物料，成本较大，工艺复杂、技术要求高。目前还没有相关连续或半工业化的研究报道，未来可结合微波技术的发展，研究开发出针对性强的产业化技术装备。

4.2　直接还原过程中脱磷的研究

对鲕状赤铁矿直接还原工艺，除考察精矿中铁品位、金属化率和铁的回收率，该工艺的优势就是对矿石中高磷含量可以同步脱磷，以达到同步提铁降磷的目的，但能耗较大，技术要求高，其总体进程为研究阶段。

徐承焱[43]等研究了还原剂对高磷鲕状赤铁矿直接还原同步脱磷的影响。研究表明还原剂中固定碳及挥发分对还原铁中铁品位及铁回收率的影响较大，灰分对还原铁中磷品位的影响较大。对同样还原剂，焙烧产物中金属铁含量随还原剂用量的增加而增加，同时还原剂用量的增加会减弱脱磷剂与矿石中主要脉石矿物生成铝硅酸盐的趋势；当还原剂用量一定时，活性炭、焦炭、无烟煤及褐煤所得焙烧产物中金属铁含量逐渐增加，效果最好的还原剂为褐煤。

李永利[44]等对高磷鲕状赤铁矿直接还原过程中同步脱磷进行了研究，并研制了新型脱磷剂。在配合使用 NCP 和新型脱磷剂 TS2 两种脱磷剂的条件下对某鲕状赤铁矿进行直接还原焙烧，其中原矿 TFe 品位为 43.58%，磷含量为 0.83%，磁选精矿中 TFe 品位 91.35%、铁回收率 85.12%、磷含量 0.081%。通过 X 射线衍射发现焙烧矿中磷仍然以氟磷灰石的形式出现。通过添加脱磷剂，有助于破坏鲕状结构，使金属铁颗粒与脉石颗粒接触面变得光滑、清晰，改善了金属铁和脉石的解理条件。

郭倩[45]研究了原矿粒度对鄂西高磷鲕状赤铁矿直接还原焙烧同步脱磷的影响。原矿为鄂西某鲕状赤铁矿，TFe 品位为 43.58%，磷含量为 0.85%。以煤为还原剂，采用直接还原焙烧—磁选的方法，添加脱磷剂焙烧后进行弱磁选，精矿中 TFe 品位为 91.35%，铁回收率为 85.12%，磷含量为 0.081%，并得出还原铁中铁的品位与原矿粒度没有直接影响，但回收率与粒度成反比例；磷的品位可以保持在 0.1% 以下。

孙体昌[46]等研究了还原剂种类对高磷鲕状赤铁矿直接还原提铁降杂的影响。试验以褐煤、烟煤、无烟煤和焦炭为还原剂，使用直接还原—磨矿—磁选法，对高磷鲕状赤铁矿进行了研究。结果表明，还原剂种类对试验结果影响并不明显，通过调节不同还原剂用量，均可使铁品位达到 90%，磷品位 0.1%，铁回收率 80% 以上的指标。另外煤的变质程度越高，用量就越少。

总之，经济建设快速发展的现状和铁矿资源特征的矛盾日益突出，迫使选矿工作者研究和开发难处理的鲕状赤铁矿资源。鲕状赤铁矿的选矿技术发展将延续以上 3 类技术，并结合生物冶金与微波技术的发展，开发针对性强的产业化技术装备而实现产业化应用。同时需要亟待加强和发展对鲕状赤铁矿的磁化焙烧和深度还原技术的系统理论与基础研究，完善磁化焙烧反应过程的转化机制，调控金属铁颗粒的粒度分布，掌握有价元素及有害元素迁移走向，研究待烧物料与耐火材料黏连控制，控制焙烧或分解污染物排放等等实际基础技术问题。

5 结语

对鲕状赤铁矿的开发已成为国内外选矿技术研究的热点之一。鲕状赤铁矿的选别研究主要从直接入选、磁化焙烧—磁选、深度还原 3 类工艺进行开发研究。直接入选能耗低，污染少，但对磨矿细度有要求，矿石泥化严重，多数铁收率处于 45% ~ 65%，工艺技术较为成熟，易于产业化；磁化焙烧—磁选是目前处理鲕状赤铁矿行之有效的办法，精矿铁品位能够达到 55% 以上，多数铁收率能够达到 70% ~ 80%，但精矿中普遍磷含量较高，可通过后续反浮选或酸浸工艺来进一步处理而达标，总体技术已经适合于产业化；深度还原法处理鲕状赤铁矿，能够将还原铁品位提高到 85% 以上、金属化率可达到 90%、铁收率达到 85% 以上，但能耗高、成本较大，工艺复杂，目前仍处于技术开发阶段。对鲕状赤铁矿的磁化焙烧和深度还原技术的产业开发仍需要解决一系列的基础技术、应用装备与经济问题。

参 考 文 献

[1] 韩跃新，孙永升，高鹏，等. 高磷鲕状赤铁矿开发利用现状及发展趋势[J]. 金属矿山，2012(3)：1~5.

[2] 孙炳泉. 我国复杂难选铁矿石选矿技术进展[J]. 金属矿山，2005(z2)：31~34.

[3] 张宗旺，李健，李燕，等. 国内难选铁矿的开发利用现状及发展[J]. 有色金属科学与工程，2012，3(1)：72~77.

[4] 刘丽涛. 国内难选鲕状赤铁矿的研究现状及新进展[C]. 2009 年金属矿产资源高效选冶加工利用和节能减排技术及设备学术研讨与技术成果推广交流暨设备展示会论文集，2009.

[5] Shao-Xian Song, Ernesto Fabian Campos-Toro, Yi-Min Zhang, et al. Morphological and Mineralogical Characterizations of Oolitic Iron Ore in the Exi region, China[J]. International Journal of Minerals, Metallurgy, and Materials, 2013, 20(2): 113~118.

[6] Qing Liu, Le Le Zhong, Wen Qi Gong, et al. Experimental Study on Magnetic Separation of Oolitic Hematite Ore[J]. Advanced Materials Research, 2014, 834~836: 374~377.

[7] 张芹，张一敏，胡定国，等. 湖北巴东鲕状赤铁矿选矿试验研究[C]. 2006 年全国金属矿节约资源及高效选矿加工利用学术研讨与技术成果交流会论文集，2006.

[8] 刘万峰，王立刚，孙志健，等. 难选含磷鲕状赤铁矿浮选工艺研究[J]. 矿冶，2010，19(1)：13~18.

[9] 董怡斌，强敏，段正义，等. QD 捕收剂对鄂西高磷鲕状赤铁矿的反浮选效果[J]. 金属矿山，2010(2)：62~65.

[10] 董怡斌，强敏，段正义，等. CMS 抑制剂对鄂西高磷鲕状赤铁矿反浮选效果的研究[J]. 矿冶工程，2011，31(3)：44~47.

[11] 唐云，刘安荣，杨强，等. 贵州赫章鲕状赤铁矿选矿试验研究[J]. 金属矿山，2011(1)：45~48.

[12] 白丽梅，牛福生，吴根，等. 鲕状赤铁矿强磁—重选工艺的试验研究[J]. 矿业快报，2008(5)：26~28.

[13] 牛福生，周闪闪，李淮湘，等. 某鲕状赤铁矿絮凝—强磁选试验研究[J]. 金属矿山，2010(4)：68~71.

[14] 牛福生，吴根，白丽梅，等. 河北某地难选鲕状赤铁矿选矿试验研究[J]. 中国矿业，2008，17(3)：57~60.

[15] 解琳，刘旭，杨备. 国内某鲕状赤铁矿强磁选择性絮凝脱泥反浮选工艺研究[J]. 矿冶工程，2013，33(z1)：82~86.

[16] 罗立群，乐毅. 难选铁物料磁化焙烧技术的研究与发展[J]. 中国矿业，2007，16(3)：55~58.

[17] 王成行，童雄，孙吉鹏. 某鲕状赤铁矿磁化焙烧—磁选试验研究[J]. 金属矿山，2009(5)：57~59.

[18] 郭宇峰，杨林，姜涛，等. 贵州某鲕状赤铁矿选矿试验研究[J]. 金属矿山，2009(12)：68~72.

[19] 李育彪，龚文琪，辛梣凯，等. 鄂西某高磷鲕状赤铁矿磁化焙烧及浸出除磷试验[J]. 金属矿山，2010(5)：64~67.

[20] 张汉泉, 汪凤玲, 李浩. 鲕状赤铁矿磁化焙烧—磁选—反浮选降磷试验[J]. 武汉工程大学学报, 2011, 33(03): 29~32.

[21] 李广涛, 张宗华, 张昱, 等. 四川某高磷鲕状赤褐铁矿石选矿试验研究[J]. 金属矿山, 2008(4): 43~46, 55.

[22] 龙运波, 张裕书. 某高磷鲕状赤铁矿选矿试验研究[J]. 矿产综合利用, 2011(1): 3~6.

[23] Wang Chenghang, Tong Xiong, Sun Jipeng. Research on the Magnetizing Roasting and Magnetic Separation of an Oolitic Hematite Ore[J]. Metal Mine, 2009, (5): 20.

[24] 李茂林, 颜亚梅, 吴远庆, 等. 磁化焙烧对鲕状赤铁矿可磨性的影响[J]. 现代矿业, 2013(8): 156~157.

[25] 王泽红, 徐昌, 李国峰. 六偏磷酸钠提高鄂西鲕状赤铁矿石磨矿效率研究[J]. 金属矿山, 2013(5): 71~74.

[26] 罗立群, 余永富, 尚亿军. 复杂铁矿物闪速磁化焙烧前后的物化特征[J]. 中国矿业, 2009, 18(11): 84~87.

[27] Liqun Luo, Hong Huang, Yongfu Yu. Characterization and Technology of Fast Reducing Roasting for Fine Iron Materials[J]. Journal of Central South University, 2012, 19(8): 2272~2278.

[28] 罗立群, 余永富, 张泾生. 闪速磁化焙烧及铁矿物的微观相变特征[J]. 中南大学学报（自然科学版）, 2009, 40(5): 1172~1177.

[29] Liqun Luo, Jingsheng Zhang. New Technology and Magnetic Property of Fast Reducing Roasting for Fine Iron Bearing Materials[C]. The 5th International Congress on the Science and Technology of Ironmaking, Shanghai, 2009.

[30] 黄红, 罗立群. 细粒铁物料闪速磁化焙烧前后的性质表征[J]. 矿冶工程, 2011, 31(2): 61~64, 67.

[31] 陈超, 李艳军, 张裕书, 等. 鲕状赤铁矿悬浮焙烧试验研究[J]. 矿产综合利用, 2013(6): 30~34.

[32] 徐承焱, 孙体昌, 杨慧芬, 等. 铁矿直接还原工艺及理论的研究现状及进展[J]. 矿产保护与利用, 2010(4): 48~54.

[33] U. Srivastava, S. Komar Kawatra. Strategies for Processing Low-Grade Iron Ore Minerals[J]. Mineral Processing & Extractive Metallurgy Review, 2009, 30(4): 361~371.

[34] 刘红召, 曹耀华, 高照国. 某宣龙式鲕状赤铁矿深度还原—磁选试验[J]. 金属矿山, 2012(5): 85~87.

[35] 李国峰, 高鹏, 韩跃新, 等. 鄂西某鲕状赤铁矿石深度还原—弱磁选试验[J]. 金属矿山, 2013(8): 53~56.

[36] 孙永升, 李淑菲, 史广全, 等. 某鲕状赤铁矿深度还原试验研究[J]. 金属矿山, 2009(5): 80~83.

[37] 刘淑贤, 申丽丽, 牛福生. 某贫鲕状赤铁矿深度还原试验研究[J]. 中国矿业, 2012, 21(3): 78~80.

[38] 沈慧庭, 周波, 黄晓毅, 等. 难选鲕状赤铁矿焙烧—磁选和直接还原工艺的探讨[J]. 矿冶工程, 2008, 28(05): 30~34, 43.

[39] 何洋, 王化军, 原文龙, 等. 某贫细鲕状赤铁矿直接还原—磁选新工艺[J]. 矿冶工程, 2011, 31(5): 43~45.

[40] 倪文, 贾岩, 徐承焱, 等. 难选鲕状赤铁矿深度还原—磁选实验研究[J]. 北京科技大学学报, 2010(3): 287~291.

[41] 谢桦. 高磷鲕状赤铁矿直接还原制铁工艺研究[J]. 现代化工, 2012, 32(6): 87~90.

[42] 韦东. 鄂西高磷鲕状赤铁矿提铁降杂技术研究[J]. 现代矿业, 2011(5): 28~31.

[43] 徐承焱, 孙体昌, 祁超英, 等. 还原剂对高磷鲕状赤铁矿直接还原同步脱磷的影响[J]. 中国有色金属学报, 2011, 21(3): 680~686.

[44] 李永利, 孙体昌, 徐承焱, 等. 高磷鲕状赤铁矿直接还原同步脱磷新脱磷剂[J]. 中南大学学报(自然科学版), 2012, 43(3): 827~834.

[45] 郭倩, 孙体昌, 李永利, 等. 原矿粒度对鄂西高磷鲕状赤铁矿直接还原焙烧同步脱磷的影响研究[J]. 矿冶工程, 2013, 33(1): 60~64.

[46] 李永利, 孙体昌, 徐承焱. 还原剂种类对高磷鲕状赤铁矿直接还原提铁降磷的影响[J]. 矿冶工程, 2012, 32(4): 66~69.

磨矿过程精确化与节能降耗效果研究

吴彩斌　石贵明　刘　瑜

（江西理工大学资源与环境工程学院，赣州　341000）

摘　要：采用精确化磨矿工艺方法，可以明显改善二段分级溢流产品质量，并取得非常显著的节能降耗效果。在南京梅山铁矿的工业试验结果表明，二段分级溢流产品过粉碎减轻 3.34 个百分点，合格粒级增加 5.49 个百分点，磨矿成本降低 1.70 元/吨。在柿竹园多金属矿的工业试验结果表明，二段分级溢流产品过粉碎减轻 6.76 个百分点，加权平均粒度加粗 7.39μm，磨矿成本降低 2.05 元/吨。磨矿过程精确化工艺已经在该两家矿山推广使用。

关键词：磨矿过程；球径精确化；节能降耗；磨矿产品质量

磨矿过程是一个高能耗作业，更是选矿厂至关重要的预处理作业。因此，如何降低磨矿过程的能耗，提高矿石磨矿过程的均匀性，减轻过粉碎，始终是选矿界面临的一个重要课题，也是现代磨矿工艺中首先关注的重点[1]。石贵明等[2]对柿竹园多金属矿进行了磨矿系统优化研究，证实磨矿产品的粒度特性和金属分布特性确实得到改善。李健等[3]对选矿厂的磨矿质量进行了探讨，认为好的磨矿条件可以改善磨矿产品质量，并在一定程度上可以节能降耗。本文以南京梅山铁矿和湖南柿竹园多金属矿为例，介绍了精确化磨矿在这两家矿山的应用情况。

1　精确化磨矿理论

规则矿块的抗压强度通常是磨机设计和选型的重要依据。而实际矿块破碎时是不规则矿块，实际抗压强度要低得多。关于自然矿块抗压强度的测定方法，段希祥等人给出了具体的方法[4,5]，并推导出我国一个较为通用的确定球径方法公式[6,7]，该公式与磨机的大小、转速率与充填率，矿块大小、比重与抗压强度，矿浆密度，钢球密度等密切相关。该球径半理论公式如下：

$$D_b = K_c \frac{0.5224}{\varphi^2 - \varphi^6} \sqrt[3]{\frac{\sigma}{10\rho_e D_0}} d_f$$

式中　D_b——磨机在特定条件下所需球径，cm；

　　　K_c——综合修正系数，由相应专著提供的资料中确定[8]；

　　　φ——磨机转速率，%；

　　　σ——矿石的抗压极限强度，$\sigma \approx 10MPa$；

　　　d_f——95% 过筛最大粒度，cm；

　　　ρ_e——钢球的有效密度，g/cm³，$\rho_e = \rho_s - \rho_n$；

　　　ρ_s——钢球密度，g/cm³；

　　　ρ_n——矿浆密度，g/cm³，其确定方法为：

$$\rho_n = \delta_t / [C + \delta_t(1 - C)]$$

δ_t——矿石比重；

C——矿浆重量百分浓度，%；

D_0——球荷"中间缩集层"直径，cm，$D_0 = 2R_0$，R_0 表达式如下：

$$R_0 = \sqrt{\frac{R_1^2 + R_2^2}{2}} = \sqrt{\frac{R_1^2 + (KR_1)^2}{2}}$$

式中 R_1，R_2——分别为磨机内最外层和最内层半径，$K = R_2/R_1$，K 与转速率及充填率有关，可由专著提供的资料中选定[8]。

2 应用结果与讨论

2.1 在南京梅山铁矿中的应用

2.1.1 南京梅山铁矿磨矿现状

梅山铁矿选矿厂一至四系列均是由两台 $\phi2.7 \times 3.6$m 球磨机和两台 $\phi1.6$m 双螺旋分级机组成闭路磨矿系统，均采用 85% 以上的高浓度磨矿。流程考察发现的磨矿作业存在问题有：（1）一段螺旋分级机基本没有返砂；（2）一段磨正常只补加 $\phi120$mm 钢球，二段磨只补加 $\phi80$mm 钢球，对磨机筒体的衬板冲击力大，一段磨机衬板使用寿命只有 7 ~ 8 个月，二段磁性衬板使用寿命不到 2 年；（3）磨矿过程无用功过多，以热能形式溢出，一段和二段磨矿排出的矿浆温度高达 34℃；（4）二段分级溢流粒度组成非常不合理，过粉碎严重，-10μm 产率高达 15.38%。

2.1.2 精确化磨矿方案

在不改变现有磨机处理能力的前提下，一段磨机按照 $\phi100$：$\phi80 = 60\%$：40% 补加新球。同时调节降低一段磨矿分级过程中的磨矿浓度、分级浓度和分级机溢流细度，提高分级返砂量，改善磨矿过程。

二段磨机按照 $\phi60 = 100\%$ 方式补加新球。同时调节降低二段磨矿分级过程中的磨矿浓度和分级浓度，稳定分级机溢流细度。

2.1.3 二段分级溢流产品质量改善效果

为了考查二段磨矿过程全面优化后对二段分级溢流产品的改善过程，以 4 系列为例，将试验前后的二段分级溢流产品质量进行对比，结果如表 1 所示。

表 1 工业试验前后二段分级溢流产品分布特性对比 （%）

对比指标	试验前	试验后	提高或降低幅度
$\gamma_{-10\mu m}$	15.39	12.05	降低 3.34 个百分点
$\gamma_{0.3\mu m \sim 10\mu m}$	79.41	84.90	提高 5.49 个百分点
$\gamma_{-74\mu m}$	62.08	70.39	提高 8.31 个百分点
$\gamma_{74\mu m \sim 38\mu m}$	37.87	48.01	提高 10.14 个百分点

从表 1 可以看出，磨矿过程全面优化后，与应用前比较，在 -200 目产率提高了 8.31 个百分点的情况下，二段分级溢流产品过粉碎减轻 3.34 个百分点，合格粒级增加 5.49 个

百分点。其原因是二段分级溢流产品中 $\gamma_{74\sim38\mu m}$ 提高了 10.14 个百分点，而该粒级正好是铁矿最佳的单体解离度范围。

2.1.4 磨矿过程节能降耗效果

精确化磨矿后，磨矿效率大为提高，不仅磨矿产品质量得到改善，而且磨矿过程的节能降耗非常显著，各项节能降耗指标如表 2 所示。

表 2 4 系列工业应用前后节能降耗指标

节能降耗指标	功耗 /kW·h·t⁻¹ 一段磨 + 二段磨	钢耗/kg·t⁻¹ 一段磨	二段磨	噪声/dB 一段磨	二段磨	矿浆温度/℃ 一段磨	二段磨	衬板使用寿命/月 一段磨	二段磨
试验前	13.79	0.5	0.45	95~99	94~96	33~34	34	8	24
试验后	12.31	0.45	0.4	92~94	91~93	31~32	33.5	12	36
提高/降低幅度	1.68	-0.05	-0.05	3~5	3	2	0.5	4	1

从表 2 可以看出，磨机功耗下降 1.68kW·h/t；钢球单耗下降 0.1kg/t；磨机噪声下降 2~6dB；磨矿矿浆温度降低 0.5~2℃；一段的磨机衬板使用寿命估计可延长 4~6 个月；二段磨衬板可延长 1 年以上。若工业用电按照 0.6 元/(kW·h)、钢球外购成本按照 4000 元/吨、锰钢衬板按照 16 万元/付、磁性衬板按照 21 万元/付为计算基准，磨矿过程成本降低 1.70 元/吨，一个系列每年可节约 94.25 万元。

此外，磨矿温度降低后，会减少了筒体的中温腐蚀，磨机的故障率会大为降低，磨机利用系数得到提高；球磨机工作噪声降低，有利于工人身心健康，产生的环保效益和社会效益也同样显著。

2.2 在湖南柿竹园有色金属矿中的应用

2.2.1 柿竹园多金属选矿厂磨矿现状

柿竹园多金属千吨选矿厂 1 号和 2 号机组磨矿系统均是由两台 $\phi2.7\times3.6m$ 球磨机、1 台 $\phi1.6m$ 双螺旋分级机和 1 台 $\phi350mm$ 水力旋流器组成全闭路磨矿，也是采用 80% 以上的高浓度磨矿。流程考察发现的磨矿作业存在的问题有：（1）磨矿—分级回路中过粉碎严重，其中一段磨排矿 $\gamma_{-10\mu m}$ 为 10.42%，二段磨排矿 $\gamma_{-10\mu m}$ 为 13.15%，二段水力分级溢流 $\gamma_{-10\mu m}$ 为 16.30%；（2）一段磨正常只补加 100mm 钢球，对磨机筒体的衬板冲击力大，一段磨机衬板使用寿命只有 7~8 个月；（3）二段分级溢流中 -10μm 产品中造成的金属损失率为 21.93%。

2.2.2 精确化磨矿方案

在适当提高磨机处理能力的前提下，一段磨机按照 $\phi80:\phi60=50\%:50\%$ 补加新球。同时调节降低一段磨矿分级过程中的磨矿浓度，提高分级返砂量，改善磨矿过程。

二段磨机维持现有的钢锻介质磨矿。但调节降低二段磨矿分级过程中的磨矿浓度，稳定分级机溢流细度。

2.2.3 二段分级溢流产品质量改善效果

为了考查二段磨矿过程全面优化后对二段分级溢流产品的改善过程，以 2 号机组为例，将试验前后的二段分级溢流产品质量进行对比，结果如表 3 所示。

表 3 工业试验前后二段分级溢流产品分布特性对比 （%）

对比指标	试验前	试验后	提高或降低幅度
$\gamma_{-10\mu m}$	16.30	9.54	降低 6.76 个百分点
$\gamma_{0.1mm \sim 10\mu m}$	82.72	83.44	提高 0.72 个百分点
$\gamma_{-74\mu m}$	86.27	86.89	提高 0.62 个百分点
$\overline{D}_{\mu m}$	36.21	43.60	加粗 7.39μm

从表 3 可以看出，磨矿过程全面优化后，与应用前比较，在 -200 目和合格粒级产率略有提高的情况下，二段分级溢流产品过粉碎减轻 6.76 个百分点，加权平均粒度加粗 7.39μm，大大改善了二段分级溢流产品质量。

2.2.4 磨矿过程节能降耗效果

精确化磨矿后，磨矿效率大为提高，不仅磨矿产品质量得到改善，而且磨矿过程的节能降耗非常显著，各项节能降耗指标如表 4 所示。

表 4 2 号机组工业应用前后节能降耗指标

节能降耗指标	功耗/kW	钢耗/kg·t^{-1}	衬板使用寿命/月	磨机处理能力
	一段磨 + 二段磨	一段磨	一段磨	/t·h^{-1}
试验前	780	0.63	8	32
试验后	740	0.55	14	36 ~ 38
提高/降低幅度	40	-0.10	6	提高 4 ~ 6

从表 4 可以看出，在磨机处理能力提高 4 ~ 6t/h 的前提下，磨机综合工作功率下降 40kW；钢球单耗下降 0.1kg/t；一段磨机衬板使用寿命估计延长 6 个月以上。若工业用电按照 0.6 元/(kW·h)、钢球外购成本按照 7000 元/吨、锰钢衬板按照 16 万元/付为计算基准，磨矿过程成本降低 2.05 元/吨，一个系列每年可节约 58.45 万元。

此外，磨机钢球直径精确化后，一方面降低了球磨机工作噪声，基本达到噪声排放标准；另一方面降低了钢球对衬板的冲击力，延长了衬板使用寿命，减轻了工人劳动强度，有利于工人身心健康，环保效益和社会效益显著。

3 结论

（1）合适的磨矿工艺对改善磨矿产品质量非常重要。磨矿过程最优化由实验室试验、测试和计算确定。

（2）采用精确化磨矿工艺方法，可以明显改善二段分级溢流产品质量。对梅山铁矿而言，二段分级溢流产品过粉碎减轻 3.34 个百分点，合格粒级增加 5.49 个百分点。对柿竹园多金属矿而言，二段分级溢流产品过粉碎减轻 6.76 个百分点，加权平均粒度加粗 7.39μm。

（3）采用精确化磨矿工艺方法，可以取得非常显著的节能降耗效果。对梅山铁矿而言，磨矿成本降低 1.70 元/吨。对柿竹园多金属矿而言，磨矿成本降低 2.05 元/吨。

参 考 文 献

［1］ 段希祥. 选择性磨矿及其应用［M］. 北京：冶金工业出版社，1991.

［2］ 石贵明，吴彩斌，肖良，等. 柿竹园钨多金属矿优化磨矿系统实验室研究［J］. 有色金属科学与工程，2013，4(5)：79～84.

［3］ 李健，张伟，张晓煜. 提高选矿厂磨矿质量的探讨［J］. 矿山机械，2010，38(15)：97～99.

［4］ 段希祥，宦秉炼，曹亦俊. 自然矿块抗压强度测定研究［J］. 有色金属，2000，52(3)：11～14.

［5］ 宦秉炼，段希祥，谷德生，等. 不规则岩矿块抗压强度测定方法［J］. 有色金属，2003，55(4)：135～139.

［6］ 段希祥. 球磨机钢球尺寸的理论计算研究［J］. 中国科学（A 辑），1989(8)：856～863.

［7］ 段希祥. 球径半理论公式的修正研究［J］. 中国科学（E 辑），1997，12(6)：510～515.

［8］ 段希祥，肖庆飞. 碎矿与磨矿(第3版)［M］. 北京：冶金工业出版社，2006.

白云鄂博尾矿综合回收稀土、萤石的工艺研究

李　梅[1]　韩　超[1,2]　高　凯[1,3]　郭财胜[1]　朱永涛[1,2]

(1. 内蒙古科技大学材料与冶金学院，内蒙古自治区稀土
现代冶金新技术与应用重点实验室，包头　014010；
2. 内蒙古科技大学矿业学院，包头　014010；
3. 北京化工大学材料科学与工程学院，北京　100029)

摘　要： 本文介绍从白云鄂博尾矿中直接回收稀土、萤石的工艺，获得品位 52.35%、回收率 91.28% 的稀土精矿和品位 94.28%，作业回收率 72.52% 的萤石精矿及品位 54.62% 的萤石中矿。高效的回收了稀土、萤石等资源，避免资源的二次浪费，为其他资源的富集提供了基础。此工艺为白云鄂博尾矿资源综合回收提供指导意义。

关键词： 白云鄂博；尾矿；稀土；萤石；综合回收

自 20 世纪五六十年代包钢选矿厂建成投产以来，经过近 50 多年的不断排入，包钢尾矿库内已堆存了数量庞大的白云鄂博尾矿，据统计，截至 2011 年底，包钢尾矿库内堆存的白云鄂博尾矿已达近两亿吨。尾矿中可回收资源包括稀土、萤石、铌、钪、铁等矿物，占尾矿总量的 80% 以上，但由于原矿贫、杂、细、散的特征，白云鄂博尾矿成分更为复杂、回收困难，有用矿物虽有所富集（除铁以外），但含量仍相对较低且分布不均。

多年来，从白云鄂博尾矿回收稀土的研究工作从未间断，也取得了一定成果，在现有的生产中，不单以强磁中矿作为稀土工业生产原料，弱磁尾矿、强磁尾矿、铁反浮泡沫以及总尾矿（尾矿溜槽中矿浆）也都已进行稀土回收的规模化生产[1,2]，但是浮选尾矿中稀土品位约 3%，仍是稀土矿物二次资源并存在资源回收的价值与利用空间；根据包钢集团与稀土高科新签订的《排他性矿石供应协议》，白云鄂博尾矿项目预计 2016 年投产：现处于项目前期规划筹备阶段，根据《尾矿库开发可行性研究报告》及项目建设规划，预计 2020 年达产后的最终产品产量预计为铁精矿 34.54 万吨/年，稀土精矿 31.23 万吨/年，铌精矿 2.98 万吨/年，萤石精矿 43.9 万吨/年，硫精矿 4 万吨/年。达产年份项目收入为 69.6 亿元。如何从白云鄂博尾矿中高效地回收稀土、萤石以及得到合格稀土、萤石精矿的同时，并利于其他有用元素的综合回收，减少或避免二次尾矿产生，是白云鄂博尾矿全面高效资源综合利用的关键。

1　原料性质

所用原料为包钢尾矿库探井法多孔取样，取得 2t 矿样，经均匀混样制备样品从工艺矿物学的角度研究原料的化学多元素分析、矿物组成分析、粒度分析分别见表 1～表 3。

表 1　白云鄂博尾矿多元素分析 （%）

成　分	TFe	REO	F	CaO	SiO$_2$	S	Nb$_2$O$_5$
含　量	18.77	7.02	11.00	22.87	19.68	1.73	0.14
成　分	P	ThO$_2$	MgO	Na$_2$O	BaO	MnO	Al$_2$O$_3$
含　量	1.21	0.03	3.84	1.61	1.67	3.98	1.66

表 2　白云鄂博尾矿主要矿物组成 （%）

成　分	磁铁矿、赤铁矿	萤石	氟碳铈矿	独居石	角闪石、辉石	黑云母
含　量	19.47	20.62	6.83	3.56	14.75	6.07
成　分	石英长石	碳酸盐矿物	硫铁矿	磷灰石	重晶石	其他矿物
含　量	6.38	11.26	1.95	3.76	2.04	3.41

表 3　白云鄂博尾矿粒度分析

粒度/μm	+245	-245+165	-165+104	-104+74	-74+44	-44	总计
分布率/%	2.66	13.46	14.29	19.82	16.33	33.44	100.00

由表1、表2可知，矿料中稀土矿物含量占10.39%，REO 7.02%，萤石20.62%，其他伴生矿物以磁赤铁矿、硅酸盐类矿物、碳酸盐类矿物为主，其他矿物含量相对较少，但矿物种类繁多。其中部分易浮矿物在尾矿中得到富集如方解石、重晶石、磷灰石等。

由表3可知，原料中粒度 -0.074mm 占49.77%，平均粒度约为0.088mm。其中原矿中萤石矿物颗粒大小一般为0.03~5mm，细脉中的可达10~30mm，呈浸染状或条带状和细脉状产出与铁矿物、稀土矿物、钠辉石、钠闪石、白云石嵌布关系紧密，也常呈相互包裹现象，铁矿物中有萤石的包裹体。由于稀土矿物以及萤石矿物嵌布粒度较细。原料在此粒度下，稀土矿物、萤石解离度低，需磨矿。

2　选矿试验

根据数十年来白云鄂博矿稀土、铁以及萤石的回收工艺及方法的研究，以及现有包钢稀选厂稀土选矿工艺及相关工艺制度、药剂方案等[3~5]。针对白云鄂博尾矿稀土、萤石的资源回收，方案确定为：优先浮选稀土—混合浮选萤石的工艺，预先分级—磨矿—萤石粗精再磨的磨矿工艺。提高稀土矿物单体解离度，优先浮选稀土矿物，并控制稀选尾矿中稀土品位≤1%以获得高回收率稀土精矿（REO≥50%）避免稀土矿物影响萤石浮选质量；混合浮选萤石，首先脱除大部分硅酸盐矿物及氧化铁矿物及少部分易浮矿物如方解石、白云石及重晶石、磷灰石等，得到萤石粗精矿，粗精矿再磨，再选择合适抑制剂抑制其他易浮矿物，获得高品位萤石精矿[6]。

经选别稀土与萤石尾矿作为选铁原料，其中TFe富集至30%左右品位；白云鄂博尾矿中赤铁矿及磁铁矿含量较低，预先采用弱磁－强磁选铁工艺，处理量大，设备成本高，经济效益低，同时氟磷含量高，影响铁精矿质量。因此在本工艺中采用预先脱除稀土、萤石及大部分的易浮矿物，尾矿作为选铁原料。

2.1 磨矿方案的确定

包钢选矿厂稀土浮选工艺磨矿细度要求为 -0.074mm 约95%，此时稀土矿物单体解离度达到80%以上。针对尾矿中稀土矿物、萤石矿物单体解离度低，且多以贫连生体为主。

经磨矿试验及浮选试验确定预先分级—磨矿—萤石粗精再磨的磨矿工艺，一段磨矿细度达到 -0.074mm≥97.0%，-0.048mm≥80%，稀土的单体解离度较高达到80%以上，萤石单体解离度仅70%左右。针对萤石矿性质及浮选要求萤石粒度应达到 -0.048mm≥90%，才能得到较高品位萤石精矿，综合考虑，确定萤石粗选精矿再磨的磨矿工艺，磨矿细度达到 -0.048mm≥90%，萤石单体解离度达到约85%。

尾矿直接磨矿至 -0.048mm 大于90%，稀土及萤石粒度太细，磨矿耗能大，药剂成本高，易产生泥化现象，不利于稀土矿物及萤石的回收。

2.2 稀土浮选试验

根据包钢选矿厂稀土选别技术为指导，要求稀土矿物浮选达到高品位高回收的双重经济效益，即要求尽可能地将稀土矿物提取干净，稀土精矿品位达到50%以上，尾矿稀土品位控制在1%以下，理论回收率达到90%左右。

白云鄂博尾矿经长时间堆积、冶炼厂废水侵蚀、矿泥量大等不良因素影响，有用矿物及脉石矿物颗粒表面被金属离子活化或侵蚀导致矿石可浮性发生改变，在磨矿分级合格产品经浓缩溢流，脱除大量的矿泥及可溶性离子，提高药剂与矿物颗粒表面的吸附效果，减少药剂用量降低生产成本，提高稀土矿物回收率。

根据包钢稀土选矿工艺制度，矿浆 pH 值控制在 8.5～9.5，浮选温度≥50℃，矿浆浓度60%左右，水玻璃为抑制剂，LF-8 为捕收剂，LF-6 为起泡剂为指导。进行浮选 pH 试验、药剂用量试验、浮选温度试验、浮选矿浆浓度试验及其他条件试验等。

经试验确定浮选矿浆浓度为45%～50%，矿浆 pH 值控制在 8.5～9.0，浮选温度不低于50℃，磨矿细度为 -0.074mm≥97.0%，水玻璃为抑制剂，LF-8 系列药剂（含起泡剂成分）为捕收剂。

小型实验闭路试验表明，对白云鄂博尾矿进行磨矿后，采用一粗三扫三精流程可获得稀土品位52.35%、回收率91.28%的稀土精矿（含萤石约10%）和稀土品位小于0.7%的尾矿，见表4。

表 4 白云鄂博尾矿稀土浮选稀土精矿多元素分析 （%）

成 分	REO	TFe	CaO	P	F	TiO_2	BaO	Nb_2O_5
含 量	52.35	3.98	11.53	3.30	8.74	0.16	1.31	0.092
成 分	SiO_2	Na_2O	S	MgO	ThO_2	MnO	K_2O	Al_2O_3
含 量	4.25	0.49	0.53	1.00	0.20	0.61	0.18	0.17

2.3 萤石浮选试验

白云鄂博尾矿经选稀土后，其稀土含量降至1%以下，除少部分进入稀土精矿中，矿料中主要矿物为赤铁矿、方解石、钠闪石、钠辉石等，矿料粒度较原尾矿细，主要萤石解离度约为79%，萤石与铁矿物、硅酸盐等连生现象普遍。矿料多元素分析及矿料粒度结果见表5、表6。

表5 白云鄂博尾矿稀选尾矿多元素分析 （%）

成　分	TFe	REO	F	SiO_2	CaO	S
含　量	20.72	0.64	11.50	22.74	7.31	2.14
成　分	MgO	MnO	Al_2O_3	Na_2O	BaO	P
含　量	4.08	1.37	2.49	1.78	2.21	0.15

表6 白云鄂博尾矿稀选尾矿筛分结果

粒度/mm	+0.074	-0.074+0.048	-0.048+0.038	-0.038+0.025	-0.025
产率/%	6.5	16.2	25.8	28.2	23.3

由上表可知，白云鄂博尾矿稀选尾矿中萤石矿物嵌布粒度细，单体解离度低；脉石矿物中赤铁矿、碳酸盐类矿物可浮性与萤石相近，含量高，浮选分离难度大，是影响萤石精矿品位和回收率的两个主要因素。浮选试验发现采用"老三样"浮选，获得的萤石精矿品位最高能到85%左右，但回收率极低，粗选精矿中含铁量大，精矿中碳酸盐类矿物含量大。

以碳酸钠为调整剂，油酸为捕收剂，通过矿浆 pH 值试验及矿浆浓度试验（图1、图2），确定萤石浮选基础条件为矿浆 pH 值为9.0~10.0，过高萤石回收率降低，过低品位低。矿浆浓度以40%~45%为宜。

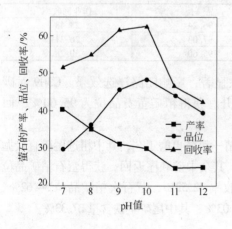

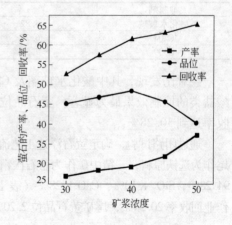

图1 萤石浮选矿浆 pH 值条件试验结果　　　图2 萤石浮选矿浆浓度条件试验结果

针对铁矿物及碳酸盐类矿物的抑制，采用碳酸钠为矿浆调整剂，油酸为捕收剂，KH-01、KH-02、KH-03 三种抑制剂分别于水玻璃组合进行浮选试验。粗选试验结果见表7。

表 7　萤石浮选组合药剂试验指标　　　　　　（%）

药　剂	产　率	CaF₂	TFe	回收率
水玻璃	30. 24	47. 35	19. 60	62. 12
水玻璃 + KH-01	33. 17	55. 82	10. 38	80. 33
水玻璃 + KH-02	34. 56	64. 29	6. 51	96. 40
水玻璃 + KH-03	32. 64	65. 40	6. 37	92. 61

同时确定以 KH-02 + 水玻璃的药剂组合能很好地抑制硅酸盐类、氧化铁矿物及方解石、重晶石、磷灰石等易浮矿物。

粗选优良条件下,萤石作业回收率可达 90% 以上,尾矿含氟低于 1%,萤石解离度仅 79%,为获得高品位,对萤石粗精矿进行再磨。

经磨矿细度试验得出,磨矿细度控制在 -0. 048mm ≥ 90%,萤石解离度可达到 85% 左右,萤石与大部分的脉石矿物解离,仅存在少量萤石的贫连生体及与脉石矿物的包裹体。

开路条件下经一精二精开路选别,使用 KH-02 + 水玻璃组合药剂,萤石品位提升至 82% 左右后不再提升,其中主要脉石矿物为碳酸盐类矿物及少量重晶石、磷灰石矿物。需进行萤石与此几种矿物的分离浮选,其中一精精矿化学成分见表 8。

表 8　萤石一段精选精矿多元素分析结果　　　　　（%）

成　分	F	REO	TFe	SiO₂	CaO	S
含　量	40. 19	0. 28	2. 00	2. 64	8. 25	1. 12
成　分	BaO	MnO	MgO	Al₂O₃	Na₂O	P
含　量	1. 30	1. 02	0. 68	0. 15	0. 09	0. 08

选用酸化水玻璃、C204、C309 作为二段浮选抑制剂,进行药剂试验。通过以上条件试验制度,进行开路实验,白云鄂博尾矿稀选尾矿经一粗五精 - 粗精再磨开路流程实验,对比三种抑制剂在二段浮选的效果见表 9。

表 9　二段精选抑制剂选择试验结果　　　　　　（%）

抑制剂	产　率	品　位	作业回收率
酸化水玻璃	6. 82	96. 24	28. 48
C204	6. 25	97. 03	26. 31
C309	7. 30	95. 60	30. 28

经对比发现,其中酸化水玻璃及 C204 絮凝现象显著,影响闭路浮选效果。C309 对碳酸盐类的抑制效果最为显著,萤石品位得到较高提升。获得精矿萤石品位为 95. 60%,回收率达到 30. 28%。

通过闭路试验,确定萤石浮选工艺流程为一粗六精—粗精再磨工艺,其中粗选尾矿直接抛尾作为选铁原料,三精中矿作为萤石次精矿不做返回,其余中矿顺序返回。获得萤石精矿品位 94. 28%,SiO₂ 1. 10%,CaO 1. 28%（表 10）,作业回收率 72. 52%,萤石次精矿品位 54. 62%,作业回收率 20. 54%,尾矿萤石品位 2. 20%,回收率 7. 03%,其中尾矿全铁含量 27. 33%。

表 10　萤石精矿化学多元素分析结果　　　　　（%）

成　分	F	CaO	TFe	SiO₂	REO
含　量	45. 92	1. 28	0. 69	1. 10	0. 19

综上各项试验确定,白云鄂博尾矿综合回收稀土、萤石的工艺研究试验全流程如图 3 所示。

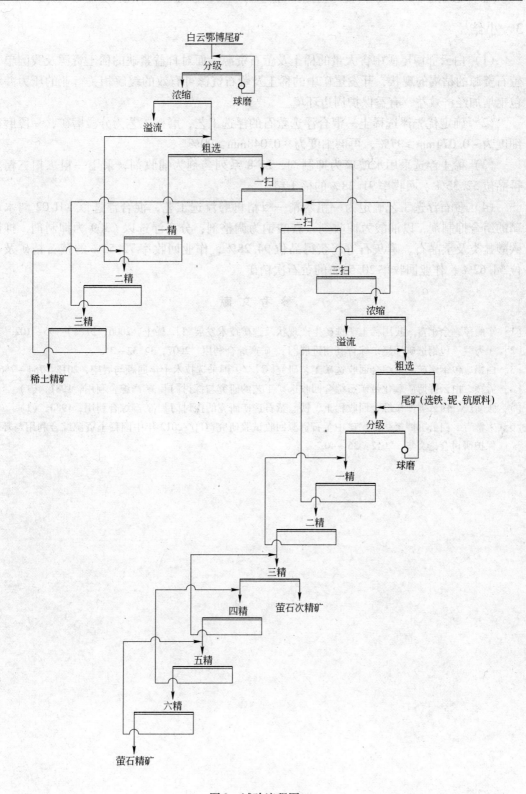

图 3　试验流程图

3 小结

（1）白云鄂博尾矿中含大量的稀土及萤石资源，面对日益紧缺的稀土资源及我国单一萤石资源的枯竭的现状，开发尾矿中的稀土及萤石资源可有效的缓解相关行业的压力并为包钢增加经济效益，有益保护周边环境。

（2）确定优先浮选稀土—混合浮选萤石的浮选工艺，磨矿工艺为分段磨矿，一段磨矿细度为 $-0.074mm \geqslant 97\%$，再磨细度为 $-0.048mm \geqslant 90\%$。

（3）稀土浮选采用水玻璃为抑制剂，LF-8 系列药剂为捕收剂，采用一粗三扫三精获得品位 52.35%、回收率 91.28% 的稀土精矿。

（4）萤石浮选工艺确定为一粗六精—粗精再磨浮选工艺，混合浮选以 KH-02 与水玻璃的组合抑制剂，以油酸为捕收剂，碳酸钠为调整剂；分离浮选以 C309 为抑制剂，抑制碳酸盐类及重晶石、磷灰石等，获得品位 94.28%，作业回收率 72.52% 的萤石精矿及品位 54.62%，作业回收率 20.54% 的萤石次精矿。

参 考 文 献

[1] 车丽萍，余永富. 我国稀土矿选矿生产现状及选矿技术发展[J]. 稀土，2006，27(1)：95～102.

[2] 于秀兰. 包钢选矿厂尾矿综合利用进展[J]. 矿产综合利用，2007，3：32～34.

[3] 白娟. 包钢尾矿稀土综合回收选矿工艺研究[C]//中国采选技术十年回顾与展望，2012：754～756.

[4] 孟颖. 白云鄂博矿氧化带矿石综合回收选矿工艺的研究与探讨[J]. 矿产综合利用，1981，(1).

[5] 张新民. 白云鄂博矿综合回收稀土、铁、萤石选矿研究的探讨[J]. 矿产综合利用，1980，(1).

[6] 宋常青. 白云鄂博氧化矿尾矿中萤石资源回收试验研究[C]//2012 年中国稀土资源综合利用与环境保护研讨会论文集，2012：36～40.

尾矿处理及资源化利用探究

汪顺才　　魏志成　　张春雷

（河海大学环境学院，南京　210098）

摘　要：尾矿堆存的数量越来越大，引发的问题也越来越多。本文探讨了尾矿干堆技术、作为水处理滤料技术及无尾资源化利用技术的应用及前景，认为最大限度的综合利用各种矿产资源的组分，将采、选、冶过程中生产的固体废料充分、有效、增值且生态化地利用是矿产资源可持续发展的必然选择。

关键词：尾矿；干堆；陶粒；资源化利用

尾矿是指矿山开采出的矿石，经选矿厂选出有价值的精矿后排放的"废渣"。根据《中国环境统计年报》，2010 年我国工业固体废物产生量为 24.09 亿吨，比 2009 年增加 18.1%，其中煤炭开采和洗选业、有色金属矿采选业产生的固体废物占 60.7%。到目前为止，我国金属矿山产生的尾矿堆存量已达 50 余亿吨，并且每年以 2 亿~3 亿吨的速度增长[1]。矿山采选业已成为我国工业固体废物产生量最大的行业之一。

多年来，我国矿山固体废物堆存诱发了多次重大地质与工程灾害，诸如排土场滑坡、泥石流、尾矿库溃坝等，给社会带来了极大的损失。据对我国规模较大的 2000 多座排土场和 1500 多座尾矿库统计表明，20 世纪 80 年代以来，发生泥石流和溃坝近百起。如 1986 年 4 月 30 日黄梅山铁矿尾矿库溃坝，冲倒尾矿库下游 $3km^2$ 的所有建筑，尾矿掩埋了几百亩土地，19 人在溃坝中死亡，95 人受伤；2000 年广西南丹县大厂镇鸿图选矿厂尾砂坝溃坝，殃及附近住宅区，造成 70 人伤亡，其中死亡人数 28 人，几十人失踪[2]；最严重的是 2008 年 9 月 8 日山西省临汾市襄汾县新塔矿业有限公司尾矿库发生溃坝事故，尾砂流失量约 20 万立方米，沿途带出大量泥沙，流经长度达 2 公里，最大扇面宽度约 300 米，过泥面积 30.2 公顷，造成 254 人遇难。矿山固体废物已成为我国引发重大工程与地质灾害的事故源之一。

国民经济的高速发展，需要大力开发利用矿产资源，但产生的大量固体废物也给环境增加了新的压力，一方面打破了原始生态平衡；另一方面又加重了对环境的污染。其突出表现在：侵占土地、植被破坏、土地退化、沙漠化以及粉尘污染、水体污染等。如原冶金部曾对 9 个重点选矿厂调查，选厂附近 15 条河流受到污染，粉尘使周围土地沙化，造成 235.5 公顷农田绝产，268.7 公顷农田减产。目前全国固体矿产采选业排出的尾矿、废石污染土地和堆存的占地面积已达 187 ~ 247 万公顷[3]。因此，合理处理、处置矿山固体废物，减少和控制其造成的灾害和污染，是目前我国矿山固体废物处理与处置领域最迫切的任务，也是我国矿业与环保部门面临的严峻挑战。

基金项目：国家自然科学基金资助（51108156）。

1　尾矿干堆技术

　　矿山固体废物处理与处置是解决矿山固体废物引发重大工程与地质灾害和重大环境问题的主要途径。矿山固体废物处理是指采用合理、有效的工艺对矿山固体废物进行加工利用或直接利用。目前，国内外有关尾矿的综合利用大致可分为三个方面，一是直接作为二次资源，对含有的有价元素进行综合回收[4]；二是将尾矿作为黏土矿物的替代物，应用于制造水泥[5,6]、烧砖[7]、涂料[8]、微晶玻璃[9]和陶瓷[10]等建筑材料[11]以及土地复垦[12]等；三是作为地下充填开采方法中采空区的充填料等[13]。矿山固体废物的处置是指采用安全、可靠的方法堆存金属矿山固体废物，即把矿山固体废物堆存在尾矿库中。

　　尾矿干堆技术是近年来国内外逐渐兴起的新的尾矿处理技术，尾矿干堆技术是指尾矿经过滤后成为干片状的尾渣饼，浓度达到 80% 以上，含水量仅有 20% 左右，用皮带传送机或货车运往尾矿干堆场里分层堆放。为防止粉尘污染，对进入干堆场的尾矿用推土机推平并进行碾压；每逢干旱季节，还在场内喷雾洒水，使其经常保持湿润状态，并在分层干堆形成的坡段上压土盖砂，栽种植物。

　　童雄等[14]认为尾矿干堆技术不仅可大幅度减少尾矿输送量，提高尾矿的回水利用率，减少尾矿坝溃坝等安全事故的发生，延长尾矿库或尾矿坝的服务年限，降低尾矿库或坝的运行和管理成本，而且还可以开发原本不具备建设尾矿库条件的矿山，具有广阔的应用前景。岳俊偶等[15]在中国黄金集团石湖矿业有限公司（原石湖金矿）原尾矿库容量达到设计之时，探讨研究了新建尾矿库设计方案。通过方案比较，决定采用尾矿干堆形式储存尾矿，充分利用原尾矿库外围土地，减少征地费用，大幅度降低了建库成本，缩短了建库时间，充分利用尾矿回水，达到节能、减排、环保的目的。通过新尾矿库试运行，基本达到设计要求。通过新设备、新技术的运用证明，该尾矿库安全稳定，库容大，经济、环保。童有全[16]探讨了连续降雨条件下尾矿干堆场的稳定性，认为在考虑降水浸润坡面尾矿砂的因素的计算值低于不考虑降水影响因素的计算结果，因而在干湿季分明的地区，存在较长时期的连续降水，尾矿干堆场边坡的稳定性分析过程中，考虑降水浸润坡面尾矿砂的因素是非常必要的。干旱季节，尾矿干堆易引起粉尘污染；连续降雨条件下，雨水造成尾矿干堆的不稳定。基于此，汪顺才等[17]提出了尾矿固化干堆技术，尾矿固化干堆技术是将选矿后的尾矿浓缩后导入固化搅拌机与固化剂混合搅拌，之后经养护 24 小时再运至不设尾矿坝的堆放场地进行碾压填筑，填筑后即可实现固化尾矿的长期安全堆存或资源化利用。固化干堆技术的最大优点是不需要设置尾矿库就可以实现尾矿在较小面积堆放场地上的稳定和无污染长期堆存，其效果主要来自于所使用固化剂和填筑方法对尾矿在力学性质和污染物稳定性两方面的作用：

　　（1）提高尾矿的力学性质。当固化剂加入到浓度高于 40% 的尾矿中时，会发生水化反应、火山灰反应、碳酸反应和离子交换反应，主要生成水化硅酸钙、水化铝酸钙、水化铁铝酸钙、氢氧化钙、碳酸钙和钙矾石，钙矾石是一种具有 32 个结晶水的晶体态物质，对于高含水的尾矿来说，多生成钙矾石是提高强度的有效手段。水化产物在反应过程中与水进行结合消耗了浆体中的水分，并且生成的产物具有胶结性质，可以将尾矿颗粒胶结起来，生成的大量钙矾石又可以支撑在胶结的尾矿颗粒中形成骨架，因此水化产物的胶结和骨架支撑作用是固化剂强度的主要来源。依靠固化剂的作用，固化尾矿填筑体的 28 天凝聚力≥40kPa，内摩擦角≥30度，当填筑高度为30米以下，填筑坡角为45度以下时，填筑体边坡稳定的安全系数大于1.5，填筑体能够实现长久稳定。同时较高的填筑高度也节约了堆放场的占地面积。

（2）提高尾矿中污染物的稳定性。固化剂反应后产生的水化产物具有较大的吸附性，可以将尾矿中易溶出的重金属吸附、包裹在固化体中，使其不易进入周围介质中。同时结晶态的水化产物也可以将污染物结合到晶体中，使重金属成为更稳定的化学结合状态，更加不容易释放到环境中。尾矿经过固化后，其渗透系数小于 $1 \times 10^{-6} cm/s$，可溶态重金属难以随着水分渗出。对于这样的固化体，即使在非常不利的酸雨条件下，呈吸附、包裹或结晶状态的污染物也不会大量迁移到周围环境中，从而实现了尾矿不设尾矿库干式堆存的环境安全。

2 尾矿作为水处理滤料

尾矿不仅具备有利于吸附功能的层状硅酸盐结构，还含有 Al_2O_3、Fe_2O_3、CaO 等可以与磷结合的活性物质，若能将其作为吸附剂，应用于废水治理，对于尾矿的处置和污水的治理都具有重要的意义。Le Zeng 等[18]认为氧化铁尾矿对含磷废水有很好的吸附效果，既高效又低廉。孔荔玺等[19]将铜尾矿在500℃下焙烧2个小时，对模拟含磷废水进行吸附。结果表明：在碱性条件下，对初始质量浓度为50mg/L的模拟含磷废水的去除率可达96%以上，比原尾矿提高13%。江凤娟等[20]人在不同的pH值下研究氧化铜尾矿对水溶液中磷的吸附特性。张辉等[21]认为铜尾矿对水溶液中的磷具有较强的吸附能力，随着弃置时间的增加，铜尾矿对磷的吸附能力提高。Liu Ting 等[22]研究了锰尾矿对磷的吸附特性，认为磷的吸附效果随着pH值的升高而降低。汪顺才等[23]研究了铅锌矿尾矿对磷的吸附特性，认为磷的吸附效果随着pH值的升高先降低后升高。汪顺才等[24]研究了铅锌矿尾矿对 Cr(Ⅵ) 的吸附效果，试验结果表明铅锌矿尾矿对 Cr(Ⅵ) 的吸附效果受尾矿的粒径、pH值、吸附时间和温度的影响；当浓度为5mg/L的 Cr(Ⅵ) 溶液、2.0g尾矿（-200目）、pH值为6.3、恒温水浴振荡90min，平衡吸附率为43.44%，平衡吸附容量为0.11mg/g。由于尾矿本身粒径细小，直接作为吸附材料，一方面难以满足工业化利用的要求；另一方面造成与水分离困难，还会产生大量的污泥，从而造成二次污染[25]。为了更好利用尾矿作为吸附材料，汪顺才等[26]用铅锌矿尾矿制备了水处理陶粒，探索了陶粒对南京铅锌银矿选矿废水的处理效果，当陶粒投加量在2g/100mL，吸附时间为30min，吸附温度为常温，pH值为8时，选矿废水中的COD去除率达到了88.22%；探索了陶粒对重金属（Zn^{2+}、Pb^{2+} 和 Cd^{2+}）的吸附效果，在常温下，pH值为12左右，吸附时间平衡为2h，陶粒（投加1.5g）对重金属（Zn^{2+}、Pb^{2+} 和 Cd^{2+} 的初始浓度为10mg/L）有很好的吸附效果，去除率基本到达98%以上；探索了陶粒对黄药（COD）的吸附效果，在常温下，在pH值为2左右，吸附时间平衡为2h，陶粒投加量2g有较好的吸附效果，去除率和吸附量分别为：70.67%、18.25mg/g。

3 尾矿的无尾资源化利用技术

根据海德华定律，物质在转变温度附近质点可动性显著增大、晶格松懈和活化能降低，晶格能愈低。高温焙烧使 α-石英发生符合海德华定律的晶形转变——转化成 β-石英和鳞石英，β-石英和鳞石英结构同 α-石英相比，结构不完整、稳定性差、活化能低、反应活性大，易与 NaOH 反应，转变为可溶的 Na_2SiO_3，过滤除去其他沉淀及铁化合物（在较低温度下三氧化二铁不与氢氧化钠反应）滤液用盐酸调节 pH 值为 8 ~ 9，使硅酸钠转变为二氧化硅白色沉淀，经过减压过滤、真空干燥后即可得到白炭黑。刘汉勋[27]根据海德华定律从莱州三山岛金矿尾渣中制备了白炭黑与聚合硫酸铁，SiO_2 的浸出率达到 50.48%。史家伟[28]从抚顺油页岩残渣中制备了氧化铝和白炭黑，Al_2O_3 和 SiO_2 的浸出率分别达到 81.75% 和 80.01%。孙志勇等[29]从钒尾矿中制备了高附加值产品白炭黑，SiO_2 浸出率达 80% 以上，获得的白炭黑产品中 SiO_2 含量达 90% 以上，满足普通工业用品的标准要求。而尾矿的化学成分主要以硅、铁、镁、钙、铝的氧化物为主，并伴有少量的磷、硫等，并且各矿山的尾矿化学成分都有所不同。基于此，为了最大限度的综合利用各种矿产资源，拟采用尾矿的无尾资源化利用技术：

（1）若尾矿中 SiO_2 含量大，尾矿经活化后进行酸浸，把尾矿中的铁、铝、钙和镁等金属元素浸出，浸出液中的铁、铝、钙和镁等金属元素可以制成复合的水处理材料，利用该材料中的铁、铝、钙和镁等金属元素吸附废水中的有机污染物，同时利用该材料中的铁和铝作为废水处理的混凝材料；浸出渣可以作为工业水玻璃产品进行销售，也可以对它进行二氧化硅提纯，生成高附加值产品——白炭黑，从而实现尾矿的无尾资源化利用。

（2）若尾矿中 SiO_2 含量小，铁含量大，尾矿经过活化，尾矿中的 α-石英发生符合海德华定律的晶形转变——转化成 β-石英和鳞石英，因而可以进行碱浸，在碱性条件下，二氧化硅转变成硅酸钠而从尾矿中溶脱，同时铝金属也以铝酸根离子的形式从尾矿中溶脱，铁、钙和镁等金属元素由于在碱性条件下不溶解而残留在尾矿中；浸出渣中若铁含量达到铁精矿销售的品位，则以铁精矿进行销售；若达不到铁精矿销售品位，则可以制成水处理陶粒进行销售；浸出液经过滴加酸液，水玻璃（硅酸钠）转变成硅酸而沉淀，经过固液分离，固体可以制成高附加值产品——白炭黑进行销售，而液体中的金属铝可以制成废水处理用的铝盐混凝剂进行销售，从而实现尾矿的无尾资源化利用。

4　结论

随着社会的不断进步，保持生态平衡，实现可持续发展，已经成为当今世界的一大主题。我国在 20 世纪 90 年代制定的《中国 21 世纪人口、环境与发展》白皮书中，提出了可持续发展是我国的基本国策。其中，努力实现资源的合理利用与环境保护，提高固体废料的再生利用水平，是实现可持续发展的重要组成部分之一。新中国成立以来，我国国民生产总值增长了 10 多倍，而矿产资源消费却增加了 40 多倍，解决国民经济增长与矿产资源相对紧缺的问题迫在眉睫。目前，我国每年国民经济的运转需要超过 5.0×10^9t 的矿物原料，其中能源需求的 90% 和工业原料的 80% 都来自于矿产资源。随着矿产资源的大量开发和利用，矿石日益贫乏，尾矿作为二次资源也已受到世界各国的关注，发达国家尾矿综合利用率达 60% 以上，而我国矿产效率低下，仅为 7% 左右。因此，最大限度的综合利用各种矿产资源的组分，将采、选、冶过程中生产的固体废料充分、有效、增值且生态化地利用是矿产资源可持续发展的必然选择。

参 考 文 献

[1] 袁先乐，徐克创. 我国金属矿山固体废弃物处理与处置技术进展[J]. 金属矿山，2004，336（6）：46～49.

[2] 常前发. 矿山固体废物的处理与处置[J]. 矿产保护与利用，2003，5：38～42.

[3] 周贤伟，薛楠. 实施矿山可持续发展战略的思考[J]. 中国工程科学，2005，7：74～77.

[4] Watson J H P, Beharrell P A. Extracting Values From Mine Dumps and Tailings[J]. Minerals Engineering, 2006, 19: 1580～1587.

[5] Xiaoyan Huang, Ravi Ranade, Wen Ni, et al. Development of Green Engineered Cementitions Composites Using Iron Ore Tailings as Aggregates[J]. Construction and Building Materials, 2013, 44: 757～764.

[6] Chao Li, Henghu Sun, Zhonglai Yi, et al. Innovative Methodology for Comprehensive Utilization of Iron Ore Tailings Part 2: The Residues After Iron Recovery From Iron Ore Tailings to Prepare Cementitious Material [J]. Journal of Hazardous Materials, 2010, 174: 78～83.

[7] Yunliang Zhao, Yimin Zhang, Tiejun Chen, et al. Preparation of High Strength Autoclaved Bricks From Hematite Tailings[J]. Construction and Building Materials, 2012, 28: 450～455.

[8] Mohini S, Lokesh K D. Utilization and Value Addition of Copper Tailing as an Extender for development of paints[J]. Journal of Hazardous Materials, 2006, 129(1～3): 50～57.

[9] 陈盛建，陈吉春，高宏亮，等. 铁尾矿制备微晶玻璃研究的进展[J]. 矿业快报，2004，417：27～30.

[10] Yangsheng Liu, Fang Du, Li Yuan, et al. Production of Lightweight Ceramisite From Iron Ore Tailings and its Performance Investigation in a Biological Aerated Filter (BAF) Reactor[J]. Journal of Hazardous Materials, 2010, 178: 999～1008.

[11] Sujing Zhao, Junjiang Fan, Wei Sun. Utilization of Iron Ore Tailings as Fine Aggregate in Ultra-High Performance Concrete[J]. Construction and Building Materials, 2014, 50: 540～548.

[12] 张国斌. 尾矿库覆土造田[J]. 有色金属：矿山部分，2002，54（4）：40～43.

[13] 金恒，邱跃琴，张覃，等. 磷尾矿制备胶结充填材料试验研究[J]. 化工矿物与加工，2013，12：21～24.

[14] 邓政斌，童雄. 浅述尾矿干堆技术的前景[J]. 矿冶，2011，20（2）：10～14，19.

[15] 岳俊偶，付琳. 尾矿干堆技术在黄金矿山的应用实践[J]. 黄金，2010，31（8）：51～54.

[16] 童有全. 连续降雨条件下尾矿干堆场的稳定性分析[C]. 鲁冀晋琼粤川辽七省金属（冶金）学会第十九届矿山学术交流会，2012：544～547.

[17] 汪顺才，张春雷，靳伟，等. 一种不设尾矿库的选矿尾矿固化处理干式堆存方法 [P]. 中国发明专利，ZL201010241928.0.

[18] Zeng L, Li X, Liu J. Adsorptive Removal of Phosphate From Aqueous Solutions Using Iron Oxide Tailings [J]. Water Research, 2004, 38(5): 1318～1326.

[19] 孔荔玺，薛峰，陈莉莉，等. 尾矿吸附模拟废水中磷的初步研究[J]. 环境污染与防治，2008（5）：15～17.

[20] 江凤娟，檀婧，孙庆业，等. 氧化铜尾矿对水溶液中磷的吸附[J]. 环境化学，2008（5）：600～604.

[21] 张辉，陈政，高毅，等. 铜尾矿对水溶液中磷的吸附与解吸[J]. 农业环境科学学报，2010，29（8）：1542～1546.

[22] Ting Liu, Kun Wu, Lihua Zeng. Removal of Phosphorus by a Composite Metal Oxide Adsorbent Derived From Manganese Ore Tailings[J]. Journal of Hazardous Materials, 2012, 217～218: 29～35.

［23］ Shuncai Wang, Rongzhuo Yuan, Xueyong Yu, et al. Adsorptive Removal of Phosphate From Aqueous Solutions Using Lead-Zinc Tailings［J］. Water Science & Technology, 2013, 67(5)：983～988.

［24］ Shuncai Wang, Xueyong Yu, Chaojie Mao. Research of Adsorption on Cr(Ⅵ) With the Nanjing Qixiashan Pb-Zn Mine Tailings in China［C］. International Conference on Electric Technology and Civil Engineering, ICETCE 2011 Proceedings, 2011：4319～4322.

［25］ 兰叶，王毓华，胡业民. 铝土矿浮选尾矿基本特性与再利用研究［J］. 轻金属，2006(10)：9～12.

［26］ 汪顺才，袁荣灼，余学勇，等. 铅锌矿尾矿制备陶粒处理选矿废水［J］. 环境工程学报，2013，7(5)：1779～1784.

［27］ 刘汉勋. 莱州三山岛金矿尾渣制备白炭黑与聚合硫酸铁的研究［D］. 北京：中国地质大学，2011.

［28］ 史家伟. 从抚顺油页岩残渣制备氧化铝和白炭黑研究［D］. 大连：大连理工大学，2011.

［29］ 孙志勇，李洁，马晶. 钒尾矿制备高附加值产品白炭黑工艺研究［J］. 现代矿业，2012，521(9)：96～98.

SLon 磁选机与离心机分选氧化铁矿新技术

熊大和[1,2]

(1. 赣州金环磁选设备有限公司，赣州 341000；
2. 赣州有色冶金研究所，赣州 341000)

摘 要： SLon 立环脉动高梯度磁选机具有优异的选矿性能，分选氧化铁矿具有处理量大、抛弃的尾矿品位低和生产成本低的优点，SLon 离心选矿机用于强磁精矿的精选作业，可有效地剔除含少量磁铁矿的石英等脉石，获得较高的铁精矿品位，这两种设备的优势互补，用它们的组合流程分选某些氧化铁矿可获得良好的选矿指标。本文介绍该技术的最新研究与应用。

关键词： SLon 立环脉动高梯度磁选机；SLon 离心选矿机；氧化铁矿；选矿

1 SLon 磁选机与离心机组合技术的特点

SLon 立环脉动高梯度磁选机广泛应用于分选弱磁性铁矿。在分选鞍山式氧化铁矿的生产流程中，主要是用于粗选作业，精选作业一般是用螺旋溜槽分选粗粒级和用反浮选分选细粒级。为什么分选鞍山式铁矿的流程中强磁选很少用于精选作业呢？原因是鞍山式氧化铁矿是由磁铁矿、假象赤铁矿、赤铁矿、镜铁矿组成，由表 1 可知，磁铁矿的比磁化率是赤铁矿和镜铁矿的 100 倍以上。

表 1 几种铁矿的比磁化率

矿石名称	磁铁矿	假象赤铁矿	赤铁矿	镜铁矿
比磁化率 χ/m³·kg⁻¹	$625 \times 10^{-6} \sim$ 1160×10^{-6}	$6.2 \times 10^{-6} \sim$ 13.5×10^{-6}	$0.6 \times 10^{-6} \sim$ 2.16×10^{-6}	3.7×10^{-6}

如图 1 所示，鞍山式氧化铁矿中含有较多的磁铁矿和石英的连生体，这些连生体在磁场中受到的磁力很大，表 2 为磁铁矿与石英连生体的视在比磁化率。例如，一颗连生体含 1% 重量的磁铁矿和 99% 重量的石英，它的视在比磁化率达到了 6.25×10^{-6} m³/kg，已远远大于赤铁矿单体的比磁化率，它在磁场中所受到的磁力就比相同重量的赤铁矿要大。它很容易被强磁机捕捉到铁精矿中去，从而降低铁精矿品位。

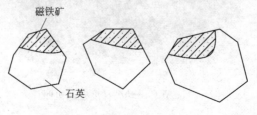

图 1 磁铁矿和石英的连生体

表 2 磁铁矿和石英连生体的视在比磁化率

连生体中磁铁矿质量/%	0	1	5	10	20	50	100
连生体中石英的质量/%	100	99	95	90	80	50	0
连生体的视在比磁化率 $\chi/m^3 \cdot kg^{-1}$	0	6.25×10^{-6}	31.25×10^{-6}	62.5×10^{-6}	125×10^{-6}	312.5×10^{-6}	625×10^{-6}

离心选矿机是一种较好的细粒矿物重选设备，它可提供 $30g \sim 120g$（g 为重力加速度）的离心力，能将细粒矿物按比重分选。石英的比重是 $2.6g/cm^3$，磁铁矿和赤铁矿的比重为 $5.0g/cm^3$，表 3 为磁铁矿和石英的连生体的视在比重。

表 3 磁铁矿和石英连生体的视在比重

连生体中磁铁矿质量/%	0	10	20	30	40	50	60	70	80	90	100
连生体中石英的质量/%	100	90	80	70	60	50	40	30	20	10	0
连生体的视在比重/$g \cdot cm^{-3}$	2.6	2.73	2.88	3.04	3.22	3.42	3.65	3.92	4.22	4.58	5.0

根据生产经验，含 30% 的石英与 70% 的磁铁矿的连生体（视在比重为 $3.92g/cm^3$，石英与磁铁矿的体积比为 45∶55），能被离心机排入尾矿中去。因此离心机的精选能力要高于强磁选机的精选能力。SLon 立环脉动高梯度磁选机处理量大，用于粗选作业具有富集比大，选矿效率高的优点，而用于精选作业则存在含少量磁铁矿和大部分石英的贫连生体难以剔除的制约因素，而离心选矿机用于精选作业则可较好地解决这个问题，这两种设备相结合分选某些氧化铁矿可获得较好的选矿指标。

2 新设备的研究

2.1 SLon 立环脉动高梯度磁选机的研制

SLon 立环脉动高梯度磁选机是新一代优质高效强磁选设备（图 2），该机利用磁力、脉动流体力和重力的综合力场分选弱磁性矿石，具有富集比大、选矿效率高、选矿成本低、适应面广、设备作业率高、使用寿命长、易安装和检修工作量小的优点。

图 2 SLon 立环脉动高梯度磁选机照片

通过多年持续的技术创新与改进，多种型号的机型，在设备大型化、多样化、自动化、高效、节能、提高可靠性等方面得到了快速的发展，并且得到了更为广泛的应用。目前有 3000 多台 SLon 磁选机在工业上广泛用于氧化铁矿、钛铁矿、锰矿、铬铁矿、钨矿等弱磁性矿石的选矿及石英、长石、高岭土等非金属矿的提纯。

2.2　SLon-离心选矿机的研制

针对铁矿选矿要求设备处理量大的特点，我们近年研制出了 SLon-ϕ1600、SLon-ϕ2400 离心选矿机（图3）。通过生产应用证明，用它们对强磁粗选的铁精矿进行精选可获得较高的铁精矿品位。表4 为 SLon 磁选机和 SLon 离心机应用于分选海钢强磁选精矿的对比指标，离心机的精矿品位比强磁选精矿品位高 2.77 个百分点，尾矿品位低 2.51 个百分点。因此离心机的精选指标明显优于强磁机的精选指标。

图3　SLon-ϕ2400 离心选矿机

表4　SLon 磁选机和 SLon 离心机应用于精选作业的对比指标

名　称	给矿		铁精矿			尾矿品位/%
	−200 目/%	品位/%	品位/%	产率/%	回收率/%	
SLon 磁选机	90.55	55.45	61.75	60.38	67.24	45.85
SLon 离心机	90.55	55.45	64.52	57.18	66.53	43.34
离心-磁选差值	0	0	+2.77	−3.20	−0.71	−2.51

3　工业应用

3.1　在昆钢大红山铁矿的应用

昆钢大红山铁矿是磁铁矿和赤铁矿共生的混合矿，原设计采用阶段磨矿—弱磁—SLon 强磁选—反浮选流程，由于脉石矿物复杂多变，反浮选作业无法稳定而未用成功，前几年用摇床取代了反浮选。但是，摇床存在处理量较小，对细粒铁矿回收率较低的缺点。2010 年大红山铁矿进行了技术改造，采用 72 台赣州金环磁选设备有限公司研制的 SLon-ϕ2400

离心选矿机取代反浮选作业。工业试验指标及新改造的原则流程见图 4。该流程从 2010 年投产至今已成功运转近 4 年，全流程铁精矿品位从 62% ~63% 提高至 64% ~65% 。

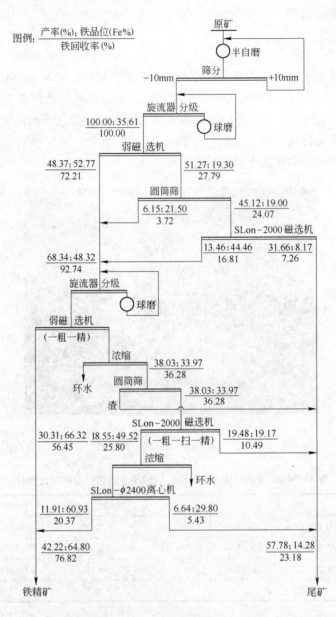

图例： $\dfrac{\text{产率(\%);铁品位(Fe\%)}}{\text{铁回收率(\%)}}$

图 4　大红山铁矿 400 万吨选厂工业试验流程

该流程的主要特点为：SLon-ϕ2000 磁选机对细粒氧化铁矿回收率较高，可有效地控制强磁选作业的尾矿品位；采用 SLon-ϕ2400 离心选矿机取代反浮选作业，对强磁选精矿进行精选，2009 年在大红山铁矿的工业试验表明，离心选矿机具有富集比较大，对细粒铁矿回收率较高的优点。这些新技术和新设备的应用，使该流程既可运行顺畅，又能获得良好的选矿指标。全流程的选矿指标为：原矿品位 35.61% ，铁精矿品位 64.80% ，铁回收率 76.82% 。

3.2 分选海南难选氧化铁矿

海南矿业联合有限公司 2010 至 2013 年新建成一座年处理 200 万吨氧化铁矿选矿厂，采用 11 台 SLon-2500 磁选机和 80 台 SLon-2400 离心选矿机，在分选低品位氧化铁矿技术上取得新的突破。

该矿拥有一座储量较大的氧化铁矿，过去长期开采品位 50% Fe 左右的富矿，目前可采富矿日益减少，大约有 1000 多万吨品位为 40% Fe 左右已采出的贫矿（未采出的贫矿还有 1 亿多吨）过去因无合适的选矿技术未得到利用。

该矿的选矿技术难点在于：

矿石结晶粒度很细，磨矿至 -325 目仍然得不到充分解离。

脉石复杂多变，工业试验表明，浮选药剂难以适应，浮选作业难以稳定。

脉石如绿泥石、橄榄石等含铁，尾矿难以降低。

微量磁铁矿和石英的贫连生体较多，强磁选难以选出高品位的铁精矿。

几年前有关单位对这部分氧化铁矿进行了系统的选矿试验研究，通过工业试验证明，若用强磁—反浮选流程，因脉石矿物复杂多变导致反浮选作业无法稳定。若仅用强磁选流程又只能得到品位为 60% 左右的铁精矿。而市场上品位为 63% 以上的铁精矿好销且价格较高。因此，选矿试验和生产实践都要求铁精矿品位达到 63% 以上。通过工业试验证明，SLon 磁选机和离心机的组合流程可获得 63% 以上的铁精矿品位，选矿回收率与强磁—反浮选试验流程或单一磁选流程相当，且流程运行稳定，环境友好，生产成本较低。

该矿年处理 200 万吨原矿的选矿厂采用图 5 所示的选矿流程，其入选原矿品位为 39.15%，含铁矿物主要是赤铁矿及占原矿产率 13% 左右的磁铁矿。首先磨矿至 -200 目占 90%，然用弱磁选机选出磁铁矿，弱磁选机的尾矿用 SLon-2500 磁选机一次粗选和一次扫选，磁选精矿合并，浓缩后用离心选矿机精选拿出大部分品位为 63.5% Fe 左右的铁精矿，离心机尾矿经浓缩后用旋流器分级，旋流器沉砂进入二段球磨。旋流器溢流用弱磁选机和 SLon 磁选机分别选出磁铁矿和赤铁矿。二者的混合精矿再用离心机精选得出小部分品位为 62% 左右的铁精矿。

该流程综合选矿指标为：给矿品位 39.15% Fe，精矿品位 63.20% Fe，铁精矿产率 39.19%，铁回收率 63.26%，尾矿品位 23.65% Fe。

该流程于 2013 年初投产，至今已成功运转 16 个月，生产流程稳定，生产指标良好，选矿成本较低，且无药剂污染。

目前海南昌江县另有两家民营企业也采用上述流程分选同类矿石，其年处理海南难选氧化铁矿合计 100 万吨左右。

3.3 在低品位镜铁矿中的应用

江西省境内有一部分低品位镜铁矿，原矿品位为 22% Fe 左右，含铁矿物主要是镜铁矿和少量磁铁矿，脉石矿物主要是石英、云母、绿泥石、石榴石和磷灰石。

图 6 为一座日处理 500 吨低品位镜铁矿的选厂生产流程图。其原矿品位为 22.63% TFe，铁矿物主要是镜铁矿和少量的磁铁矿，磁铁矿产率占原矿的 3% 左右。

采用阶段磨矿，SLon 强磁抛尾—离心机精选流程。一段磨矿将矿石磨至 -200 目 60%

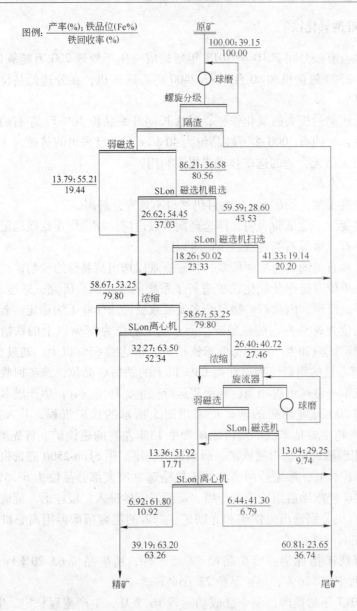

图 5　海南难选氧化铁矿 SLon 磁选机与 SLon 离心选矿机的组合分选流程

左右，用弱磁选机选出磁铁矿精矿，用 SLon 磁选机分选抛去一部分低品位尾矿，其强磁精矿用旋流器分级，旋流器沉砂进二段磨矿，二段磨矿的排矿返回到旋流器，旋流器的溢流粒度为 -200 目占 90% 左右。旋流器溢流进入二段 SLon 强磁选机分选，二段强磁精矿浓缩后用离心机精选，二段强磁尾矿和离心机尾矿作为最终尾矿。该流程获得最终综合精矿品位为 62.05%，铁回收率 65.41%。

该流程的特点是：

（1）一段 SLon 强磁选可抛弃大量的低品位尾矿，较大幅度地节约了二段磨矿的生产成本。

（2）离心选矿机用于二段强磁精矿的精选作业，可有效地剔除含磁铁矿的石英连生

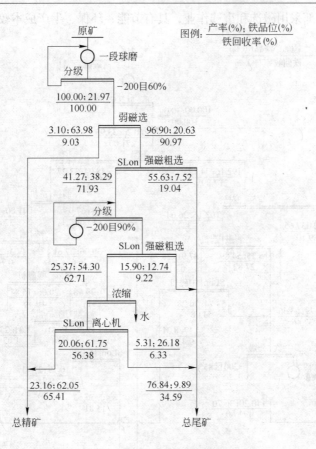

图 6　江西低品位镜铁矿选矿流程

体，其精矿品位提高幅度较大，从 54.30% TFe 提高到 61.75% TFe。

（3）整个流程为开路分选流程，选矿作业不存在循环负荷，生产上很好控制。

上述生产流程具有流程较简单，选矿指标较好，生产成本较低的优点。

3.4　在鞍山式氧化铁矿的应用

目前我国鞍山式氧化铁矿大多数都采用阶段磨矿—分级重选—强磁—反浮选流程。该流程具有节能、生产成本较低及选矿指标较好的优点。但是，对于一些中小型选矿厂来说，反浮选作业存在技术复杂、环保审批难等问题，因此，采用离心选矿机代替反浮选作业在一些中小型选厂得到应用。图 7 为 SLon 磁选机与 SLon 离心机的组合流程在辽宁省保国铁矿的应用，其矿石为鞍山式氧化铁矿，含铁矿物以赤铁矿为主，含有一部分磁铁矿和假象赤铁矿，脉石矿物以石英为主。选矿流程为：一段磨矿后用水力旋流器分级，旋流器沉砂用螺旋溜槽选出一部分粒度较粗已经单体解离了的铁精矿，螺旋溜槽尾矿用 SLon 立环脉动中磁机分选，抛弃一部分粗粒级尾矿。旋流器溢流用弱磁选机选出磁铁矿精矿，弱磁选机尾矿经浓缩后用 SLon 立环脉动强磁机分选，该机抛弃一部分细粒尾矿。其强磁精矿浓缩后用 SLon 离心机进行一次精选，离心机取得一部分细粒级铁精矿。该流程综合选矿指标为：原矿品位 30.09% TFe，综合铁精矿品位为 62.43%，综合铁回收率 68.95%。综合尾矿品位

14.00%。该流程全部采用磁选和重选作业，具有节能、环保、生产成本较低的优点。

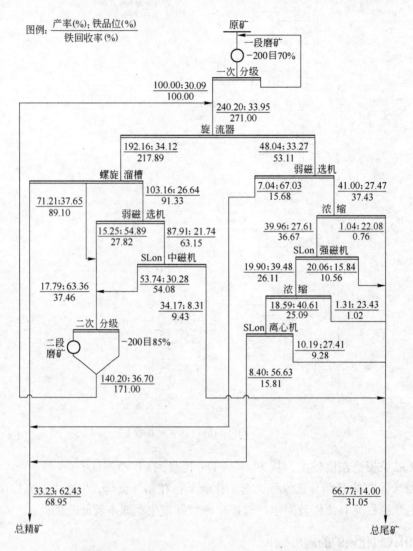

图7　在辽宁保国铁矿分选鞍山式氧化铁矿的选矿流程

3.5　从尾矿中回收铁精矿的应用

　　我国分选磁铁矿的小厂很多，有的小厂的入选原矿中含有一部分赤铁矿或镜铁矿，这些小选厂用弱磁选机选完磁铁矿后，弱磁选尾矿直接排入尾矿库。采用 SLon 磁选机和 SLon 离心选矿机的组合流程对这种尾矿进行再回收，往往可以获得较好的技术经济指标。图 8 为 SLon 磁选机与 SLon 离心机的组合流程分选某尾矿库的堆存尾矿的试验指标。该尾矿中含铁矿物主要是镜铁矿和少量的磁铁矿。该流程的特点是：先搅拌，分级磨矿至 −200 目占 95%，利用弱磁选机分选出少量的磁铁矿，然后利用 SLon 立环脉动高梯度磁选机处理量大，作业成本低的特点，一次粗选抛弃产率62.17%，品位 6.17%TFe 的低品位尾矿，SLon 磁选机的粗选精矿品位已达到36.42%TFe，而产率只占原矿的 33.68%，这部分粗精矿进入二段磨矿分级，二段分级溢流粒度为 -300 目占 95%，浓缩后再用 SLon 磁选机精选一次，其精矿用离心选矿机精选。该流程的综合选矿指标为：给矿品位 18.80% TFe，铁精矿品位为 60.15% TFe，铁精矿产率 15.40%，铁回收率 49.26%，综合尾矿品位为 11.28%。该流程目前已在生产中应用，实现了低成本从尾矿中回收铁精矿的目的，使二次资源得到利用。

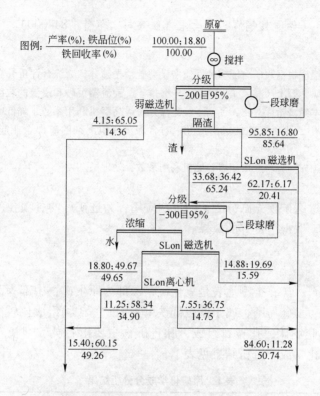

图 8　SLon 磁选机与离心机组合流程从尾矿中回收铁精矿

4　结论

（1）SLon 立环脉动高梯度磁选机具有处理量大、生产成本低，它用于低品位氧化铁矿的粗选作业具有富集比大、选矿效率高的优点。

（2）强磁粗选精矿中，若含有磁铁矿和石英的贫连生体，其视在比磁化率远高于赤铁矿的比磁化率，则再利用强磁精选作用不大，例如鞍山式的氧化铁矿是由磁铁矿、假象赤铁矿和赤铁矿组成，这种矿石用强磁粗选后，后续作业一般不再用强磁精选。

（3）SLon 离心选矿机是利用矿石比重差异进行分选的，可产生 $30g \sim 120g$（g 为重力加速度）的离心力，可有效地回收微细粒铁精矿，并可有效地剔除含少量磁铁矿的贫连生体脉石，强磁选精矿用离心机再进行精选往往可获得较高的铁精矿品位。

（4）SLon 立环脉动高梯度磁选机和 SLon 离心选矿机的组合流程具有生产成本低、环境友好、易于操作管理的特点。这种流程已在多个选矿厂推广应用。

参 考 文 献（略）

磨矿预先筛分工艺的工业实践

任壮林　　高军雷

（伽师县铜辉矿业有限责任公司，喀什　844000）

摘　要：新疆某铜矿根据原矿含泥多的性质增设磨矿预先筛分，为综合评价其在生产中的使用效果，考察了原矿、筛上产品、筛下产品、球磨排矿、旋流器沉砂和溢流的粒度组成情况，并通过增设前后技术经济指标对比，证实了预先筛分对提高磨机利用系数、降低能耗、提高产能起到明显促进作用，此项工艺的成功应用，对含泥多、粒度细的矿山企业起到良好的示范效果。

关键词：磨矿；预先筛分；粒度组成；磨机利用系数；处理量

新疆某铜矿通过磨矿预先筛分工艺的成功应用，为选矿厂的各项技术经济指标的提高提供了有效的途径，取得了良好的效果。

1　矿石性质

新疆某铜矿矿石：矿石类型地表是氧化矿，深部为原生矿，中部为混合型铜矿石。原矿含泥多、密度低、易破易磨，属于低硫低铁单一铜矿。矿物组成比较简单，铜矿物主要由辉铜矿、铜蓝、蓝铜矿、孔雀石组成，脉石矿物主要由石英、钾长石、方解石、钾长石、绢云母组成，化学成分分析结果见表1。

表 1　原矿化学成分分析结果　　　　　　　　　　　（%）

元　素	Cu	Pb	Zn	S	As	Au	Ag	CaO	MgO	Al$_2$O$_3$	SiO$_2$
含　量	1.55	0.035	0.003	0.39	0.057	0.03	1.59	9.16	1.4	6.19	64.69

注：Au、Ag 含量单位为 g/t。

矿石主要有粒状结构、交代残余结构、填隙结构；常见稀疏密集浸染状构造、团块状构造、条带状和星散状构造。

2　磨矿分级流程及设备

利用原矿特性，在原矿进入磨矿作业之前，采用预先筛分工艺，将细粒级物料预先筛出。筛下产品及球磨机排矿进入旋流器分级，筛上产品及旋流器沉砂进入球磨机。预先筛分采用 2YK2400×4800 直线筛，磨矿为 φ3600×4500 格子型球磨机，分级为 φ500×6 旋流器组，旋流器给矿泵为 10/8E-AH 沃曼渣浆泵，磨矿分级流程见图1。

3　预先筛分工艺的基础条件

选矿厂的生产规模多由球磨机的处理能力决定，通过提高球磨机的处理能力，可实现扩大生产规模、降低生产成本的目的。

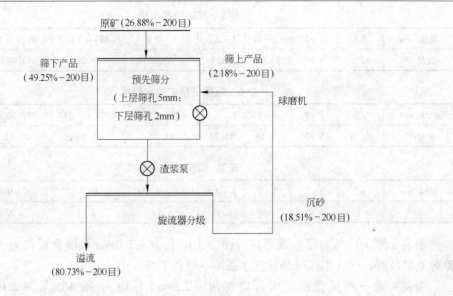

图1　带预先筛分的一段闭路磨矿流程

该矿石易破碎、易磨矿，原矿细粒级物料含量高，并含较多矿泥，原矿粒度组成见表2。

表2　原矿粒度组成

粒级/mm	+20	20~10	10~5	5~2	2~1	1~0.5	0.5~0.074	0.074~0.037	0.037~0.010	-0.010
含量/%	4.30	6.42	8.43	14.82	12.34	11.45	15.36	12.88	7.80	6.20

从表2中看出，原矿中-200目含量达到26.88%，-0.010mm粒级占6.20%，说明该矿含泥量较大，在磨矿前将细粒级物料筛出，筛出部分不经磨矿直接进入浮选，可降低球磨机负荷，或说是提高了球磨机的生产能力。

4　磨矿分级流程考察

预先筛分采用2YK2400×4800双层直线筛，上层筛孔为5×30mm，下层筛孔2×30mm，上层筛筛上产品和下层筛筛上产品合并，与旋流器的沉砂一起给入球磨机。筛上产品粒度组成见表3，筛下产品粒度组成见表4，旋流器沉砂粒度组成见表5，球磨机排矿粒度组成见表6，旋流器溢流粒度组成见表7。

表3　筛上产品粒度组成

粒级/mm	+20	20~10	10~5	5~2	2~1	1~0.5	0.5~0.074	-0.074
含量/%	7.23	24.51	33.82	30.46	0.43	0.32	1.05	2.18

表4　筛下产品粒度组成

粒级/mm	+2	2~1	1~0.5	0.5~0.074	0.074~0.037	0.037~0.010	-0.010
含量/%	3.54	13.20	20.69	15.32	18.89	18.24	12.12

表 5　沉砂粒度组成

粒级/mm	+5	5~2	2~1	1~0.5	0.5~0.074	0.074~0.037	0.037~0.010	-0.010
含量/%	4.50	9.80	23.20	23.3	20.69	13.21	3.40	1.90

表 6　球磨机排矿粒度组成

粒级/mm	+5	5~2	2~1	1~0.5	0.5~0.074	0.074~0.037	0.037~0.010	-0.010
含量/%	4.30	8.20	13.58	16.23	18.03	21.58	13.32	4.76

表 7　溢流粒度组成

粒级/mm	+5	5~2	2~1	1~0.5	0.5~0.074	0.074~0.037	0.037~0.010	-0.010
含量/%	0.53	3.41	4.80	6.34	3.19	42.57	28.32	9.84

由表 3 筛上产品粒度组成可以看出筛上产品中 -2.0mm 粒级含量仅为 3.98%，说明筛分效果良好，所含细粒级是冲洗水强度不够所造成。

由表 4 筛下产品粒度组成可以看出 -2.0mm 粒级占 96.46%。+2.00mm 粒级为 3.54%，是由个别筛孔破碎造成，-0.010mm 的微细粒级高达 12.12%，说明该矿石含泥量大。

由表 5 旋流器沉砂粒度组成可以看出大部分物料集中在 2.00~0.074mm 区间，占 67.19%，该区间物料是球磨机循环负荷中主要的构成部分。-0.074mm 粒级仅占 18.51%，说明旋流器分级效果良好。

由表 6 球磨机排矿粒度组成可以看出 +5.0mm 粒级仅占 4.3%，说明球磨机的磨矿效果良好。-0.010mm 粒级占 4.76%，说明没有产生过磨现象，次生矿泥少于原生矿泥。

球磨机排矿和筛下产品合并作为旋流器给矿，从表 4 和表 6 可以看出筛下产品和球磨机排矿中 -200 目粒级含量分别为 47.25% 和 39.66%，两者粒度组成接近，合并比较理想。

5　磨矿分级流程的工艺技术指标

（1）预先筛分筛下产品直接进入旋流器，此部分物料产率是 44.57%，即球磨机的磨矿负荷减少 44.57%，这为球磨机处理能力创造了很大的提升空间。

（2）旋流器的分级量效率 71.23%，分级的质效率 59.35%，说明旋流器分级效果良好，减少了合格粒级的重复再磨现象。

（3）球磨机的返砂比 323.70%，是一个很理想的状态，说明钢球配比合理，球磨机工作状态稳定。

（4）球磨机是 10kV 供电，电机功率 1250kW，额定电流 83A，实际球磨机电流仅为 33A，负荷率仅是 40%，磨矿电耗为 5.3kW·h/t，总的选矿电耗仅为 15.8kW·h/t，比较而言该选厂选矿电耗很低，原因一是该矿石硬度低，易磨矿；二是预先筛分工艺降低了磨矿电耗，每吨矿石可降低 2kW·h/t，节电效果明显，这说明通过工艺流程节电比设备本身的节电效果好得多。

（5）磨机利用系数。目前，该选厂经改造后实际生产能力达到 3000t/d，原矿 -200 目含量是 26.88%，旋流器溢流 -200 目含量达到 80.73%，则每小时新生成的 -200 目是矿量为 67.31 吨，球磨机的有效容积式 $41.2m^3$，则磨机利用系数达到 $1.63t/(m^3 \cdot h)$，比较其他选厂的情况，球磨机的利用系数在 $0.8 \sim 1.2t/(m^3 \cdot h)$ 之间，$1.63t/(m^3 \cdot h)$ 的磨机利用系数，一是说明该矿石是易磨矿石，二是说明磨矿预先筛分起到了作用。

（6）该选厂钢球单耗仅为 0.35kg/t，相同矿石硬度下，与不带预先筛分相比，钢球用量可减少 30%。

（7）预先筛分工艺减少了矿石的过粉碎，促进了选矿回收率的提高，该选厂回收率达到 96.64%。

6　预先筛分的理论分析

在磨矿过程中，细颗粒物料包裹在粗颗粒表面，相当于一个"垫"，阻碍了钢球对粗颗粒的冲击、研磨，降低了磨矿效果。预先筛分工艺将大部分细粒级物料分离出去，增加了钢球与粗颗粒之间的有效接触，提高了磨矿效果，同时也减少了细粒级物料的过磨现象。

磨矿首先要能将粗颗粒磨碎，才能保证排矿流畅，维持球磨机内部进出物料的平衡，避免球磨机出现"涨肚"现象，这是保证球磨机的连续运转，进而提高处理能力的前提。

球磨机内部大块物料的破碎主要由大直径钢球的冲击产生，而合格粒级（细粒级）大部分由钢球的研磨产生，由于小直径的钢球比表面积大，故球磨机内的存在一个钢球级配的问题，合理的装球比例，一定程度上能提高磨矿效果。

7　结束语

由于预先筛分工艺的应用，通过磨矿分级流程考察和理论分析计算，该铜矿选矿厂球磨机处理能力提高了 44.57%，并且优化了旋流器给矿的粒度组成，改善了旋流器的分级效果。既省电又降低了磨矿钢球单耗。与此同时，还减少了矿石的过粉碎，优化了选矿各项技术经济指标。

参 考 文 献

[1] 段希祥. 碎矿与磨矿[M]. 北京：冶金工业出版社，2006：15～17.

球磨机格子板的改造实践

任壮林　　高军雷

（伽师县铜辉矿业有限责任公司，喀什　844000）

摘　要： 针对 $\phi3600 \times 4500$ 格子型球磨机格子板在使用过程中存在的弊端，本文介绍了对格子板改造的方法及使用效果，将球磨机格子板的固定螺栓孔从边缘移到中央，去掉格子板压条，将格子板由锰钢改为聚氨酯材料。改造后，格子板装配更加稳固，固定螺栓受力减少而且均衡，故障率降低，使用寿命延长，提高了磨机运转率。

关键词： 球磨机；格子板；改造

1　原格子板装配形式及存在问题

1.1　装配形式

$\phi3600 \times 4500$ 格子型球磨机自带的排料端由导料支座、内外圈格子板、压条、螺栓、橡胶压块、中央锥形支撑桶六部分组成。格子板装配形式侧视图见图1，格子板装配形式正视图见图2，螺栓孔位置见图3。

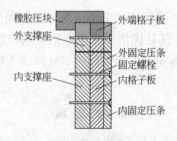

图 1　侧视图

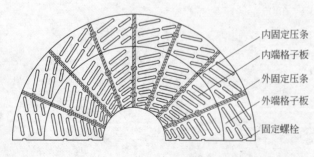

图 2　正视图

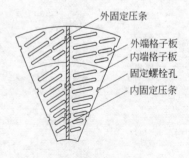

图 3　螺栓孔位置

1.2　存在问题

（1）装配后的格子板和压条不在一个平面上，压条突出 100mm，球磨机运行过程中，压条受到钢球、物料的冲击后，容易导致固定螺栓弯曲、压条移位，格子板无法固定产生扇形裂口，直至脱落，造成球磨机吐钢球不得不停车检修。

（2）格子板的固定螺栓孔设计在格子板边缘，位置不合理，压条或者螺栓稍有松动，易造成格子板脱落。

（3）压条突出格子板约 100mm，造成格子板固定螺栓过长，达 610mm，螺栓受力易弯曲变形，卡在螺栓孔内，拆卸极为困难。

（4）格子板为锰钢材质，单块重达 200kg，装卸不便。

以上问题，导致了格子板 8 个月使用周期内，停车检修达 10 天，增加了维修工作量和劳动强度，影响了设备运转率。

2　改造方案

针对以上出现的问题，我们对格子板进行重新设计，主要进行了以下更改：

（1）将格子板的固定螺栓孔从边缘移到中央，固定螺栓尾端采用凹形锥度安装，即使螺栓略有松动，也能很好的固定格子板。

（2）去掉格子板压条，使格子板装配后在一个平面，固定螺栓受力减少，同时固定螺栓可缩短 100mm，不易产生变形。

（3）将格子板由锰钢材料改为聚氨酯材料，增加抗磨损能力，减少重量，降低电耗，方便拆卸。

改造后的格子板装配形式，侧视图见图 4，正视图见图 5。

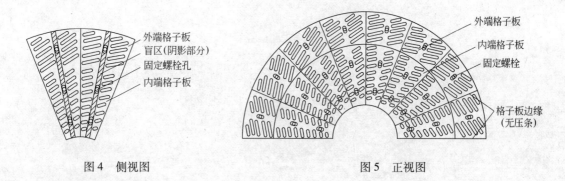

图 4　侧视图　　　　　　　　　　　　　　　　图 5　正视图

3　改造后的应用效果

3.1　优点

格子板固定螺栓孔由边缘移到中心，去掉压条后，使用效果良好，有效地解决了因固定螺栓松动造成的格子板脱落问题。

在格子板使用周期内因整理其脱落造成的停车检修时间由 10 天缩短到 2～3 天，设备运转率提高 7～8 天，年可创造效益 700 余万元。

格子板由锰钢材料改为聚氨酯材料后，使用周期延长近一倍，年可减少成本 15 万元，同时因重量轻，球磨机电耗略有降低。

3.2　不足

　　格子板固定螺栓由边缘移到中央后，造成格子板的开孔率降低 8%，但在实际生产中未出现球磨机处理能力下降和排矿粒度变粗的问题，从另一侧面说明球磨机的格子板开孔率设计非常充足，充足的开孔率主要是解决矿物颗粒的阻塞。

　　锰钢衬板改为聚氨酯衬板，从理论上讲应当影响磨矿效果，但实际运行中，对磨矿效果的影响极小，可忽略不计。这说明磨机内主要是筒体衬板和钢球产生磨矿效果，格子板的磨矿效果微乎其微，仅是起到物料排出，保证磨机连续工作的作用。

4　结束语

　　球磨机的格子板通过将固定螺栓孔从边缘移到中央，去掉格子板压条，锰钢衬板改为聚氨酯格子板等一系列改造，减少了维修工作量，提高了设备运转率，降低了生产成本。

参 考 文 献

［1］段希祥.碎矿与磨矿［M］.北京：冶金工业出版社，2006：124～190.

云南某硫化铜矿浮选试验研究

刘阅兵

（北京矿冶研究总院，北京　100160）

摘　要： 云南某硫化铜矿矿物组成较为复杂，金属矿物约占7%，非金属矿物约占93%，其中含铜1.05%，铜氧化率13.5%，针对该矿石的特点，采用常规浮选工艺，通过一次粗选，两次精选，两次扫选的单一浮选流程，获得铜精矿品位为20.15%，回收率为90.15%的良好指标，为开发该铜矿资源奠定了试验基础。

关键词： 硫化铜矿；回收率；工艺流程

铜是一种重要的金属材料，广泛地应用于各个领域。随着经济的发展，人类对铜金属的需求越来越大，据研究，我国国产铜精矿只能满足国内冶炼厂生产需求的40%[1,2]。而随着矿石的不断开采，铜矿石的资源也越用越少，铜的原矿品位也越来越低，因此合理开发利用铜矿石对于缓解我国铜金属紧张具有重要的意义。因此，针对硫化铜矿，开发合理经济的工艺流程是很多选矿工作者的研究课题[3~7]。本文采用常规浮选法对云南某硫化铜矿进行了试验研究，获得了良好的浮选指标和合适的选别流程。

1　矿石性质

1.1　原矿多元素分析

原矿多元素分析结果见表1，可以看出，矿石中可供回收的有价金属元素主要为铜，其他金属元素含量较少，不具有回收价值。

表1　原矿多元素分析结果

元　素	Cu	Pb	Zn	Fe	As	Sb	S
含量/%	1.05	0.02	0.05	3.30	0.03	0.09	1.6
元　素	CaO	MgO	Al_2O_3	SiO_2	$Ag/g \cdot t^{-1}$	$Au/g \cdot t^{-1}$	
含量/%	18.87	10.83	5.92	29.64	4.04	0.03	

1.2　铜物相分析

铜物相分析结果见表2，由分析结果可知，矿石中铜矿物主要以硫化铜矿形式存在，铜氧化率为13.5%，属硫化铜矿石。

表2　铜物相分析结果　　　　　　　　（%）

矿物名称	原生硫化铜	次生硫化铜	氧化铜	合　计
含　量	0.30	0.61	0.14	1.05
分布率	28.52	57.98	13.50	100.00

1.3 岩矿鉴定

通过对矿石进行光片、薄片镜下观察，发现金属矿物主要为黄铜矿，次为黄铁矿，少量孔雀石。非金属矿物主要为白云石，次为石英，少量白云母组成。金属矿物与石英、少量白云母组成脉状体，沿白云岩呈脉状，构成细脉状构造及部分金属矿物呈星点状嵌布于岩石之中而构成浸染状构造。

黄铜矿是矿石中最主要的硫化矿物，呈它形不规则粒状，沿白云石、石英晶隙填隙嵌布，嵌布较均匀，变少量孔雀石，少量沿黄铁矿晶隙嵌布呈它形晶状结构。

黄铁矿见少量星点状分布于岩石中。呈半自形粒状，粒度粗大，在 0.5 ~ 1.5mm，聚集体达 2 ~ 3mm。

石英呈半自形至它形粒状，表面光洁，与少量白云石镶嵌。其间有黄铜矿填隙嵌布呈它形晶，他们常组构成脉状体穿切于岩石中。粒度 0.04 ~ 0.1mm，见少量白云母分布石英中。

白云石呈自形至半自形粒状，粒度 0.01 ~ 0.06mm，干涉色为高级白，是组成矿体围岩之主要矿物。

矿石的矿物组成见表3。

表3　矿石的矿物组成　　　　　　　　　　　（％）

金属矿物		非金属矿物	
黄铜矿	11	白云石	62
黄铁矿	1	石　英	22
孔雀石	1	白云母	少量

2 试验结果与讨论

2.1 磨矿细度考查试验

磨矿细度考察试验流程见图1，结果见图2。

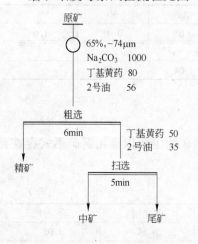

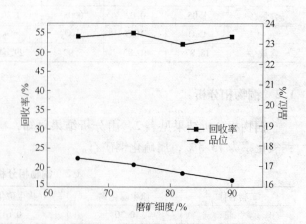

图1　条件试验流程（单位为 g/t）　　　　　　　图2　磨矿细度考察试验结果

试验结果表明，磨矿细度的变化对浮选回收指标影响不大，从－0.074mm占65%增加到90%，回收指标变化不明显，矿石泥化现象有所上升，精矿产率增加，产品质量下降，综合考虑成本和回收指标及产品质量，确定按－0.074mm占65%的细度进行相关条件考查试验。

2.2 硫酸铜用量试验

活化剂硫酸铜用量试验流程及条件见图1，结果见图3。

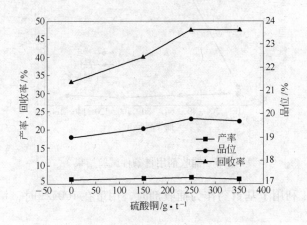

图3 硫酸铜用量条件试验结果

试验结果表明，添加硫酸铜对浮选回收指标影响不大，且添加硫酸铜导致泡沫变脆，粗扫选回收率下降，故浮选过程不必添加硫酸铜。

2.3 调整剂用量试验

将碳酸钠作为调整剂，调整剂用量试验流程及条件见图1，结果见图4。

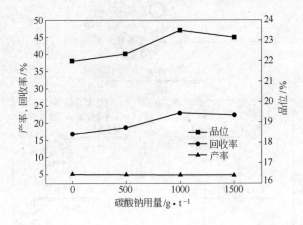

图4 调整剂用量条件试验结果

试验结果表明，添加碳酸钠，矿泥得到较好分散，试验指标有所提高，其用量在1000g/t时，精矿品位和回收率指标较好。

2.4　丁基黄药用量试验

捕收剂丁基黄药用量试验流程及条件见图 1，结果见图 5。

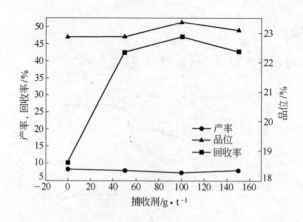

图 5　捕收剂用量条件试验结果

试验结果表明，利用丁基黄药作为捕收剂时，用量在 100g/t 时，精矿品位和回收指标均较好。

2.5　闭路试验

在开路试验的基础上，进行闭路试验，试验采用一次粗选，两次精选，两次扫选流程，试验流程及条件见图 6，结果见表 4。

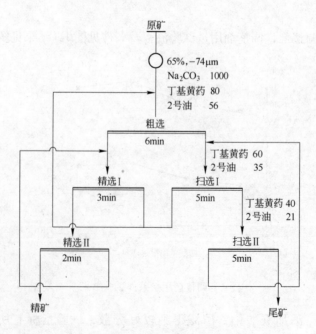

图 6　闭路试验工艺流程（单位为 g/t）

表 4 闭路试验结果 (%)

产品名称	产 率	Cu 品位	回收率
精 矿	4.59	20.15	90.15
尾 矿	95.41	0.11	9.85
原 矿	100.00	1.05	100.00

试验结果表明，在磨矿细度为 −0.074mm 占 65% 的条件下，采用一次粗选，两次精选，两次扫选的单一浮选工艺可获得精矿品位 20.15%，回收率为 90.15%，回收率较高，工艺比较合理。

3 结论

（1）云南某硫化铜矿矿石中矿物组成较为复杂，金属矿物约占 7%，非金属矿物约占 93%；主要金属矿物为黄铜矿、黄铁矿、赤铁矿、斑铜矿以及少量孔雀石、辉铜矿等；脉石矿物主要为白云石，次为石英，以及少量白云母组成。

（2）矿石中可供回收的有价元素主要为铜，其他金属元素含量较少，不足以回收；矿石中铜矿物主要以硫化铜矿形式存在，铜氧化率为 13.5%。

（3）试验结果表明，在磨矿细度为 0.074mm 占 65% 的条件下，采用一两次粗选，两次精选，两次扫选的单一浮选工艺可获得精矿品位 20.15%，回收率为 90.15%；磨矿细度较粗的条件下所确定的工艺流程比较合理，试验结果也较为理想，同时也降低了功耗。

（4）通过对该硫化铜矿进行系统的选矿工艺试验研究，确定了选别该硫化铜矿的工艺流程、药剂制度以及相关工艺条件和技术指标，为开发利用该铜矿和选矿设计提供了依据。

参 考 文 献

[1] 崔起晨，李广涛，王延国，等. 云南某硫化矿选矿试验研究[J]. 现代矿业，2011(12)：15~17.
[2] 张二林. 低品位硫化矿铜矿选矿工艺流程的研究[J]. 矿业工程，2012(8)：25~27.
[3] 刘丹. 高结合率混合铜矿选冶新工艺试验研究[D]. 昆明：昆明理工大学，2010.
[4] 邱廷省，等. 某复杂硫化铜矿铜硫分离试验研究[J]. 矿冶工程，2011(4)：31~32.
[5] 彭俊波. 城门山铜矿低碱度铜硫分离试验研究[J]. 有色金属（选矿部分），2011(1)：19~21.
[6] 张宏伟，周平. 云南某铜矿的选矿试验研究[J]. 矿业快报，2007(11)：15~16.
[7] 任壮林，王永成，高清寿. 新疆某铜矿选矿系统优化实践[J]. 现代矿业，2011(12)：133~135.

提高某难选冶金矿回收率技术途径研究

赵志强　贺　政

（北京矿冶研究总院矿物加工科学与技术国家重点实验室，北京　100070）

摘　要：针对某金矿含金矿物赋存状态及嵌布特征复杂等特点，对其进行了不同流程方案试验研究，并进行了技术经济比较，最终确定采用先浸后浮流程方案，该项技术最终获得 88.15% 的金回收率，这不仅可以大幅提高企业经济效益，同时对我国类似矿山具有较好的技术借鉴和指导价值。

关键词：难选冶；全泥氰化；浮选；先浸后浮

国内黄金矿山伴生矿、贫矿多，资源禀赋条件好、易开采且品位高的浅部金矿越来越少。截至 2010 年底，我国黄金查明资源储量为 6864.8t[1]，在已探明的黄金地质储量中，微细粒复杂难选含砷金矿资源约占探明储量的 1/4。这类资源分布广泛，在各个产金省份中均有分布。目前国内难处理金矿资源比重较大，开发利用程度相对较低，浮选技术水平相对落后[2]。

某金矿日处理量为 1000t，金回收工艺为全泥氰化-锌粉置换，建厂初期，原矿金品位高达 10g/t，金选冶总回收率为 98% 以上，尾矿中金含量小于 0.2g/t，随着开采深度的延伸，原矿性质发生了较大的变化，不仅原矿金品位降低到 5.0 ~ 6.0g/t，金的选冶回收率也急剧下降，尾矿金品位高达 1.50g/t 左右，这不仅大大影响了企业的经济效益，同时也对我国紧俏的黄金资源造成了极大的浪费。

为此，亟须针对该金矿进行系统的矿物加工技术研究，找出影响金损失的原因和提高金回收率的有效方法。

1　原矿矿石性质

1.1　原矿主要化学成分分析

从表 1 中原矿主要化学成分分析结果可以看出，原矿中除金外，其他元素含量均较低，未达到工业可回收标准。因此，本次试验的重点是围绕金的回收进行详细试验工作。

表 1　原矿主要化学成分分析结果　　　　　　　　　（%）

成　分	Au	Ag	Cu	Pb	Zn	Fe
含　量	5.20	13.47	0.01	0.017	0.17	2.88
成　分	FeO	Al$_2$O$_3$	CaO	MgO	C	Sb
含　量	2.52	13.00	12.08	1.09	2.98	< 0.005
成　分	S	As	SiO$_2$	Te	K$_2$O	Na$_2$O
含　量	0.63	0.012	49.83	0.0028	5.93	0.20

注：Au、Ag 含量单位为 g/t，以下同。

1.2 原矿主要矿物组成及相对含量

原矿中有六种金矿物及含金矿物，分别为自然金、碲金矿、碲金银矿、碲铜金矿、铜金矿以及碲银矿（含Au）；银矿物主要为碲银矿。原矿中其他金属矿物含量较低，其中最主要的是褐铁矿、赤铁矿以及黄铁矿，其次为少量的金红石、黄铜矿等。脉石矿物主要为长石、石英、方解石和云母，其次为高岭石、白云石以及少量的磷灰石、萤石、重晶石和锆石等其他矿物。原矿的矿物组成及相对含量见表2。

表2 原矿的矿物组成及相对含量 （%）

矿物名称	含 量	矿物名称	含 量
长 石	25.64	白云石	4.99
石 英	22.98	褐铁矿	3.57
方解石	18.85	赤铁矿	
云 母	15.00	黄铁矿	1.19
高岭石	6.75	其他矿物	1.03

1.3 金的矿物组成及粒度组成

所有金矿物及含金矿物合在一起统计，其有75.90%分布在0.001~0.005mm，18.37%分布在0.005~0.01mm，分布0.01mm以上和0.001mm以下的各占2.91%和2.82%。可见，矿石中的金矿物及含金矿物以细粒为主。金的矿物组成及粒度组成见表3。

表3 金矿物组成及粒度分布 （%）

矿物名称	各粒径范围中金的分布情况				合 计
	>0.01mm	0.005~0.01mm	0.001~0.005mm	<0.001mm	
碲金矿	0.00	0.00	100.00	0.00	100.00
铜金矿	0.00	0.00	100.00	0.00	100.00
碲铜金矿	0.00	0.00	100.00	0.00	100.00
碲金银矿	0.00	34.57	65.43	0.00	100.00
碲银矿（含Au）	10.94	47.21	41.27	0.58	100.00
自然金	0.00	7.08	88.25	4.67	100.00
金矿物/g·t^{-1}	2.91	18.37	75.90	2.82	100.00

1.4 金矿物分布特征

根据原矿中金矿物不同的分布特征，可将金矿物分为包体金、孔洞金、粒间金和裂隙金这四种形式。金矿物的分布特征统计分析数据见表4，从表中可以看出，矿石中的金主要以包体金和粒间金的形式嵌布，它们各自占矿石中总金的33.25%和32.94%；其次是孔洞金，其金的占有率为24.39%；另外就是少量的裂隙金，占总金的9.42%。

表 4　金矿物在不同分布特征中各自金矿物的分布情况　　　　　　（%）

分布特征	矿物名称	金矿物在不同分布特征中金的占有率	占矿石中总金的比率
包体金	自然金	91.28	30.35
	碲银矿（含 Au）	0.81	0.27
	碲金银矿	1.77	0.59
	碲金矿	6.14	2.04
	合　计	100.00	33.25
孔洞金	自然金	76.06	25.05
	碲银矿（含 Au）	0.66	0.22
	碲铜金矿	8.78	2.89
	碲金银矿	5.43	1.79
	碲金矿	7.38	2.43
	铜金矿	1.69	0.56
	合　计	100.00	32.94
粒间金	自然金	99.33	24.23
	碲银矿（含 Au）	0.67	0.16
	合　计	100.00	24.39
裂隙金	自然金	99.56	9.38
	碲银矿（含 Au）	0.44	0.04
	合　计	100.00	9.42

1.5　影响金回收矿物学因素分析

通过对原矿进行系统的工艺矿物学分析得知，影响原矿金回收的矿物学因素如下：

（1）金矿物及含金矿物的嵌布粒度很细，有 75.90% 的金矿物及含金矿物的颗粒粒径分布于 0.001 ~ 0.005mm，自然金在该粒级中的分布率更是高达 88.25%；

（2）原矿中有 33.25% 的金以包体金的形式嵌布，并且这部分金中有 90.9% 嵌布于石英、长石以及高岭石等脉石矿石中，在磨矿过程中与脉石矿物的解离难度较大，对金的回收率会造成较大的影响；

（3）原矿中金有 8.37% 赋存于碲金矿、碲铜金矿、碲银金矿以及碲银矿（含 Au）中，这部分金主要以细粒包体形式嵌布于石英、长石以及高岭石等脉石矿石中，浮选富集比较困难，加之本身矿物性质特征决定它们在氰化浸出的过程中也较难被浸出，所以这部分金回收难度很大，是影响金回收率的最主要原因之一；

（4）部分自然金与黄铁矿嵌布在一起，这部分自然金共占矿石中总金的 54.31%；黄铁矿粒度主要集中在 0.015 ~ 0.074mm，占有率为 62.68%，其粒度较细也是造成金回收率困难的主要因素之一。

2　矿物加工技术研究

金的矿物加工技术与它们的赋存状态存在十分密切的关系。根据金粒的大小不同，选矿方法也不同，中粗粒金常采用重选法和混汞法回收；细粒金根据其赋存状态不同，回收方法也不同，当其赋存在硫化矿中时，常采用浮选方法预先富集，再进行冶炼或氰化回收金，而当细粒金赋存在氧化矿中时，选矿预富集效果不佳，常采用细磨直接氰化浸出[3]。根据矿石性质的差异，常用的金矿选矿方法有：单一重选流程；单一浮选流程；全泥氰化—锌粉置换工艺流程；全泥氰化—炭浆吸附工艺流程；浮选—金精矿氰化工艺流程；浮选—尾矿氰化工艺流程；选矿富集—精矿预处理—氰化工艺流程；原矿预处理—氰化浸出流程，或者是以上几种工艺联合使用等[4]。

针对某金矿复杂的矿石性质，对其分别进行了原矿全泥氰化浸出工艺（简称方案一）、原矿浮选—精矿、浮选尾矿分别氰化浸出工艺（简称方案二）及原矿全泥氰化—浸渣浮选工艺（简称方案三）三个不同工艺方案的对比试验研究，其原则流程分别见图1、图2和图3，其金回收指标情况见表5。

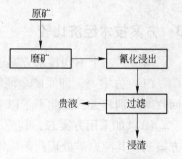

图1 方案一原则工艺流程

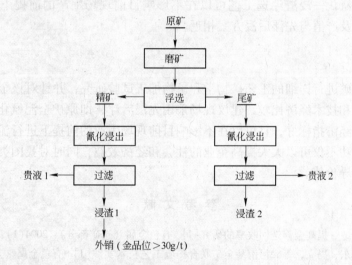

图2 方案二原则工艺流程

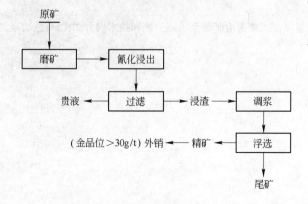

图3 方案三原则工艺流程

表 5　不同工艺方案及指标

方案名称	金总回收率/%	最终尾矿金品位/g·t^{-1}
方案一	71.35	1.49
方案二	87.86	0.64
方案三	88.15	0.63

3　方案技术经济比较

通过对三个不同技术方案进行初步的技术经济比较得出结论如下：

（1）方案一，即原矿全泥氰化工艺，其金回收率仅 71.35%，与其他两个技术方案金回收率差别较大，因此不予以采用。

（2）如采用方案二，其吨原矿处理药剂成本为 40.25 元，产值为 1096.49 元；如采用方案三，其吨原矿处理药剂成本为 41.09 元，产值为 1100.11 元。

（3）方案二和方案三，两种工艺无论在成本上还是产值上，差别不大。但采用方案三，即原矿全泥氰化—浸渣浮选工艺可以在不影响目前现场生产的前提下进行流程改扩建，且工艺指标及产值与先浮后浸方案相近。

4　结语

通过对某金矿进行详细的工艺矿物学和矿物加工试验研究，并针对该金矿进行不同技术方案试验研究和技术经济比较，建议现场采用先浸后浮，即原矿全泥氰化—尾矿浮选工艺。该工艺技术经济指标好，且可以在不影响目前现场生产的前提下进行流程改扩建。该项技术的研发成功不仅可以大大提高企业的社会和经济效益，同时对我国类似矿山有较好的技术借鉴和指导价值。

参 考 文 献

[1] 黄万抚，李新冬. 提高金浮选回收率的研究[J]. 有色金属（选矿部分），2004(1)：21~23.
[2] 冯胜斌，才振东，冯立，等. 河南某金矿联合提金工艺技术实践[J]. 有色金属（选矿部分），2005(1)：21~23.
[3] 李礼，谢超，冯一鸣. 金尾矿综合利用技术研究与应用进展[J]. 资源开发与市场，2012(9)：816~818.
[4] 尚军刚，杨要锋，赵可江. 难选冶矿黄金冶炼工艺和技术[J]. 中国有色冶金，2012(1)：696.

导流筒调浆搅拌槽研究与应用

陈　强　张建辉　董干国　王青芬

（北京矿冶研究总院矿物加工科学与技术国家重点实验室，北京　100160）

摘　要：调浆搅拌槽是浮选工艺中重要的配套设备，其搅拌效果将直接影响到后续的浮选指标，而导流筒调浆搅拌槽由于其典型的流场特点在选前调浆过程中受到广泛应用，本文分析了常见导流筒调浆搅拌槽的结构和流场特点，介绍了目前国内外导流筒调浆搅拌槽的发展情况，指出了未来导流筒调浆搅拌槽的发展方向。

关键词：导流筒调浆搅拌槽；结构；流场；发展应用

调浆搅拌槽是浮选工艺中重要的配套设备之一，在矿浆的悬浮和与药剂的混匀作业中扮演重要角色，其搅拌效果将直接影响着后续的浮选指标。而由巴秋卡槽发展而来的导流筒调浆搅拌槽作为一种特殊形式的搅拌槽，自20世纪70年代以来，由于其良好的搅拌混合效果而被广泛应用在结晶、污水处理、选矿等行业[1~6]。

1　导流筒调浆搅拌槽结构

1.1　直筒型/提升式导流筒调浆搅拌槽

直筒型导流筒结构相对比较简单，导流筒为直筒式结构，上下端均开放（图1）。提升式导流筒上端则高于溢流液面，进矿口布置在叶轮上方并直接插入导流筒内，叶轮则安装于循环桶下部外端，同时在导流筒的外侧开有循环口（图2）。

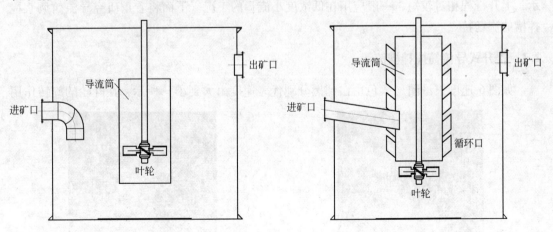

图1　直筒型导流筒搅拌槽结构简图　　　图2　提升式导流筒搅拌槽结构简图

1.2　裙式导流筒调浆搅拌槽

裙式导流筒结构如图3所示，导流筒上端设计为喇叭式形状，下端整体设计为裤腿式形状，底部出流区域设置为比较圆滑的圆环曲面形状，中心处为圆形拱状，处于封堵状态，矿浆流按照设计的出流通道下端排出。

1.3　BK 型导流筒调浆搅拌槽

为了实现固相完全悬浮以及矿浆与药剂快速混合均匀的目的，北京矿冶研究总院研制出了 BK 式导流筒。其结构如图 4 所示，上部为直筒式结构，工作时溢流面高于导流筒上部顶面。下部则设计为锥形结构，在锥形结构的下端内侧圆周方向安装分配板，锥形结构下端与槽底不接触并保持一定的距离，分配板则将导流筒整体支起焊接在槽底上。

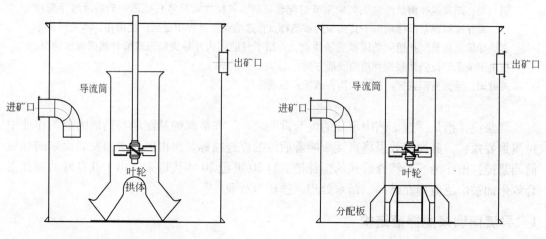

图 3　裙式导流筒搅拌槽结构简图　　　　　图 4　BK 导流筒搅拌槽结构简图

2　导流筒调浆搅拌槽流场特点

对于没有导流筒的调浆搅拌槽，其搅拌区主要集中在叶轮附近，其流场图如图 5 所示，上升行程相对较短，一般应用在低浓度小流量的工况。下面将着重研究导流筒调浆搅拌槽的流场特点。

2.1　提升式导流筒搅拌槽流场

如图 6 速度矢量图（颜色由白到黑分别代表速度由大到小）所示，在叶轮的旋转作用

　　　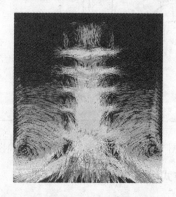

图 5　无导流筒流场　　　　　　　图 6　提升式导流筒流场

下，叶轮附近形成负压区和高压区，将导流筒内部矿浆抽吸到导流筒外侧，一部分矿浆沿切向排出，形成径向流，在挡板和槽壁的作用下，一部分径向流转变为轴向流与叶轮排出的轴向流形成上升流，以达到矿浆提升的目的；另一方面，在叶轮的旋转作用下矿浆经循环口形成局部循环，以实现搅拌混匀的目的。但是此种结构导流筒由于不能形成整体循环流，并且由于泵吸作用所形成的矿浆提升在一定程度上也消耗了一部分的搅拌能量。因此，其循环上升能力有限。

2.2 直筒型/裙式导流筒内流场

由图 7 和图 8 速度矢量图（颜色由白到黑分别代表速度由大到小）可以看出，两者流场形态类似，叶轮在导流筒内旋转形成一定的负压，产生一定的泵吸作用，将矿浆由上端吸入，从下端排出。叶轮旋转使矿浆在导流筒内形成径向流和轴向流，部分径向流在导流筒壁的作用下改变流向并与轴向流一起沿循环桶下端射出。这种结构可以强迫更多的矿浆参与到循环中，使混合更加均匀。但是，直筒型导流筒搅拌槽在叶轮正下方的锥形区域内存在矿浆停留区，如果该区域内的矿浆无法及时的排出，很容易出现沉槽现象。而裙式导流筒由于底部采用圆环曲面和拱体结构（图 3），矿浆沿圆环曲面高速射出，既避免了沉槽，也可以实现停车再启动。

图 7　直筒型导流筒

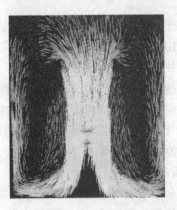

图 8　裙式导流筒

2.3 BK 型导流筒搅拌槽流场

对于普通导流筒调浆搅拌槽存在的在叶轮下方底部出现的矿浆停留区的问题，北京矿冶研究总院研制了具有锥形结构的 BK 型导流筒，并在底端安装分配板。此种结构的速度矢量图如图 9（颜色由白到黑分别代表速度由大到小）所示。

（1）在叶轮的强力旋转作用下，叶轮旋转使矿浆在导流筒内形成径向流和轴向流，部分径向流在导流筒壁的强制作用下改变流向并与轴向流一起沿循环桶下端射出。

（2）由于导流筒下部锥形结构的导向作用，轴向流沿锥

图 9　BK 导流筒

向排出，排出更加顺畅。

（3）在分配板的作用下，矿浆流沿槽体底面循环排出，冲刷底部固体颗粒，防止沉槽。

BK 型导流筒和裙式导流筒搅拌槽流场比较合理，上升行程大，底部循环无死角，最大程度上利用了搅拌能量，具有大循环量，沉槽率低的特点。在中小型以及大型调浆搅拌槽中均可使用。

2.4　结论

综上分析发现，导流筒调浆搅拌槽主要具有以下优势和特点：

（1）它可以强迫更多的矿浆参与到循环当中，使搅拌更加均匀；

（2）由于导流筒的存在，使搅拌强度增大，矿浆循环流量也因此增大，混匀作业更加快速，在高黏性流体以及高浓度固液悬浮体系中效果更加显著。

因此，研究设计开发适用于不同工况的导流筒调浆搅拌槽，对于改善槽内流场环境，提高搅拌效果具有重要意义。

3　导流筒调浆搅拌槽的应用及发展展望

由于导流筒调浆搅拌槽的独特特点，很多厂家开始研究设计生产导流筒调浆搅拌槽，沈阳矿山集团公司在 20 世纪 70 年代末移植和自行设计了导流筒调浆搅拌槽，设置在浮选作业前使药剂与矿浆充分混合接触，以尽量发挥药剂作用。

长沙矿冶研究院于 20 世纪 90 年代初开发出 CK 系列导流筒调浆搅拌槽，搅拌叶轮设计成下掠式轴流叶轮，使更多的矿浆参与循环并增加矿浆的循环次数，使搅拌功率主要用在以轴向流为主的矿浆上下大循环中，尽量减小功率损失，如图 10 所示。

北京矿冶研究总院从 2006 年开始设计、研制矿浆导流筒调浆搅拌槽，2008 年为江西德兴铜矿大山选厂设计了 2 台

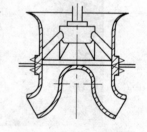

图 10　CK 系列导流筒

BK6.5m×7m 导流筒矿浆调浆搅拌槽，2011 年为中国黄金集团内蒙古矿业有限公司设计了 1 台 GBK8m×8m 导流筒矿浆调浆搅拌槽，目前为国内应用最大的导流筒调浆搅拌槽，基本结构如图 11 所示。

由于导流筒调浆搅拌槽具备搅拌均匀，搅拌强度大的特点，所以其发展将越来越受到重视，未来将主要向以下方面发展：

（1）大型化。随着社会对资源的需求量越来越大，矿产资源开发规模不断扩大，千万吨级的选厂不断出现，浮选设备逐渐向大型化发展。$100m^3$、$160m^3$、$200m^3$、$320m^3$ 浮选机相继研究成功，我国浮选机的大型化进程已处于国际领先水平，因此，调浆搅拌槽作为浮选工艺的重要配套设备，大型化将是未来一大趋势。

（2）高效化。传统调浆搅拌槽搅拌机制单一，循环流量小，因此无法同时满足固相悬浮和快速混匀的目的。因此，研究导流筒调浆搅拌槽的作用机理，使矿浆与药剂快速混合的同时达到节约能耗的目的，将是调浆搅拌技术研究的新方向。

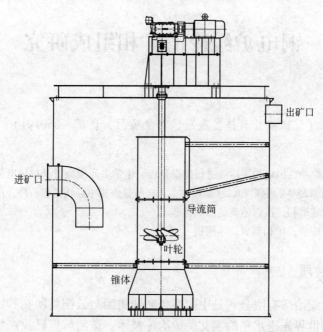

图 11 GBK 导流筒搅拌槽

参 考 文 献

[1] 王立成. 带导流筒搅拌槽中液—固—固三相流场的实验与模拟研究[D]. 天津：天津大学，2010：1～20.

[2] 李达. 带导流筒搅拌槽的流场特性研究[D]. 太原：山西大学，2007：1～10.

[3] 戴干策，陈敏恒. 混合理论的进展及其与现代流体力学的关系[J]. 化学反应工程与工艺，1985(3)：1～9.

[4] 李振. 浮选过程调浆搅拌技术评述[J]. 金属矿山，2009(10)：5～11.

[5] 黄男男. 导流筒对搅拌槽流场的影响[J]. 食品与机械，2009，25(1)：93～95.

[6] 陈文民. 固—液导流筒搅拌槽内流体流动和颗粒悬浮特性[J]. 过程工程学报，2007，7(1)：14～17.

铜电炉缓冷渣矿相组成研究

李江涛

（云南铜业科技发展股份有限公司，昆明　650101）

摘　要：对自然缓冷的铜电炉缓冷渣进行能谱分析、化学多元素分析及扫描电镜分析，结果表明该电炉渣含铜 3.58%，铜矿相以冰铜相为主，硅酸盐渣相中除铁橄榄石外，还有钙铁辉石雏晶和成分复杂的玻璃相，没有游离的二氧化硅。

关键词：电炉缓冷渣；矿相组成；冰铜相

1　电炉缓冷渣性质

赞比亚谦比希铜冶炼有限公司是中国有色矿业集团与云铜集团在赞比亚合资建立的铜冶炼厂，采用具有世界先进水平的铜艾萨炉冶炼技术。该冶炼厂已投产生产粗铜，冶炼处理量 15 万吨粗铜/年，每年产生电炉渣（自然缓冷）20 万吨以上，其中电炉渣含铜≥2%。为了充分回收电炉渣中的铜，对电炉缓冷渣进行矿相组成研究。

该电炉缓冷渣取自赞比亚某冶炼厂，自然缓冷。通过筛分、破碎、对辊、混匀后矿石粒度小于 1mm，以供实验室试验。

2　电炉缓冷渣的化学组成特征

电炉渣原料综合样的能谱见图 1。

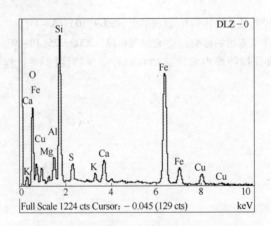

图 1　电炉缓冷渣的能谱

（主要含 Si、Fe 外，有显著数量的 Al、Ca、K，而 S 较高，Cu 较低）

能谱分析表明，电炉渣中 SiO_2、Fe 及其他造渣组分较高，而 Cu、S 相对低，造渣组分复杂多样。重要元素的定量化学分析结果见表 1。

表1　电炉渣原料的化学组成分析结果　（%）

元素	Cu	Co	Fe	CaO	MgO	SiO₂	Al₂O₃	Na₂O	K₂O	S
含量	3.58	0.18	38.06	3.63	0.76	35.10	4.53	0.62	0.89	2.22

3　电炉缓冷渣的矿相组成特征

电炉缓冷渣的矿相组成具体而言，金属铜少而由辉铜矿—斑铜矿组成的冰铜相较多，硅酸盐渣相中除铁橄榄石外，也有钙铁辉石雏晶和成分复杂的玻璃相，没有游离二氧化硅出现。

基本矿相组成在综合样的 X 射线衍射图谱中可以得到显示，见图 2；典型矿相组成的扫描电镜资料见图 3～图 7。

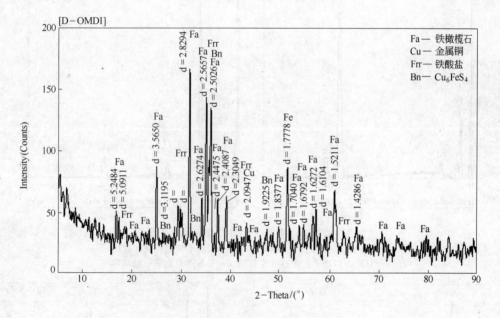

图2　电炉渣综合样 X 射线衍射图谱

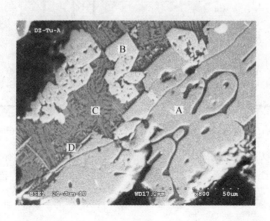

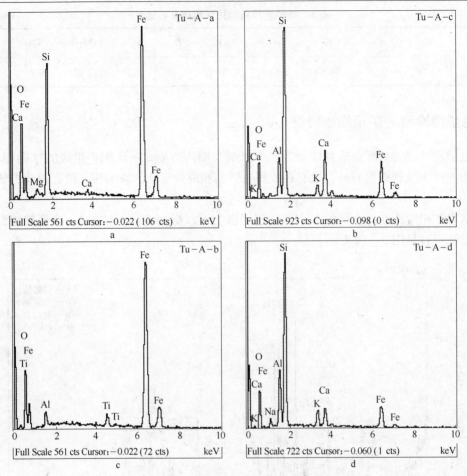

图3　电炉渣中重要矿相组成背散射电子图像
a—分析点 A 能谱：铁橄榄石；b—分析点 B 能谱：铁酸盐；
c—分析点 C 能谱：辉石（雏晶）；d—分析点 D 能谱：玻璃相

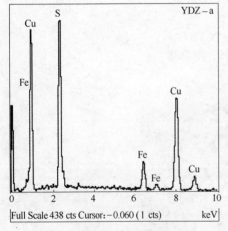

图4　电炉缓冷渣中基本渣相
组成的扫描图像及能谱

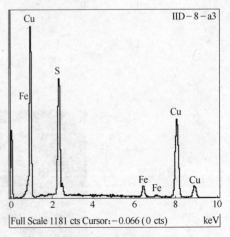

图5　冰铜相中主要铜硫化物相
（斑铜矿—辉铜矿）能谱
（Fe 含量的波动说明 $Cu_2S\text{-}Cu_5FeS_4$ 间
相对数量上的变化）

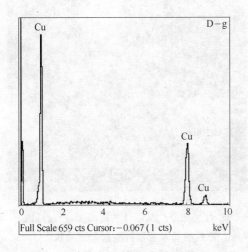
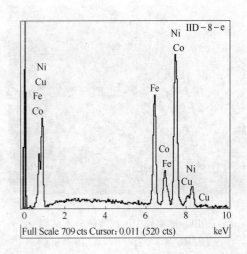

图 6 冰铜相中金属铜能谱   图 7 冰铜内其他金属（Ni，Fe，Co，Cu）能谱

4 电炉缓冷渣的结构构造特征

电炉缓冷渣中的锍粒主要由大小不等的具有辉铜矿分解物的斑铜矿组成，偶见其中有陨硫铁 FeS 和金属铜，粒度相对较小；铁酸盐多呈自形中细粒状嵌布，局部结晶程度差；硅酸盐主要为铁橄榄石相，也存在呈树枝状的辉石类雏晶，最终凝固的是化学组成庞杂的玻璃相。一般都能看到一些细粒冰铜珠分散嵌布于硅酸盐渣相中。典型结构构造特征见图 8～图 11。

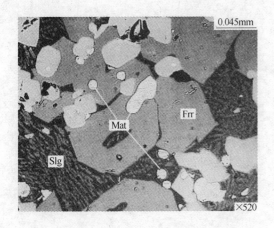
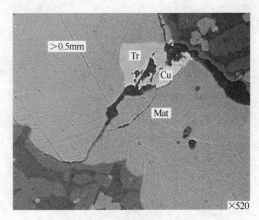

图 8 不同粒度大小的冰铜珠（Mat）   图 9 电炉缓冷渣中呈粗粒不规则状嵌布的
　　　星点状嵌布在铁橄榄石相（Frr）及　　　　　　冰铜（Mat）颗粒，冰铜中金属铜
　　　硅酸盐雏晶和玻璃相（Slg）中　　　　　　　（Cu）被陨硫铁（Tr）溶蚀交代

此处所说"冰铜"是指富铜的硫化物相，主要为辉铜矿—斑铜矿共晶，有时也夹带一些金属铜、陨硫铁，以及很少量的合金。

图 10　冰铜粒中的固溶体分离结构
（斑铜矿基体中有叶片状辉铜矿析出）

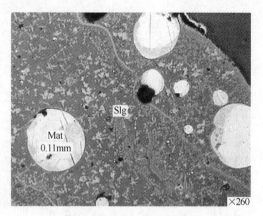

图 11　部分结晶不佳的玻璃相（Slg）内
铁酸盐及钙铁硅酸盐呈雏晶状，
冰铜珠粒（Mat）也较细小

5　结论

初步查明电炉缓冷渣的铜相以冰铜相为主，主要铜矿物有辉铜矿、斑铜矿及少量的金属铜，渣相主要为铁橄榄石和非晶相物质，还有微量的金属铁、黄铁矿等。

参 考 文 献

［1］北京矿冶研究总院．谦比西铜钴渣冶金小型试验研究［R］．2010．

南京某铁矿区土壤重金属污染特征及评价

毛香菊[1]　邹安华[2]　马亚梦[1]　肖　芳[1]　冯安生[1]　徐承炎[2]　孙体昌[2]

(1. 中国地质科学院郑州矿产综合利用研究所，郑州　450006；

2. 北京科技大学，北京　100083)

摘　要： 对位于南京市郊区的某大型铁矿区土壤中重金属的污染状况进行调查研究，目的是为城市矿山土壤重金属污染治理提供理论依据。单项污染评价结果表明，矿区土壤中 Cr、Cu、As、Hg、Ni 这 5 种重金属元素均低于国家土壤环境质量Ⅲ级标准限值，Cd 和 Pb 的含量超过Ⅲ级标准；但与毗邻区未开矿地区土壤重金属含量比较，矿区所有土壤样品中测定的重金属元素含量均高于毗邻区（单项污染指数分别为 Cd 0.01～1.64，Cr 0.06～0.67，Cu 0.02～1.60，As 0.05～1.49，Hg 0.25～0.75，Ni 0.07～4.86，Pb 0.10～27.10)，说明了铁矿资源的开发活动对土壤环境造成了一定程度的累积污染，Ni 和 Pb 的累积污染尤重。内梅罗综合污染评价结果表明，矿区 42 件土壤样品累积综合污染指数 P_N 在 1 以上（轻度污染以上）的有 34 件，所占比例为 80.94%，说明矿区土壤已经受到不同程度的重金属污染。

关键词： 铁矿区；土壤；重金属污染；评价

矿产资源的开发通常会产生严重的矿山地质环境问题[1~3]。所谓矿山地质环境问题是指矿业活动作用于地质环境所产生的环境污染和环境破坏。主要有大气、水、土的污染，采空区地面塌陷，山体开裂、崩塌、滑坡、泥石流，侵占和破坏土地等。我国的矿山地质环境问题相当严重，尤其水土环境污染已经非常突出，需要对其开展有针对性的调查研究。

铁矿山的环境污染因素主要是采矿废石、选矿尾矿、废渣等，其中含有铅、镉、铬、砷等重金属元素和残留的选矿药剂，在其堆放或排放过程中，不仅占用了大量的土地，也可能会造成矿区及周边地区的土壤、大气、地表水及地下水污染等环境问题[4~7]。本工作所调查评价的铁矿山位于宁芜铁矿集中开采区，是目前国内较大的黑色冶金地下矿山，紧挨南京市区，是国内距离大城市最近的大型矿山。该矿山采选生产历史近 50 年，矿区周边已大部分被开发为居民区，秦淮新河从矿区横穿而过，其环境地质状况直接影响周边居民的生活质量，制约着南京城市建设的发展。经过多年的开采，该矿区开发程度较高、环境承载力已经开始减弱，容易发生累积性的水土环境污染问题。该矿区选矿工艺流程包含了铁矿选矿常用的磁选、重选、浮选等全部作业，所以该矿山在众多铁矿山中具有很强的典型性。

作者主要对该矿区内的污染源进行调查，重点对土壤进行采样分析，分析土壤污染状况，旨在为矿区的环境整治工作提供理论依据。

1　材料与方法

1.1　土壤样品的采集

在整个矿区及其周边约 6km² 范围内进行网格布点采样，采样密度 5 件/km²，采样深度 0 ~ 20cm，共采土样 30 件；并重点沿废石堆场东、南、西、北四个方向分别采集土壤样品：废石堆周围东西南北四个方向布设 16 个采样点，取样点离废石堆场的距离分别为 20m、50m、100m、200m；并沿着矿区内秦淮新河边的选矿废水、采矿废水及生活污水排污口及下游一定距离采集岸边土样；最后在不受采选活动影响的周边山上采集对照土样。

采样方式：每个土壤样品视采样单元内的土壤均匀情况现场决定采集单样或混样，每个子样重量不少于 0.5kg，混合均匀作为一个平均样品，再使用四分法缩减，至最后的样品重量不小于 1kg。样品采集好后，装入统一的包装袋，密封贴上标签，并做好记录与描述。

1.2　土壤样品前处理与分析

土壤样品去除其中的杂草、虫体和石块杂质，待自然风干处理过后，在 60℃ 恒温箱中干燥至恒重，取出后用玛瑙研钵研磨，样品细度小于 100 目，每份样品保留约 300g，置于阴凉处保存。

土壤样品采用混合酸消解法：准确称取 0.5g 样品置于聚四氟乙烯坩埚中，润湿后加入 10mL HCl（密度 1.19g/mL），在电热板上低温加热，蒸发至约剩 5mL 时加入 15mL HNO$_3$（密度 1.42g/mL），继续加热蒸至近黏稠状，加入 10mL HF（密度 1.15g/mL）并继续加热以除去基质中的硅。最后加入 5mL HClO$_4$（密度 1.67g/mL），并加热至白烟冒尽。消解结束后用纯净水将消解液稀释至 100mL 容量瓶中并定容。土壤样品分析过程加入国家标准土壤样品进行质量控制，分析样品的重复数为 10% ~ 15%。整个分析过程所用试剂均为优级纯，所用水均为亚沸蒸馏水。

采用电感耦合等离子体发射光谱法（ICP-OES）测定土壤样品中的 Cd、Cr、Cu、Ni、Pb，采用原子荧光光谱法（AFS）测定其中的 As 和 Hg 的含量。

1.3　评价方法与标准

1.3.1　评价标准

土壤样品污染状况依据土壤环境质量Ⅲ级标准（GB 15618—1995）、毗邻区土壤背景值及 2007 年江苏省 1：250000 多目标区域地球化学调查背景值进行评价[8]（参考值如表 1 所示）。

表 1　不同参考标准的土壤重金属含量限值　　　　　　　　　（mg/kg）

不同参考标准	土壤重金属含量限值						
	Cd	Cr	Cu	As	Hg	Ni	Pb
毗邻地区土壤重金属比较值	2.00	74	55	0.41	0.04	18.00	20.00
江苏省土壤重金属背景值 2007 年 1：25 万多目标地球化学普查	0.15	76	26	9.40	0.082	32.90	26.80
土壤环境质量三级标准限值	1.00	300	400	30	1.50	200	500

1.3.2　评价方法

对研究区域土壤重金属污染状况分别采用单因子指数法和内梅罗综合污染指数法进行综合评价。

单因子指数法。单因子指数法是国内外普遍采用的方法之一，是对土壤中的某一项污染物的污染程度进行评价[9]。

其计算公式为：

$$P_i = C_i / S_i \tag{1}$$

式中　P_i——土壤中污染物 i 的环境质量指数；

　　　C_i——污染物 i 的含量，mg/kg；

　　　S_i——污染物 i 的评价标准，mg/kg。

内梅罗综合污染指数法。内梅罗综合污染指数法可全面反映土壤中各污染物的平均污染水平，也突出了污染最严重的污染物给环境造成的危害[9]。

其计算公式为：

$$P_N = \sqrt{\frac{(\overline{P_i})^2 + (P_{max})^2}{2}} \tag{2}$$

式中　P_N——某土壤样品的综合污染指数；

　　　P_{max}——各污染物中污染指数最大值；

　　　$\overline{P_i}$——各污染物中污染指数的算术平均值。

综合污染物指数分级标准共 5 个等级，分别为 $P_N \leqslant 0.7$ 为清洁（安全级），$0.7 < P_N \leqslant 1$ 为警戒线，$1 < P_N \leqslant 2$ 为轻度污染，$2 < P_N \leqslant 3$ 为中度污染，$P_N > 3$ 为重度污染。

2　结果与讨论

2.1　土壤重金属含量特征及单项污染超标评价

某铁矿区各土壤样品的重金属含量及污染超标率见表 2。从表 2 可以看出，该矿区土壤重金属含量有较大的差异，Cd 为 0.45 ~ 5.27mg/kg，平均值为 1.74mg/kg；Cr 为 20.3 ~ 123.8mg/kg，平均值为 59.81mg/kg；Cu 为 8 ~ 143mg/kg，平均值为 43.34mg/kg；As 为 0.15 ~ 1.02mg/kg，平均值为 0.49mg/kg；Hg 为 0.03 ~ 0.07mg/kg，平均值为 0.05mg/kg；Ni 为 12.9 ~ 105.5mg/kg，平均值为 34.46mg/kg，Pb 为 20 ~ 562mg/kg，平均值为 153.19mg/kg。土壤中各种重金属含量相差几十倍甚至上百倍，除 Hg 变异系数较低外，其余重金属元素的变化幅度均高于 40%，变异系数最大的重金属元素是 Pb（83%），其次为 Cd（63%）。变异系数越大表明人为活动的干扰作用越强烈。

表 2　某铁矿区土壤重金属含量及污染超标率

指　标	Cd	Cr	Cu	As	Hg	Ni	Pb	样本数/件
矿区内最小值/mg·kg⁻¹	0.45	20.30	8.00	0.15	0.03	12.90	20.00	
矿区内最大值/mg·kg⁻¹	5.27	123.80	143.00	1.02	0.07	105.50	562.00	
平均值/mg·kg⁻¹	1.74	59.81	43.34	0.49	0.05	34.46	153.19	
标准差	1.10	25.65	25.27	0.22	0.01	19.36	127.27	42
变异系数	0.63	0.43	0.58	0.45	0.20	0.56	0.83	
超标倍数范围-国标Ⅲ级	0.02 ~ 4.27	—	—	—	—	—	0 ~ 0.12	

续表 2

指　标	Cd	Cr	Cu	As	Hg	Ni	Pb	样本数/件
超标率/%	80.95	0.00	0.00	0.00	0.00	0.00	2.38	
超标倍数范围-毗邻区背景值	0.01 ~ 1.64	0.06 ~ 0.67	0.02 ~ 1.6	0.05 ~ 1.49	0.25 ~ 0.75	0.07 ~ 4.86	0.1 ~ 27.1	
超标率/%	30.95	30.95	26.19	52.38	57.14	88.10	95.24	42
超标倍数范围-2007 年江苏背景值	1.98 ~ 33.9	0.03 ~ 0.63	0.04 ~ 4.50	—	0.25 ~ 1.19	0.04 ~ 2.21	0.01 ~ 19.97	
超标率/%	100.00	30.95	76.19	0.00	85.71	45.00	88.00	

　　表 2 数据还显示，矿区土壤中除 Cd 和 Pb 外的 5 种重金属元素均低于国家土壤环境质量Ⅲ级标准限值，Cd 的超标率为 80.95%，Pb 的超标率为 2.38%。其中 Cd 为生物非必需元素，人体若摄入大量 Cd 会引起肝肾疾病，并可能取代骨骼中部分钙，引起骨骼疏松软化而疼挛，严重者引起自然骨折。另外，Cd 有致癌和致畸等危害[10]。铅是一种有毒的金属元素，其在人体内的安全量是零，因为它几乎可以引起所有器官的功能紊乱，尤其对人体神经系统、血液系统、心血管系统、骨骼系统等产生终生性的伤害[11]，因此，该区域内土壤中 Cd 和 Pb 的污染应引起高度重视。

　　与毗邻区未开矿地区土壤重金属含量比较，矿区土壤中 7 种重金属元素含量均偏高，超标率分别为：Cd 30.95%，Cr 30.95%，Cu 26.19%，As 52.38%，Hg 57.14%，Ni 88.10%，Pb 95.24%，说明了铁矿资源的开发活动对土壤环境造成了一定程度的累积污染，其中 Ni 和 Pb 的累积污染尤重。与 2007 年江苏省土壤背景值比较，除 As 外，其他元素均高于背景值，超标率分别为：Cd 100%，Cr 30.95%，Cu 76.19%，Hg 85.71%，Ni 45.00%，Pb 88.00%。

2.2　土壤综合污染及累积综合污染超标倍数评价

　　以国家土壤环境质量Ⅲ级标准限值为评价依据，矿区 42 件土壤综合污染指数 P_N 在 1 以上（轻度污染以上）的有 7 件，所占比例为 16.67%，矿区土壤综合污染指数数据如表 3 所示；土壤 7 种重金属元素的综合污染评价如图 1 所示，生活区和废石场受到轻度污染，堆土区和左下角村落受到中度污染，其中村落附近的污染与风向有关。

表 3　某铁矿矿区土壤重金属元素综合污染指数

累积综合污染指数	矿　区		土壤污染等级
	样本数/件	百分数/%	
$P_N < 0.7$	29	69.05	清　洁
$0.7 < P_N < 1$	6	14.28	尚清洁
$1 < P_N < 2$	4	9.52	轻度污染
$2 < P_N < 3$	2	4.76	中度污染
$P_N > 3$	1	2.38	重度污染

　　以毗邻区土壤背景值为评价依据，矿区土壤重金属元素累积综合污染指数数据如表 4

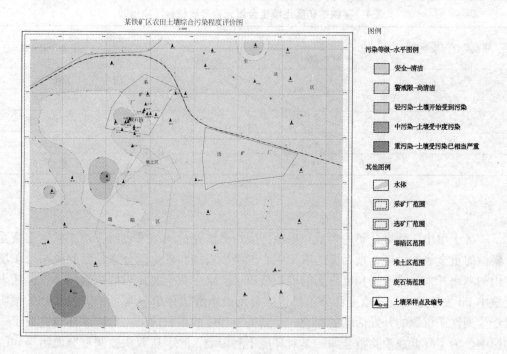

图1　某铁矿矿区土壤重金属综合污染评价图

所示，矿区42件土壤累积综合污染指数P_N在1以上（轻度污染以上）的有34件，所占比例为80.94%；矿区土壤中重金属元素的累计污染评价如图2所示，表明土壤质量已经受到铁矿资源的开发活动的影响，受到一定程度的累积污染。

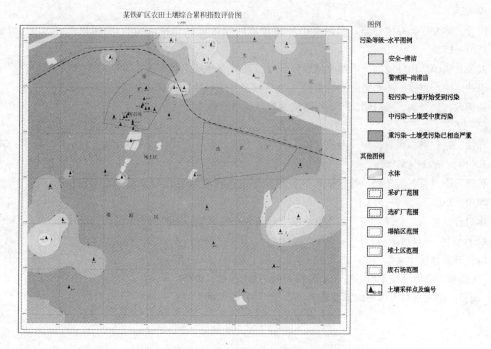

图2　某铁矿矿区土壤重金属累积污染评价图

表 4　某铁矿矿区土壤重金属元素累积综合污染指数

累积综合污染指数	矿区		土壤污染等级
	样本数/件	百分数/%	
$P_N < 0.7$	5	11.90	清　洁
$0.7 < P_N < 1$	3	7.14	尚清洁
$1 < P_N < 2$	5	11.90	轻度污染
$2 < P_N < 3$	6	14.28	中度污染
$P_N > 3$	23	54.76	重度污染

3　结论

矿区土壤中 7 种重金属的含量和单项污染指数法评价的结果表明，该铁矿区土壤受到了轻微的重金属的污染，重金属的浓集中心围绕废石场和堆土区分布，由此说明采矿场对矿山的剥离开采、排土场和废石场的堆积造成了土壤中重金属元素的积累污染，矿区表层土壤中 Cd 发生了中度和重度污染；累积综合污染指数法评价表明了矿区大部分土壤质量已经受到铁矿资源的开发活动的影响，受到一定程度的累积污染，对矿区环境造成了一定的影响。为了降低或消除重金属污染对环境不利影响，除了从源头控制重金属污染物的排放外，还应采取相应积极的措施，进行重金属污染修复，特别是选择对重金属具有特殊耐性和富集能力的植物来修复被污染的土壤。

参 考 文 献

[1] 徐友宁，何芳，陈杜斌，等. 矿山地质环境问题特点及类型划分[J]. 西北地质，2003，36：19～25.

[2] 何芳，徐友宁，乔冈，等. 中国矿山环境地质问题区域分布特征[J]. 中国地质，2010，37(5)：1520～1529.

[3] 武强. 我国矿山环境地质问题类型划分研究[J]. 水文地质工程地质，2003，5：107～115.

[4] 班铁. 中小型铁矿的污染防治对策[J]. 辽宁城乡环境科技，2002，22(2)：40～41.

[5] 高德政，周开灿，冯启明，等. 川南硫铁矿开发中的环境污染与治理[J]. 矿产综合利用，2001，4：23～26.

[6] 郭伟，赵仁鑫，张君，等. 内蒙古包头铁矿区土壤重金属污染特征及其评价[J]. 环境科学，2011，32(10)：3099～3105.

[7] 孙超，李月芬，王冬艳，等. 铁矿区复垦土壤重金属含量变化趋势及其污染评价[J]. 世界地质，2010，29(4)：569～613.

[8] 廖启林，华明，金洋，等. 江苏省土壤重金属分布特征与污染源初步研究[J]. 中国地质，2009，36(5)：1163～1174.

[9] 陈怀满. 环境土壤学[M]. 北京：科学出版社，2005：522～523.

[10] 张德荣. 金属毒理手册[M]. 成都：四川科技出版社，1985.

[11] 周云. 铅元素对人体的危害及防治[J]. 化学教育，2005：11.

塔磨机及立式搅拌磨机的细磨应用研究

严金中[1]　张应明[1]　张　毅[1]　周灵初[2]

（1. 长沙嘉格尔机械制造有限公司，长沙　410208；
2. 武汉工程大学，武汉　430073）

摘　要： 介绍了立式搅拌磨机（含塔磨机）在黑色金属矿、有色金属矿、非金属矿、纳米颗粒制备和其他行业的应用研究。立式搅拌磨机是一种高效的细磨与超细磨设备，能够有效地将物料磨细到各种细度，即 200 目、325 目、400 目、800 目、1500 目、3000 目，也能制备 –100nm 颗粒。

关键词： 塔磨机；立式搅拌磨机；细磨；应用研究

1　导言

搅拌磨机包括多种形式，即棒式搅拌磨、塔式磨、盘式搅拌磨、叶轮式搅拌磨机等[1]。立式搅拌磨机因为具有磨矿效率高、细磨与超细磨能力强、单位容积产能大、节能、占地面积小、噪声低[2,3]等优于卧式球磨机的特点，广泛用于各种物料的细磨与超细磨，越来越受到用户的青睐。

随着社会的进步，科技的发展，构成人造世界的人工材料也在不断发展，对合成材料的原料粒度要求越来越细，这需要先进、高效的细磨与超细磨设备来解决材料工业对粒度的要求，搅拌磨机的使用正当其时。

同时，在矿业方面，粗粒嵌布的矿石越来越少，细粒和微细粒嵌布的矿石越来越多，不少矿石要求磨细到 500 目、800 目甚至 1500 ~ 3000 目，才能单体解离以获得合格的精矿品位，卧式球磨机很难达到这样的磨矿细度，而采用搅拌磨机完全可以满足磨细要求。

搅拌磨机的搅拌器具有各种各样的型式，每一种搅拌器的磨细作用与功能是不一样的，分别适应于不同的物料和矿石的磨细以及其他需要[2]。

由于工业上对搅拌磨机的需求和要求越来越多，越来越高，对搅拌磨机的细磨与超细磨进行进一步的研究就非常必要。本文介绍了立式搅拌磨机对多种物料进行的细磨研究。

2　铁矿与钢渣的细磨

2.1　铁矿的细磨

对于不少铁矿山，如果磨矿细度达不到 –400 目占 95%，则精矿品位很难达到 TFe 64%[4]。普通球磨机配上旋流器分级，虽然可以达到 –400 目占 95% 的细度，但能耗大，单位容积处理量小，磨矿成本高。而采用立式搅拌磨机，很容易获得 –400 目占 95% 的细度。

某磁铁矿经过两段磨矿后细度为 −400 目占 48.5%（−200 目为 72%），经过磁选，获得粗精矿品位 TFe 48%，经过立式搅拌磨机研磨（磨矿时间 8min），细度达到 −400 目占 95%，经过磁选，获得品位 TFe 65.6% 合格的铁精矿，而作业回收率达到了 93%。

2.2 钢渣的细磨

某冶炼厂钢渣，硬度很大，粒度 2 ~ 0mm，品位 TFe 52%，采用搅拌磨机研磨 5min，磨至细度 −200 目占 65%，再磁选，获得品位 TFe 65.5% 铁精矿。

2.3 硅锰铬合金的细磨

某冶炼厂尾渣，主要成分为硅、锰、铬，粒度为 0 ~ 2mm，硬度较大，采用立式搅拌磨机磨矿 2min 后，细度达到 −200 目占 76%，经过磁选可以获得合格的产品。

2.4 冶炼铁尾渣细磨

冶炼铁尾渣主要成分是 Fe_2O_3，还含有 Au、Ag 等贵金属，这些贵重金属为微细粒嵌布，有的需要磨细到 −320 目占 95% 以上，有的要求磨细到 −500 目、−800 目，甚至 −3000 目。采用立式搅拌磨机，很容易将铁尾渣磨细到上述粒度。图 1 为某冶炼铁尾渣用立式搅拌磨机研磨 60min 时的粒度电镜照片，其中大部分粒度小于 5μm。

图 1　冶炼铁尾渣磨矿粒度照片

3　有色金属矿的粗磨与细磨

3.1 铜矿的细磨

某原生铜矿，经过球磨机磨矿选别后得粗精矿，粒度为 −400 目占 16%，不能得到合格精矿。采用搅拌磨机再磨，开路磨矿 10min，磨矿细度可以达到 −400 目占 90%。

3.2 锡矿的细磨

某原生锡矿，碎至 2 ~ 0mm，采用实验室卧式球磨机，研磨 35min，磨矿细度依然达不到 325 目。采用立式搅拌磨机研磨 12min，磨矿细度即达到 −325 目占 95%。

3.3　镍矿的细磨

某细粒嵌布镍矿，二段球磨机磨矿选别后得粗精矿，粒度为－325目占22%，不能得到合格精矿。采用搅拌磨机再磨，开路磨矿9min，磨矿细度可以达到－325目占90%。

3.4　原生金矿的粗磨

某金矿为原生金矿，经过破碎后粒度为5～0mm，采用立式搅拌磨机，磨细效果很好，如图2所示。

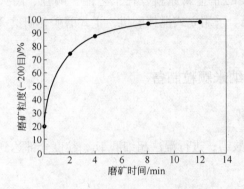

图2　金矿原矿的磨矿结果

4　非金属矿的细磨

非金属矿不仅要求磨细，而且要求不能混入其他杂质。采用特殊材质的立式搅拌磨机和特殊材质的研磨介质，既可以达到细度要求，也可以避免杂质混入。

4.1　石夹泥的细磨

块状石夹泥矿石，加水浸泡，变为细粒状，磨细至300～400目后为白色，可以作为化妆品的添加剂。采用立式搅拌磨机，湿式磨矿，研磨时间12min，粒度达到1000目。

4.2　云母的细磨

片状云母磨细至0～6μm后作为化妆品的添加剂。采用立式搅拌磨机，湿式磨矿，研磨时间25min，粒度可以达到－6μm。

4.3　膨润土的细磨

膨润土原料为块状，经过水浸泡后完全分散。采用立式搅拌磨机，研磨5min，细度可以全部达到－400目。

5　立式搅拌磨机的干式细磨

5.1　氧化铁红的干式细磨

某氧化铁红原料，粒度为－325目占46%，采用立式搅拌磨机对其进行干式细磨，研磨时间 8min，细度可以达到 −325 目占 90% 以上。

5.2　硅线石的干式细磨

某硅线石矿，粒度为 −80 目，采用立式搅拌磨机对其进行干式开路细磨，研磨时间 20min，细度可以达到 −200 目占 85%，细度和白度均优于雷蒙磨。

5.3　叶蜡石的干式细磨

叶蜡石是一种很重要的非金属原料，在工艺品、陶瓷、耐火材料、玻璃、造纸、塑料、橡胶等领域用途广泛。采用立式搅拌磨机，干式磨矿，研磨 20min 后表面积平均直径达到 3.3μm。

6　立式搅拌磨机用于纳米颗粒制备

6.1　重质碳酸钙的超细磨

对 −400 目的重质碳酸钙，进行湿法超细磨 1h，粒度全部达到 −100nm。

6.2　石墨的超细磨

对粒度为 −200 目的石墨原料，采用立式搅拌磨机，可以将其磨细到 −100nm。

6.3　立式搅拌磨机（立式砂磨机）与卧式砂磨机的比较

通过研究发现，立式砂磨机与卧式砂磨机相比，具有如下优点：
（1）立式砂磨机占地面积小，卧式砂磨机占地面积大；
（2）立式砂磨机能够连续作业，卧式砂磨机不能连续作业；
（3）立式砂磨机操作简单，作业周期短，处理量大；卧式砂磨机操作繁琐，作业周期长，处理量小，劳动强度大。

7　塔式磨机的磨矿研究

7.1　塔磨机的选择性解离磨矿研究

采用攀西某钛铁矿烧结料，干式磨矿，进行了包括塔式磨机在内的三种干式磨机的磨矿和磁选对比试验。几种磨机的磨矿产品（磨矿细度相同）分别进行干式磁选试验，结果发现，塔式磨机的磁选精矿品位居中，即塔式磨机磨矿具有部分选择性解离的功能。

7.2　塔磨机磨矿效果逊于立式搅拌磨机

在其他条件相同的情况下，对某物料进行塔磨机与立式搅拌磨机干式磨矿对比试验，结果如图 3 所示。结果表明，塔磨机磨矿效果不如立式搅拌磨机。

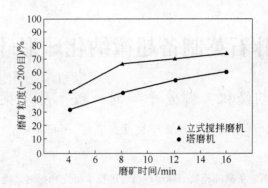

图 3　塔磨机与立式搅拌磨机干式磨矿对比试验结果

8　结论

立式搅拌磨机（含塔磨机）用于各种物料的细磨与超细磨，能够高效地获得从 200 目、400 目到 800 目、1500 目、3000 目的研磨产品粒度，特殊设计的立式搅拌磨机可以高效地制备出 −100nm 颗粒，这些都是传统球磨机、雷蒙磨、立磨机等无法做到的。不同的物料、不同的细度要求，采用的立式搅拌磨机的结构形式、研磨介质以及设备运行参数都是不一样的。

参 考 文 献

[1] 韩跃新. 粉体工程[M]. 长沙：中南大学出版社，2011：119～120.
[2] 严金中. 立式磨机的特点、功能与工业应用[J]. 中国矿业，2009，18：404～405.
[3] 严金中. 立磨机细磨重质碳酸钙的试验研究[J]. 矿产保护与利用，1999(5)：25～26.
[4] 严金中，周灵初，全永畅，等. 祁东铁矿选矿现状、存在问题与解决思路[C]//2012 年全国选矿前沿技术大会论文集. 北京：冶金工业出版社，2012：153～157.

天然脉石英制备超微纳化球形硅微粉

胡修权　　贺爱平　　周　毅　　陈　梁

（中南冶金地质研究所，宜昌　443003）

摘　要：对天然脉石英制备高纯超微细球形硅微粉进行了研究和探讨。提出以鄂东大别山区脉石英为原料，经磁选、重选、酸浸、超声水洗等工序制成高纯石英砂，再以耐磨橡胶全包覆衬里气流磨进行粉碎，通过强制循环搅拌联合离心纳磨技术制备超微纳化石英粉，采用天然气-氧气燃烧火焰法制备出非晶质率达 99.6%，球形率达 98% 以上的纳米级球形硅微粉。

关键词：天然脉石英；火焰燃烧法；超微纳化；球形硅微粉

1　引言

球形硅微粉是近几年发展起来的一种新型的非金属功能材料，具有高纯度、高介电、高真充量、低膨胀、低应力、低摩擦系数等许多优越性能，目前主要应用于集成电路的封装领域，是大规模及超大规模集成电路最为理想的优质功能填充料。我国球形硅微粉起步较晚，近两年才开始逐步产业化，而且进展迅速。但产品质量与国外相比具有明显的差距，只能满足国内部分中低端市场的需求，高端市场尤其是应用于超大规模集成电路封装领域的超微细纳化球形硅微粉全部依赖进口[1]。近年来，我国纳米 SiO_2 研究进展迅速，但几乎都是采用溶胶—凝胶法、沉积法、汽相法、微乳液法、水热法等化学方法合成[2~5]。以天然石英为原料，采用非化学法制备亚微米级硅微粉时有报道[6~10]，但对超微细及纳米化硅微粉球形化技术研究还不多见，纪崇甲[10]以 0.5 ~ 100μm 的 SiO_2 粉体为原料，采用直流电弧等离子体技术制备出微米级及纳米级球形 SiO_2。本文以某地优质脉石英为原料，通过分选提纯并超微纳化后，采用火焰燃烧法制备出纳米级球形硅微粉。

2　试验部分

2.1　原料

选取鄂东大别山某脉石英矿为原料。此矿区属热液矿床，由吕梁期花岗岩浆分离出富含 SiO_2 的热液，顺层理贯入于太古宇大别山群红安组黑云母斜长片麻岩，花岗片麻岩和角闪岩中，形成脉状石英矿体。脉体形态以简单型为主，沿走向或倾向见有膨大或缩小等现象；矿体中局部含有围岩残余体。矿石含重结晶透明颗粒，几乎全为石英组成，偶见少量白云母；矿石化学成分稳定，品质优良，适合于高端石英深加工产品。原料多元素分布情况列于表 1。

基金项目：国家科研院所技术开发研究专项资金项目（2012EG113175）；湖北省科技支撑项目（2012BAA13005）。

表1 鄂东某脉石英中多元素分布情况（质量分数）　　　　（%）

元素	Al	Ti	Fe	Ca	Mg	K	Na	Mn	Cu	Zn	Cr	Li	总和
含量	177×10^{-4}	8.4×10^{-4}	18×10^{-4}	7×10^{-4}	10×10^{-4}	49×10^{-4}	38×10^{-4}	7.0×10^{-4}	4×10^{-4}	2×10^{-4}	0.4×10^{-4}	1.7×10^{-4}	322.5×10^{-4}

2.2 制备原理及工艺方法

2.2.1 制备原理

硅微粉的球形化主要是包括硅微粉体的熔融和颗粒表面收缩形成球形体两个过程，在高温火焰燃烧法工艺中这两个过程是同步完成的。在火焰法球形化硅微粉的过程中，火焰温度达 1600℃ 以上，加热速度达到了 10^4 m/s，微细的石英粉经过这一高温场时，来不及发生一系列晶相转化，便直接被熔融为 SiO_2 高温熔体。高温熔体再经过骤冷却工艺（冷却速度达到 $10^3 \sim 10^4$ m/s），根据能量最小化原理，熔融体迅速收缩变为能量最小、最稳定的球形体。

2.2.2 工艺方法

将脉石英首先破碎到 50mm 左右，经高温水淬后进行球磨，然后采取多级磁选—重选—反浮选—酸浸—水洗等联合工艺，制成高纯石英砂；以内衬耐磨材质流化床气流磨进行前期粉碎；再以一种强制循环搅拌磨联合离心循环研磨，组成封闭的循环研磨系统，对气流粉体进行超微细纳化处理；最后进行火焰球化。

3 结果与讨论

3.1 石英相图分析[11]

石英的化学组成是 SiO_2，在加热或冷却过程中产生复杂的相间变化，图1为石英的系统相图，给出了各石英晶型变体的稳定范围，以及各变体之间的晶型转换关系。图中实线部分将相图分成六个单相区，分别表示 α-石英、β-石英、β-鳞石英、β-方石英、高温熔体以及 SiO_2 蒸汽等六个热力学稳定态存在的相区。每两个相区之间的界线代表了系统中的二元相平衡状态。每三个相区交汇的点是三相点，在图中存在四个三相点，如 M 点表示了 α-石英、β-石英和 SiO_2 蒸汽三相平衡共存的三相点，O 点为 β-方石英、高温熔体和 SiO_2 蒸汽三相点。

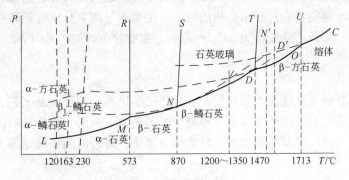

图1 石英系统相图

根据多晶转变时的速度和晶体结构产生的变化不同，可将石英变体之间的转变分为两类：一类是 β-石英、β-鳞石英、β-方石英之间的结构差异较大，转变时形成了新的结构，转变速度慢，体积变化明显，称为重建性转变；另一类是同系列之间如 β-鳞石英、β₁-鳞石英、α-鳞石英之间的转变，各个变体之间的结构差异小，转变速度快，称为位移性转变。对于速度不是特别缓慢的平衡加热或冷却，往往在 β-石英、β-鳞石英、β-方石英之间的转变来不及完成时，就会产生一系列的介稳状态，如图中虚线标识。

在火焰法球化硅微粉的过程中，由于加热速度很快，石英来不及转化为 β-鳞石英而直接成为 β-石英的过热晶体，这种处于介稳状态的 β-石英一直保持到 $1600℃$（N' 点）并直接熔融为过冷的 SiO_2 高温熔体，故 NN′ 实际上是过热的 β-石英的饱和蒸汽压曲线，反映了过热的 β-石英与 SiO_2 蒸汽二相之间的介稳平衡状态。而在骤冷过程中，由于冷却速度非常快，高温的 SiO_2 熔体就可不在 $1713℃$ 结晶出方石英，而是形成无定态的非晶态二氧化硅粉。

3.2　高纯石英砂制备

石英砂的制备总体工艺路线：原矿石→多级破碎→高温焙烧→水淬→研磨→分级→重选→多级磁选→酸洗→纯净水洗→烘干→检验。

首先，将原料块石制成 30～50mm 小块料，放入 900℃ 左右高温炉中焙烧 30～60min，再投入冷水中；进入球磨机进行研磨，通过调节研磨介质与矿浆之比、研磨时间，控制研磨产品中 50～150 目粒级达 75% 以上；经摇床擦洗后进行弱磁—强磁磁选，弱磁场强度 1000Gs 左右，强磁场强度平均 15000Gs；以（HCl + HF）混合酸洗，控制混合酸比例 HCl：HF：H_2O 为 0.25：0.15：1，于 70～80℃ 动态浸取 3～5h；经超声波纯净水清洗至中性，以电导率仪检测洗涤水与原水的电导率一致；烘干后于 950℃ 30min，使砂中残余水和高温易挥发物跑掉，进一步提高纯度。经过这些工序之后，石英砂的纯度 SiO_2 含量可达 4N 以上，其中 Al、Fe、Na、K、Ca、Mg 等十多项杂质含量之和小于 30×10^{-4}%。

3.3　超细粉碎

超细粉碎是以高纯石英砂为原料，首先应避免在粉碎加工过程二次污染物的引入，对产品纯度产生不利影响；其次要较好地控制产品粒度，使之分布均匀。根据石英质硬性脆的特点，选择非机械研磨的流化床气流粉碎机进行超细粉碎。机组配套采用全封闭式耐磨进口橡胶衬里，关键部件采用一种高硬度非金属复合耐磨陶瓷整体铸造成型，压缩空气经过至少三道过滤，避免粉碎过程中杂质的混入。主要通过调节分级叶轮转速及进料速度来控制产量和粒度。制备产品粒径为 6.5μm 左右，粒度分布均匀，见图 2。

3.4　超微纳化

采用一种新型强制循环搅拌磨机组，联合超微纳化离心循环研磨工艺，能有效地使石英粉纳米化。设备配套采用耐磨聚氨酯橡胶全封闭衬里，采用一种掺钇耐磨复合非金属陶瓷球为研磨介质。通过调节料浆浓度、料浆与介质比、研磨时间、转速等工艺参数，获得所需粒径产品。

控制浆料浓度 50%～60%、介质与料浆按 1：1（体积比）、转速 185r/min。当搅磨

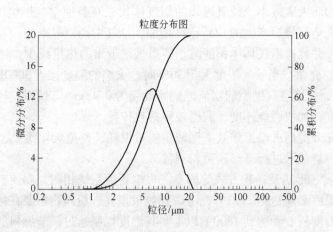

图 2　气流粉碎产品粒度分布图

3h + 纳磨 1h 时，粒径达 1μm 以下，随着纳化研磨时间的进一步延长，粒子尺寸进一步减小；当纳磨时间为 3h 时，粒径达 0.2μm 以下。

经纳化后的粉体具有很高的反应活性，与水的结合能力大大加强，经观察，将纳化粉体放入纯水中搅拌均匀，静置 60 天，不见明显分层。

3.5　球形化

3.5.1　球形化影响因素分析

球形化效果的好坏与诸多因素有关，石英粉的初始粒度分布、火焰温度和形状、燃烧特性、送粉速率及送粉方式、冷却方式等因素对球形化效果都有影响。

（1）粒度影响。通过比较，对于相同质量的粉体，在火焰燃烧工艺、送粉速率等其他参数相同的条件下，球形化过程中所能吸收的热量与粒子直径成反比。颗粒粒径越小，其比表面积越大，火焰温度场传递给该粉体原料的热量相对就越多。其次，粉体的熔化温度与它的粒径有关，粒径越小，其熔点越低。颗粒的熔融、球形化需要的时间与颗粒的直径成正比，颗粒越大，熔融需要的时间越长；反之，颗粒越小，熔融及球形化速度越快。

粒度分布不均会对球化效果产生不良影响。如果粉体中有过多大颗粒存在，为了保证所有颗粒都熔化，就需要提高温度延长时间，这样一来，小颗粒在球形化过程中很容易因为"过热"而率先熔融并发生汽化，当汽化的小颗粒飞行过程中碰到大颗粒时，就会黏附在大颗粒表面。

此外，颗粒形状对球形化率的影响也很大，颗粒长径比越小，越接近 1∶1，球形度就越高；反之，长径比越大，球形度就越低。

（2）燃烧特性。从结晶石英粉变为非晶态球形粉过程是在高温状态下非常短的时间内完成的，要使这个过程产生较好效果，同时又要防止燃烧不完全造成燃料损失和炭化污染，就要有效地提高热效率，最好的方法是提高助燃气体的浓度，选择在富氧状态下燃烧。富氧助燃技术能够降低燃料的燃点、加快燃烧速度、促进燃烧完全、提高火焰温度、减少燃烧后的烟气量、提高热量利用率。

一般天然气与空气的燃烧中，约 70% 体积的废气是氮气，而其与氧气的燃烧中废气的体积因氮气的去除而大大减小，纯氧燃烧的烟气体积只有普通空气燃烧的 1/4；同时，燃料在富氧状态下完全燃烧后产生的 CO_2 浓度增加，烟气中高辐射率的 CO_2 和水蒸气可促进炉内的辐射传热，并且排出气体体积的减小使得烟气带出的热量减少，增加了炉窑的热效率。据文献 [12] 介绍，当氧气浓度大于 80% 时，火焰的温度接近 3000K，层流燃烧速度增大到近 3m/s，而普通空气助燃的层流燃烧速度仅为 0.45m/s。所以，通过富氧助燃可以大大提高燃烧强度，加快燃烧速度，获得较好的热传导。

因此，为了充分提高火焰工作效率、减少能量损耗、避免炭化污染，以天然气为燃料气体，采用富氧燃烧技术进行球形硅微粉制备。

（3）火焰温度、形状及送粉方式等因素。根据石英系统相图，要使石英晶体完全处于熔融状态，理论温度必须达到 1723℃，考虑到热量损耗、粉体物料要在尽量短的时间内全部熔融等因素，温度一般要达到 1800℃ 以上。其温度控制通过调节燃料气与助燃气体的比例以及流量来完成，经过实际效果进行调节最佳配比。

与此同时，火焰形状及送粉方式对球形化影响也至关重要。为了保证粉体进入火焰后，在有效的高温焰流区行走过程中有足够时间熔融，采用微粉与焰流同向的轴向送粉方式；此外，由于地球引力作用，粉体重力向下，为了保证粉体与焰流同向同轴，采用倒焰燃烧器，而不采用传统的粉体与火焰垂直或者成一定角度的送粉方式，这样能最大限度地增加粉体在火焰中的行程，延长粉体在焰流中的飞行时间，确保非晶态完全化。粉体颗粒通过载气流动产生负压将微粉运送到燃烧器内。

（4）冷却方式。在有限的高温焰流区被短时间内熔融后，粉末会迅速飞离焰区，熔融、软化的粒子润湿性能好，黏度大，若不及时将其迅速冷却，不但会相互胶黏结块，而且容易附着在炉体内壁上形成"结瘤"。因此，应采取骤冷方式使熔融后的微小粒子迅速冷却并捕获。燃烧器内温度很高，采用一般的冷却方式不能满足要求，须采用特殊装置的冷却器才能达到有效效果。目前，较好的方法是在燃烧器下方安装一套空气直冷却装置，让洁净的冷空气直接进入与飞行的熔融粉末直接接触并进行热交换，同时对炉壁安装夹套水冷装置。

3.5.2　球形粉体制备

制备流程：同时开启吸引式鼓风机、送风鼓风机→向球化炉内通入经过滤的冷却空气→通入助燃气及燃料气体，通过流量调节来控制温度→通入载气喷送粉末至燃烧器进行熔融并球化→调节空气补给口风量，使袋滤器温度 <180℃→旋风收集、袋滤器除尘→产品。

3.5.3　产品性能表征

（1）扫描电镜分析。经过扫描电镜分析，粉体粒子几乎都为标准的球形，球化率达 98% 以上；部分颗粒处于团聚状态。图 3 为纳化粉末球化前后的 SEM 照片，明显看出球化后粒子粒径进一步减小。

（2）X 衍射分析。经中科院上海硅酸盐研究所无机材料分析测试中心进行检测，结果显示：非晶质 SiO_2：99.6%；晶质 SiO_2（α-石英）：0.4%。

图 4 为 XRD 图谱，在 $d = 3.3400$ 处有一极微小的衍射峰，在 $d = 4.1425$ 处出现弥散衍射峰，证明此粉末为非晶态硅微粉。

（3）其他指标。对球化粉末的纯度及电导率、比表面积等理化指标进行检测，结果列于表 2。

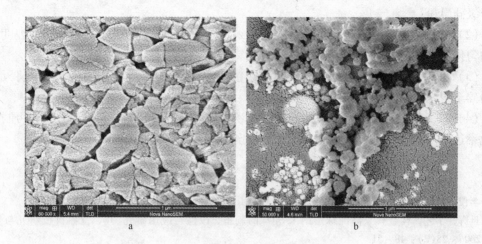

图 3　纳化石英粉末粒子球化前后 SEM 照片

a—球化前；b—球化后

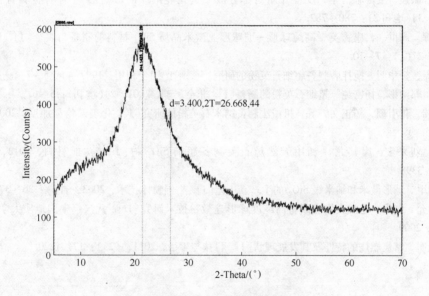

图 4　球化粉末 XRD 结构分析图谱

表 2　球化粉末有关理化指标

项目	水分/%	化学元素/%								物理指标		
		Al	Ca	Fe	K	Mg	Na	U	Cl$^-$	EC/μS·cm^{-1}	比表面积/m^2·g^{-1}	白度
数值	0.035×10^{-2}	185×10^{-4}	3×10^{-4}	5.8×10^{-4}	13×10^{-4}	0.8×10^{-4}	6.4×10^{-4}	12.9×10^{-7}	0.34×10^{-4}	0.55	152	98

注：结果分别由国土资源部武汉矿产资源监督检测中心、中南冶金地质测试中心提供。

4　结论

（1）鄂东大别山区天然脉石英岩品质好，纯度高，适合进行深加工制备高纯石英砂及电子级硅微粉。

（2）采用耐磨橡胶材料衬里全封闭流化床气流磨制备硅微粉，可满足产品高纯度和粒度均匀化要求。

（3）采用一种强制循环搅拌磨机联合离心超微纳化工艺，可以通过机械方法将天然石英粉碎至纳米级。

（4）以天然气—氧气燃烧火焰提供高温场，采用垂直倒焰燃烧和骤冷方式，可制备球形化率达98%以上、非晶质率达99.6%超微纳化硅微粉。

参 考 文 献

[1] 李俊，蒋述兴. 球形硅微粉的制备现状[J]. 佛山陶瓷，2012，(11)：35～39.

[2] 旦辉，丁艺，林金辉. 高纯球形纳米 SiO_2 的制备、改性与应用研究[J]. 世界科技研究与发展，2006，28(2)：48～51.

[3] 孙立国，赵冬梅，玄立春，等. 二氧化硅微球的制备及自组装[J]. 黑龙江大学自然科学学报，2012，29(1)：99～105.

[4] 刘玲，徐强，王富耻，等. 反应介质对单分散二氧化硅微球的影响[J]. 稀有金属材料与工程，2009，38(增刊2)：780～782.

[5] 林金辉，周世一，康秀英. 高纯球形—准球形亚微米晶质 SiO_2 材料的制备与表征[J]. 矿物岩石，2007，27(1)：7～10.

[6] 邱冠周，杨华明. 搅拌磨制备超细石英粉的研究[J]. 矿产综合利用，1997(4)：5～7.

[7] 张德，郭帅彬，杨密纯. 超细石英粉的制备[J]. 非金属矿，2001，24(增刊)：5～6.

[8] 王瑛玮，蒋引珊，杨正文，等. 机械法制备纳米石英粉体研究[J]. 化工矿物与加工，2004，(12)：1～4.

[9] 谈高，刘来宝，廖其龙. 利用天然脉石英制备超细 SiO_2 粉[J]. 功能材料，2012，43(24)：3340～3398.

[10] 纪崇甲. 球形微米和纳米级 SiO_2 的生产新工艺[J]. 中国粉体技术，2003，9(1)：36～37.

[11] 靳洪允. 氧气—乙炔火焰法制备高纯度球形硅微粉技术研究[D]. 武汉：中国地质大学（博士论文），2009.

[12] 范礼明. 富氧燃烧的特性及其发展现状[J]. 科技与生活，2011，(23)：177～220.

宜昌石榴石—矽线石矿资源综合利用工艺研究

贺爱平　周　毅　胡修权　刘云勇　杨宏伟

（中南冶金地质研究所，宜昌　443003）

摘　要： 宜昌石榴石—矽线石矿资源开发中，目前仅回收了石榴石，矽线石随尾矿丢弃；且回收的石榴石精矿基本作初级磨料利用，未进一步深加工形成高附加值产品。根据矿石特性，在初级磨料生产的基础上，进行了石榴石精矿重选—强磁选—酸浸提纯—超细粉碎分级生产微粉、强磁选—浮选—酸浸回收矽线石工艺研究，获得了石榴石≥85%初级磨料+石榴石≥99%超细微粉+Al_2O_3≥57%一级矽线石精矿的产品方案，为该资源综合利用提供了依据。

关键词： 综合利用；石榴石微粉；矽线石高级耐火材料

宜昌有丰富、优质的石榴石—矽线石矿资源，正在开发的两个矿床为兴山县水月寺老林沟石榴石矿和紧邻的夷陵区彭家河石榴石矿，均达到中型规模，总资源量在一千万吨以上；其中伴生的矽线石矿资源量约70万吨。宜昌石榴子石属铁铝榴石，纯度高、硬度大，是优质的天然研磨及切割介质，广泛应用于木材、石材、玻璃、钢制品的研磨抛光和水刀切割，以及船舶、飞机等的喷砂除旧抛光。石榴石作磨料，研磨效率高、磨件光洁度高、砂痕少而浅、磨面细而均匀、加工质量好、价格低廉，且不产生游离SiO_2、环保。石榴石还可用作建筑材料：高级工业地坪、净化水质的过滤介质、机场跑道和高速公路的建筑骨料[1]。伴生矽线石矿物纯度高，是优质的高级耐火材料。

对重选获得的石榴石精矿进行提纯、超细粉碎及分级，获得了石榴石≥99%的320~600号各级合格微粉；对重选尾矿强磁选—浮选—酸浸处理，获得了Al_2O_3≥57%一级矽线石精矿的产品，从而实现集约化高效利用。

1　矿物组成与嵌布特征[2]

矿石中的有用矿物主要是石榴石、矽线石。伴生矿物为蓝晶石、十字石、黑云母、白云母、斜长石、石英、金红石、磷灰石、绿泥石、斜方辉石等。金属矿物见有磁铁矿、钛铁矿、磁黄铁矿及褐铁矿等，各矿物含量及粒度见表1。

表1　矿石矿物组成表

矿物名称	含量范围/%	平均含量/%	一般粒度/mm
石榴石	15~70	42.4	3~5
矽线石	<1~25	6.6	$0.01×(0.05~0.1)×0.5$
蓝晶石	0~10	1.3	0.3~1.0

基金项目：科技部科研院所技术开发研究专项资金项目（编号：2009EG113044）；冶金部技术开发研究专项资金项目（1996~1997）。

续表1

矿物名称	含量范围/%	平均含量/%	一般粒度/mm
十字石	0～15	4.1	0.1～1.0
黑云母	3～15	5.2	0.1～0.5
白云母	1～20	8.7	0.1～0.6
石英	15～40	24.1	0.1～2.0
斜长石	0～15	2.1	0.1～1.0
金红石	<1～3	1.0	0.02～0.06
钛铁矿	<1～3	2.0	0.01～0.04
斜方辉石	0～3	0.5	0.3～0.6
绿泥石	<1～8	1.0	0.1～0.6
其他	<1	1.0	0.01～0.1
合计		100	

石榴石在矿石中分布不均匀，含量为15%～70%。以变斑晶形式产出，粗粒凸出于矿石表面，或稀疏分布，或密集成石榴石团块，或呈条带状分布，或与石英颗粒相互包容成港湾状。石榴石粒度范围自0.1～12mm，一般3～8mm。

肉眼观察石榴石为红褐色、红棕色，微带紫色、也有灰色甚至紫黑色的。半透明至不透明，金刚光泽。晶形以半自形为主，个别见四角三八面体的完好晶体（图1、图2）。

图1　粗粒石榴石其间有白色矽线石分布　　　图2　石榴石矿石（石榴石有时聚集成团块）

石榴石晶形多不完好，边界浑圆、形态复杂、裂纹发育，常见一组垂直于片理。产于由云母、矽线石、十字石、蓝晶石等组成的片理间，片理不与石榴石相交而在其周围环绕（图3、图4）。

石榴石中含有大量包裹体，包裹体矿物为钛铁矿、磁铁矿、金红石、石英、矽线石、蓝晶石、黑云母等。主要包体为石英、金红石和钛铁矿，合计占包体的90%以上。金红石、钛铁矿的包裹体比较细小，一般0.01～0.05mm，呈乳滴状。石英包体比较粗，粒径0.1～0.3mm，形态也非常复杂，多为港湾状、蠕虫状。石榴石中的包体分布还具有一定规律性，或成定向排列，并同片理方向一致，形成残缕构造。

矽线石肉眼观察为灰白色，弯曲纤维状集合体或呈针柱状，常围绕石榴石、石英等矿物粒间分布。镜下为无色透明，结晶大者呈长柱状、针状、纤维状、常集合成"木筏"

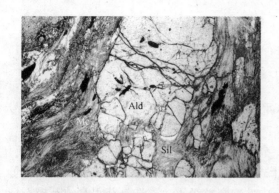 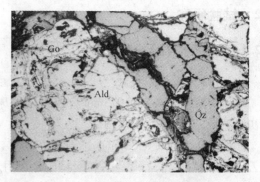

图3　石榴石矿显微镜照片/薄片/单偏光　54×　　图4　石榴石矿显微镜照片/光片/单偏光　80×
　　　Ald—铁铝榴石；Si1—矽线石；Mc—云母　　　　　　Ald—铁铝石榴石；Qz—石英；
　　　　　　　　　　　　　　　　　　　　　　　　　　Go—沿裂隙的次生氧化物（针铁矿）

状、束状、毛发状与云母、细粒石英、蓝晶石等紧密共生（图5）。矽线石粒度0.01×
0.05mm至0.1~0.5mm，分布不均匀，含量<1%至25%，平均6.6%。矽线石扫描电镜
分析结果见表2，可以看出本区矽线石的化学组成与理论成分接近。

图5　矽线石（黄色）、针柱状结晶集合成木筏状绕行于石榴石（黑色）/照片/正交偏光　27×

表2　矽线石扫描电镜分析结果表　　　　　　　　　　　　（%）

编号	矿物	SiO_2	Al_2O_3	MnO	CaO	K_2O	Na_2O	TiO_2	FeO
B-1	矽线石	36.50	62.85	—	0.16	0.03	0.03	0.38	0.05
B-2	矽线石	36.30	63.02	0.01	0.09	0.06	—	0.32	0.2
B-3	矽线石	35.78	63.69	—	0.38	0.15	—	—	—

　　石英产出粒度0.1~2.0mm，含量24.1%。他形粒状相互镶嵌组成条带分布于石榴
石、云母、矽线石间，港湾状、蠕虫状被石榴石、蓝晶石、十字石等包裹；石英常呈较粗
大集合体同石榴石相互构成细条纹状、条带状构造，有的石英集中成大小不等的集块，有
的成短脉状产于矿层中。

　　黑云母粒度0.1~0.6mm，含量5.2%。片状，与矽线石、白云母交错丛生，沿边缘
及裂隙充填交代石榴石，被叶片状绿泥石交代。经风化向水黑云母过渡。

2　试验研究

2.1　高纯石榴石微粉制备[3]

2.1.1　石榴石提纯

原矿磨至 55% -0.075mm 分级进入摇床重选，获得石榴石矿物含量 ≥85% 的各型号初级磨料，矽线石进入尾矿。

选取 0.10 ~0.038mm 重选石榴石精矿，窄粒级分级进入细沙摇床精选，剔除石英、云母、十字石、长石等；各粒级精矿分别用干式辊式强磁选机再精选，除去钛铁矿、云母等；精矿用 20% 硫酸浸泡 2h 后自来水清洗至中性。窄粒级重、磁选是获得高纯石榴石精矿的关键，酸洗是除去痕迹铁和裂隙铁的必要手段。试验结果见表 3。

表 3　石榴石提纯试验结果　　　　　　　（%）

产 品 名 称	产 率	石榴石含量	回 收 率	
			作 业	原 矿
终精矿（-0.1+0.038mm）	18.04	99.51	98.52	42.24
磁精（-0.1+0.038mm）	18.36	99.24	91.15	42.87
摇精（-0.1+0.038mm）	20.57	97.18	92.30	47.04
初级磨料（全粒级）	44.11	86.20	89.47	89.47
尾矿（全粒级）	55.89	8.01	10.53	10.53
原 矿	100.00	42.50	10.00	10.00

2.1.2　石榴石超细粉碎

采用气流粉碎机粉碎加旋风分级，对超纯石榴石精矿进行超细粉碎和分级。气流粉碎机是通过物料自身碰撞实现破碎的，作业中无二次污染；产品粒形好、均匀；设备生产能力大、易于规模化生产。试验产品用激光粒度仪主检、显微镜配合检测，获得了 FEPA 标准 320 号、400 号、500 号、600 号（或国家标准 W28、W20、W10、W5）的合格产品，天津市第二光学仪器厂等多家单位试用后均表示，在同类型产品中，本产品性能较好。

2.2　矽线石综合回收研究[4]

2.2.1　试样性质

试样采自选厂生产石榴石初级磨料的尾矿，其中矽线石矿物含量 22.39%、Al_2O_3 20.42%（表4），介于工业与边界品位之间，铁铝榴石含量仍达 14.80%，可进一步回收。主要矿物单体解离度见表 5。

表 4　试验样品中 Al_2O_3 的配分计算结果　　　　（%）

矿 物 名 称	矿物含量	矿物 Al_2O_3 含量	矿石中各矿物之 Al_2O_3	
			Al_2O_3	配 分
长 石	2.56	19.5	0.35	1.78
黑云母	3.48	22.82	0.46	2.35

矿 物 名 称	矿物含量	矿物 Al_2O_3 含量	矿石中各矿物之 Al_2O_3	
			Al_2O_3	配分
绢（白）云母	4.49	28.04	1.12	5.71
铁铝榴石	14.80	15.60	2.89	14.73
石英、角闪石等	52.82	1.31[①]	0.67	3.41
矽线石	22.39	62.85	14.13	72.02
合 计	100.00	20.42[②]	19.62	100.00

① 推算值；② 化验值。

表5 石榴石、石英、矽线石单体解离度

粒级/mm	矿物名称	单体数/个	连生体数/个		单体及合成单体数总计	解离度/%
			连生体数	折合成单体数		
+0.5	石榴石	1	9	20	21	4.69
	石 英	3	92	31	32	3.13
	矽线石	—	—	—	—	—
-0.5 +0.25	石榴石	1	1	1	2	50.00
	石 英	17	47	16	33	51.52
	矽线石	—	—	—	—	—
-0.25 +0.1	石榴石	8	2	4	12	68.85
	石 英	15	4	9	24	62.50
	矽线石	13	18	9	22	59.09
-0.1 +0.074	石榴石	16	1	1	17	94.12
	石 英	32	8	10	42	76.19
	矽线石	22	12	8	30	73.33
-0.074 +0.043	石榴石	5	—		5	100.00
	石 英	35	6	1.5	36.5	95.89
	矽线石	27	6	4.5	31.5	85.71
-0.043 +0.03	石榴石	6	—		6	100.00
	石 英	33	1	0.25	33.25	99.25
	矽线石	33	1	0.75	33.75	97.77
-0.03	石榴石	22	太细很难发现连体	太细很难发现连体	22	100.00
	石 英	47				
	矽线石	30				

2.2.2 矽线石回收试验

试验流程见图6。进行了两个试验方案对比：一是试样经磁选石榴石后进行磨矿，然后浮选矽线石；二是磁选石榴石后进行磨矿，再进行强磁选进一步抛出石榴石、云母、角闪石后进行矽线石浮选。

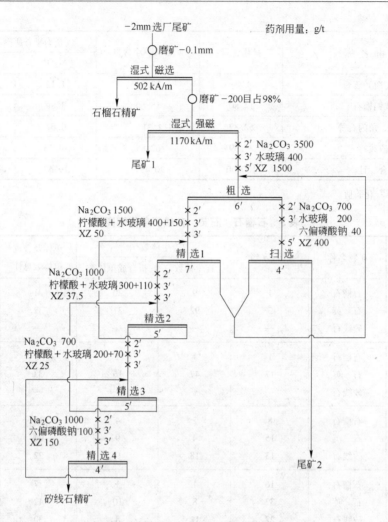

图 6　磁选除杂—浮选矽线石试验流程

磨矿后不经过第二磁选除去角闪石等深色矿物，获得的矽线石精矿含矽线石只有74.33%，和磨矿后磁选方案相比低 11% 左右，二者差值较大，且前者没有获得合格矽线石精矿，而回收率基本相当，均在 46% 左右，揭示了磨矿后磁选进一步降杂的必要性。最终确定以图 6 所示流程回收尾矿中的矽线石。

2.2.3　矽线石精矿酸洗

将矽线石精矿按固液比 1:5 加入到由氢氟酸、盐酸和水的混合液（三体积 1.5:1.0:7.0）中进行搅拌浸洗，作业温度 80℃、时间 4h。酸浸完毕后，再以 2% 的盐酸洗涤至无 Fe^{3+}，用水洗涤至中性。酸浸后的矽线石精矿的化学成分分析见表 6，重量损失率11.38%，矽线石酸洗作业回收率 90.94%，矽线石综合回收率 51.83%。

表 6　精矿多元素分析结果　　　　　　　　　　　（%）

元素	Al_2O_3	SiO_2	K_2O	Na_2O	CaO	MgO	Fe_2O_3	TiO_2	矽线石
含量	57.62	38.71	0.12	0.023	0.00	0.07	0.84	0.13	90.97

2.2.4 矽线石综合回收技术关键

获得高品位和较高回收率矽线石精矿的关键，一是磨前磨后强磁选，尽可能多地剔除石榴石、角闪石、云母、角闪石、蛭石等对矽线石精矿质量影响大、而可浮性又与矽线石相近的矿物；二是细磨入选的同时解决好矿泥问题，矿泥含量高，对矽线石浮选影响极大，若脱泥，则矽线石损失很大，故合理的矿泥分散药剂制度很重要；三是适宜的选别温度（26℃），可以在较低捕收剂用量条件下获得理想的回收率；四是根据物料性质突破常规，采用不同的精选条件。

3 矽线石精矿耐火度试验

按 GB/T 7322—2007 方法测定矽线石精矿耐火度为 1790℃。

4 技术经济效益分析

选厂处理原矿石 30000 吨/年，选矿比为 3，每年产生含矽线石 22% 左右的尾矿 20000t。新建回收矽线石生产线后，可年产矽线石精矿产品 2000t（扣除了生产与实验室试验间的回收率差），回收石榴石精矿 2600t。仅就该项，选厂年增加净利润 300 万元；若进行超纯微粉生产，不仅改善了产品结构、拓宽了市场，还会再增加新的利润增长点。

5 结论

宜昌的石榴石矿中伴生的矽线石品质好但嵌布粒度细，采用科学合理的工艺技术，可以回收价值不菲的优质矽线石高级耐火材料，同时再回收一部分石榴石精矿；若将部分石榴石粗精矿进行超纯、超细加工，生产高附加值的石榴石微粉，则可进一步拓宽企业的产品市场，创造出新的利润增长点。

参 考 文 献

[1] 姚敬劬，等. 宜昌市矿产资源[M]. 武汉：中国地质大学出版社有限责任公司，2012.
[2] 刘云勇，等. 湖北省宜昌市夷陵区彭家河矿区石榴子石矿详查报告[R]. 宜昌：中南冶金地质研究所，2012.
[3] 贺爱平，等. 石榴石提纯与超细粉碎工艺技术研究[R]. 宜昌：中南冶金地质研究所，1997.
[4] 贺爱平，等. 石榴石矿中矽线石的综合回收技术研究报告[R]. 宜昌：中南冶金地质研究所，2013.

大厂班塘尾矿的工艺矿物学研究

彭光菊　覃朝科　夏　瑜

（中国有色桂林矿产地质研究院有限公司，桂林　541004）

摘　要：研究显示，班塘尾矿具有回收硫、锡、铅、锌、锑、银、砷的潜在价值，这些元素主要分别以黄铁矿、磁黄铁矿、毒砂、脆硫锑铅矿、闪锌矿、锡石矿物晶屑的形式存在，具有选矿回收的可能。尾矿中的岩屑主要分布在 +1.41mm 粒度段，可作为建材回收。影响岩屑、晶屑选矿回收的工艺矿物学因素主要为泥质，其次为残留的选矿药剂、炭质以及目标矿物的粒度细小。

关键词：尾矿；污染；晶屑；岩屑；渣屑；资源化

　　大厂矿田的开发为我国国民经济的发展做出了重大贡献。但由于各种原因，矿田遗留的大量尾矿对环境产生了严重污染[1~4]，班塘尾矿库为该矿田对环境有重金属污染的尾矿库之一。本研究拟通过对该库尾矿的工艺矿物学研究，为该尾矿库尾矿的减量化路线设计提供依据。

1　样品的代表性与分析测试

1.1　样品的代表性

　　研究用样品由广西南丹县三鑫环境治理有限公司提供。对该公司提供的大样进行缩分，获取化学分析样、筛析样、岩矿鉴定样与副样。

1.2　样品分析测试

　　样品的光谱分析、化学分析以及能谱测试由有色金属桂林矿产地质测试中心进行；岩矿鉴定由具地质实验测试（岩矿鉴定）乙级资质的中国有色桂林矿产地质研究院完成。其中矿物含量采用显微镜下面积法定量测定，矿物粒度为图像分析仪下定向测得的矿物工艺颗粒的最大截距。

2　化学成分

　　样品的光谱半定量分析结果见表 1，多元素分析结果见表 2。

表 1　原尾矿的光谱分析结果　　　　　　　　　　　　　　（%）

元素	Cu	Pb	Zn	Ag	Co	Ni	V
含量	300×10^{-4}	2000×10^{-4}	1100×10^{-4}	$>5 \times 10^{-4}$	10×10^{-4}	40×10^{-4}	70×10^{-4}

基金项目："广西特聘专家"专项经费资助。

元素	Ti	Mn	Cr	W	Sn	Mo	As
含量	500×10^{-4}	2000×10^{-4}	30×10^{-4}	3×10^{-4}	$>200 \times 10^{-4}$	5×10^{-4}	$\gg 1000 \times 10^{-4}$
元素	Sb	Bi	Cd				
含量	$\gg 1000 \times 10^{-4}$	10×10^{-4}	100×10^{-4}				

光谱定性检验结果

元素	Fe_2O_3	Al_2O_3	CaO	MgO	SiO_2	
含量	>10	10	2	0	30	

表2 原尾矿的多元素化学分析结果 （%）

元素	Pb	Zn	Sn	Fe	S	Sb	As	Cu	Cd	Ag
含量	0.98	0.66	0.2	31.22	28.28	0.61	3.38	0.038	0.0046	46.72×10^{-4}

以上分析表明，样品中锡、铅、锌、锑及铁、硫、砷、银含量较高，根据 DZ/T 0210—2002、DZ/T 0201—2002、DZ/T 0214—2002[5] 及 GB/T 25283—2010[6]，该尾矿具有回收硫、锡、铅、锌、锑及银的潜在价值；砷含量达3.38%，必须高度重视。

3　物质组构特征

样品为晶粒结构、隐晶质结构，散粒状—粉末状构造。按粒度大小可分为砾、砂、泥质。样品粒度分布见表3。

表3　原尾矿样的粒度分布

编　号	BT-002	BT-003	BT-004	BT-005	BT-006
粒度段/mm	$+1.41$	$-1.41 \sim +0.25$	$-0.25 \sim +0.075$	$-0.075 \sim +0.038$	-0.038
产率/%	24.06	9.69	27.52	24.81	13.93

样品的物质组成较复杂，按物质成分可分为无机的岩屑、矿物晶屑、泥质、铁屑，有机的草屑、昆虫以及"渣屑"。

3.1　岩屑

岩屑主要为石英岩岩屑、硅质岩岩屑、泥质岩岩屑，少量石英砂岩岩屑、云英岩岩屑、碳酸盐岩岩屑（见图1、图2），次棱角状，粒径在5cm～0.05mm，主要分布于 +1.41mm 粒级中。

偶见泥质岩岩屑中含少量黄铁矿、云英岩岩屑含少量金属矿物外，绝大部分岩屑中金属矿物含量甚微，+2.0mm 粒级段岩屑（含非金属矿物晶屑）的多元素化学分析显示，其S、As、Sn、Fe含量分别为0.40%、0.10%、0.15%、4.85%。岩屑含量约占18%。

3.2　矿物晶屑

矿物晶屑以黄铁矿、磁黄铁矿、石英、云母晶屑为主，其次为毒砂、电气石、褐铁矿、碳酸盐矿物、黄玉，少量脆硫锑铅矿、闪锌矿、锡石以及微量黄铜矿等。矿物晶屑含

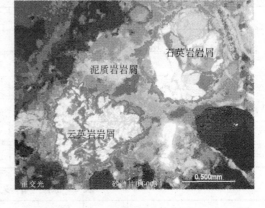

图 1　+1.41mm 粒级段尾矿　　　　　　　图 2　显微镜下的岩屑

量约 65%，其中金属矿物晶屑约占矿物晶屑总量的 68%。

矿物晶屑的粒径变化较大，分布复杂：在筛析的各粒级段，都能见到独立的晶屑分布；在同一粒级段的"渣屑"中又能见到不同粒径、不同种类的矿物晶屑同时分布。矿物晶屑特征见表 4，主要金属矿物晶屑的粒度分布见表 5。

表 4　主要矿物晶屑及其显微镜下的特征

晶屑种类		黄铁矿	磁黄铁矿	毒砂	褐铁矿	脆硫锑铅矿	铁闪锌矿	锡石	黄铜矿	石英	云母	其他
工艺粒度分布统计 /mm	最大	1.2	0.28	0.32	0.38	0.17	0.36	0.24	0.16	7.5	0.25	0.32
	常见粒度	0.25 ~ 0.01	0.2 ~ 0.01	0.2 ~ 0.01	0.2 ~ 0.02	0.1 ~ 0.01	0.1 ~ 0.01	0.1 ~ 0.01	0.05 ~ 0.01	0.2 ~ 0.01	0.1 ~ 0.05	0.1 ~ 0.01
形　状		棱角状	棱角状	棱角状	皮壳状	板条状	次棱角状	次棱角状	浑圆状	棱角状	片状	棱角状
晶屑中占比/%		30	25	8.5	2.5	2.2	1.3	0.3	<0.1	23	4	3
解离度统计/%		20	20	20		38	35	48	22	40	46	

表 5　主要金属矿物晶屑粒度分布统计

粒度范围/mm	矿物粒度分布/粒						矿物粒度分布/%					
	黄铁矿	磁黄铁矿	毒砂	闪锌矿	脆硫锑铅矿	锡石	黄铁矿	磁黄铁矿	毒砂	闪锌矿	脆硫锑铅矿	锡石
+0.15	17	2	8	2	2	1	0.99	0.1	0.88	10.0	13.04	10.0
−0.15 ~ +0.075	79	22	28	6	3	3	4.62	1.05	3.07	30.0	17.39	30.0
−0.075 ~ +0.03	278	351	164	4	5	2	16.25	16.81	17.98	20.0	21.74	20.0
−0.03	1337	1713	712	8	11		78.14	82.04	78.07	40.0	47.83	40.0

3.2.1　脆硫锑铅矿

能谱测试结果见表 6。解离度统计为 38%，未解离的脆硫锑铅矿主要与闪锌矿、其次是磁黄铁矿、毒砂等以毗邻型、包裹型连生（见图 3、图 4）。

表 6　脆硫锑铅矿能谱测试结果

矿物数	元　素	S	Fe	As	Sb	Pb
5	平均含量	22.46%	2.59%	0.52%	36.80%	37.63%

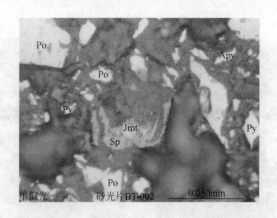

图3   脆硫锑铅矿与闪锌矿连生

Jmt—脆硫锑铅矿；Sp—闪锌矿；Po—磁黄铁矿；Py—黄铁矿；Apy—毒砂

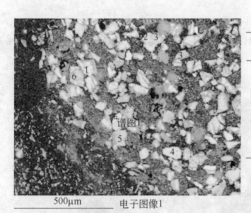

能谱测试结果		(%)
元素	重量 百分比	原子 百分比
S K	22.20	55.87
Fe K	3.64	5.25
As L	0.03	0.03
Sb L	36.51	24.19
Pb M	37.63	14.65
总量	100.00	

定名：脆硫锑铅矿

图4   样品磁选精矿的背散射图像

1—锡石；2—闪锌矿；3—矿泥；4—毒砂；5—黄铁矿；6—铁屑

3.2.2   闪锌矿

能谱测试结果见表7，显示为铁闪锌矿。解离度统计为38%，未解离的闪锌矿主要与脆硫锑铅矿、黄铜矿等连生（见图3、图5）。

表7   闪锌矿的能谱测试结果

矿物数	元素	S	Mn	Fe	Zn
5	平均含量	32.82%	0.14%	8.30%	58.73%

3.2.3   锡石

锡石解离度约48%，未解离的锡石主要包含在云英岩岩屑、石英晶屑中或与闪锌矿、石英等连生（见图6）。

3.3   泥质及"渣屑"

泥质：土黄色、黑褐色，黏手，隐晶质。样品的泥质含量约15%。

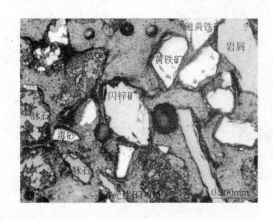 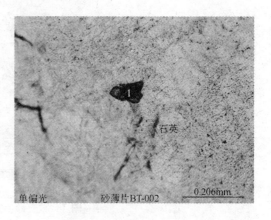

图 5　闪锌矿晶屑中黄铜矿包体　　　　　　　　图 6　石英晶屑中的锡石
1—黄铜矿　　　　　　　　　　　　　　　　　　1—锡石

　　泥质常包含晶屑呈"渣屑"产出（如图 1、图 7）。"渣屑"在样品筛析的各个粒级段的分布见表 8。

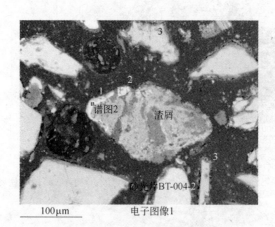

图 7　"渣屑"的背散射图像
1—脆硫锑铅矿；2—锡石；3—黄铁矿

表 8　原尾矿中"渣屑"的分布情况

编　号	BT-002	BT-003	BT-004	BT-005	BT-006
粒度段/mm	+1.41	-1.41 ~ +0.25	-0.25 ~ +0.075	-0.075 ~ +0.038	-0.038
产率/%	24.06	9.69	27.52	24.81	13.93
渣屑含量/%	49.1	34.4	18.1	9.1	<1

　　按原尾矿样：水 =6∶1 的比例，在无钢球的 240×90 锥形球磨机中自摩擦 50min 后，"渣屑"在各粒级中的分布见表 9。

表9　自摩擦50min后"渣屑"的分布情况

编　号	BT-007	BT-008	BT-009	BT-010	BT-011
粒度段/mm	+2.0	+2.0~+0.25	-0.25~0.075	-0.075~+0.038	-0.038
产率/%	17.20	12.31	36.23	18.03	16.23
渣屑含量/%	33.4	36.13	1.1	<1	0

在显微镜下，可见大部分"渣屑"都含有粒径不等、种类不同、含量不等的矿物晶屑。能谱测试"渣屑"的不同测点成分变化较大，13个测点中，氧含量最高达44.18%，铁含量最高达50.12%、锑含量最高达36.21%、铅含量最高达37.25%、砷含量最高达11.10%、铬含量最高达30.33%。"渣屑"的多元素化学分析结果见表10。

表10　"渣屑"的多元素化学分析结果

样品编号	检测结果含量/%						
	Pb	Sb	Zn	Fe	S	As	Sn
BT-007c	0.70	0.47	0.57	47.11	35.91	3.36	0.07

以上分析显示：

（1）"渣屑"为泥质包裹矿物晶屑、金属物质碎屑的聚集体；

（2）"渣屑"具一定强度，但通过"自摩擦"，在-0.25mm粒度段可分散已尽；

（3）"渣屑"中Fe、S、As含量很高，Sn含量明显低于原尾矿平均品位，这与显微镜下观测到的"渣屑"含有较丰富的金属硫化物，尤其是黄铁矿、磁黄铁矿与毒砂晶屑的现象一致；

（4）"渣屑"中Pb、Sb、Zn含量略低于原尾矿平均品位。

根据以上研究结果推测，"渣屑"可能为原矿山选矿流程末端富含选矿药剂的浮选尾矿、经失水而成的尾矿聚集体。

3.4　其他物质

另外，样品中还有炭质、褐铁矿，铁屑、草屑、有机药剂等。其中：

（1）炭质：样品在分级水筛过程中，可见少量漂浮于水面的黑色颗粒、粉末，该物质污手、具脆性，能无烟、无明火燃烧。量少。

（2）选矿药剂：样品水筛时，可见水面漂浮有黄色泡沫状物质（见图8），其产生量

图8　漂浮在水面的黄色泡沫状物质

随筛洗强度增大逐渐增多；另水筛产品在烘干散热过程中有较强的黄药的刺鼻味，据此推测这种黄色泡沫状物质可能为残留的选矿药剂。

4　筛析试验及元素分布特征

样品直接进行水筛，筛析结果见表 11。

表 11　原尾矿的筛析结果

编号	粒度段/mm	产率/%	检验结果/%						
			Sn	TFe	Pb	Zn	S	As	Sb
BT-002	+1.41	24.06	0.11	25.98	0.53	0.6	18.48	1.99	0.36
BT-003	-1.41 ~ +0.25	9.69	0.22	25.99	0.93	0.52	14.84	1.74	0.56
BT-004	-0.25 ~ +0.075	27.52	0.14	38.82	0.94	1.03	33.9	3.4	0.77
BT-005	-0.075 ~ +0.038	24.81	0.19	44.2	0.87	0.24	35.11	5.89	0.78
BT-006	-0.038	13.93	0.24	31.74	1.21	0.4	21.19	3.49	0.68

筛析显示，原尾矿的粒度分布较粗。在筛析的五个级别中，目标元素没有明显的富集区段。

原尾矿在 240×90 锥形球磨机中无碎矿介质条件下，按固：液 =6：1 的比例自摩擦磨矿 50min 后，产品筛析结果见表 12、图 9 ~ 图 11。

表 12　自摩擦磨矿 50min 产品筛析结果

粒度范围/mm	产率/%	元素含量/%							分配率/%						
		Pb	Sb	Zn	Fe	S	As	Sn	Pb	Sb	Zn	Fe	S	As	Sn
+2	17.2	0.67	0.34	0.53	26.11	14.09	1.84	0.08	12.02	9.45	14.11	11.96	9.07	8.59	7.67
-2.0 ~ +0.25	12.31	0.88	0.46	0.52	26.59	13.4	1.62	0.31	11.23	9.04	10.01	8.72	6.18	5.42	20.61
-0.25 ~ +0.075	36.23	1.1	0.81	1.04	42.86	34.52	3.72	0.16	41.19	46.76	58.73	41.35	46.84	36.57	30.24
-0.075 ~ +0.038	18.03	0.76	0.59	0.25	47.8	35.18	6.46	0.2	14.24	16.94	6.93	22.95	23.76	31.62	18.96
-0.038	16.23	1.27	0.69	0.4	34.73	23.27	4.04	0.26	21.3	17.81	10.22	15.01	14.15	17.8	22.53

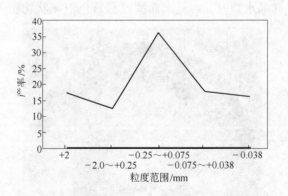

图 9　自摩擦磨矿 50min 样品的粒度分布图

筛析显示，原尾矿经 50min 自摩擦后，其粒度主要分布在 -0.25 ~ +0.038mm 粒度

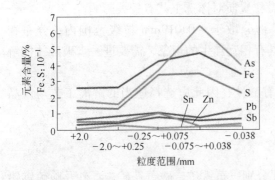

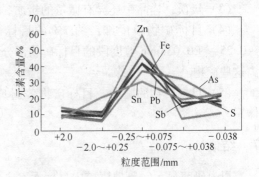

图 10 自摩擦磨矿 50min 各粒度段元素含量　　　图 11 自摩擦磨矿 50min 各元素分配状况

段，－0.038mm 粒度段的产率与原矿样相比，仅提高14.17％；目标元素富集在－0.25～+0.038mm 粒度段，在该粒度段，目标元素的分配率在60％左右，具有明显的富集态势。

各粒度段"渣屑"含量（见表9）与原尾矿的相比（见表8），具有明显的降低，说明这种"自摩擦"可以分散"渣屑"；这种磨矿方式下，－0.038mm 粒度段占比略有提高，但目标元素含量基本没有提高，目标元素主要集中分布在－0.25～+0.038mm 矿物易选矿分选的粒度段（见图10、图11），说明这种磨矿方式，还可有效遏制"渣屑"中矿物晶屑的再度粉碎。

因此，建议采用较柔性的磨矿方式进行磨矿并分级多段回收目标矿物晶屑。

5 资源化利用方向的建议

根据以上分析，建议：

（1）分选岩屑用做建筑砂石料。样品中岩屑主要为环境有害元素含量甚微的石英岩、硅质岩岩屑，且粒度主要集中在 +1.41mm 粒度段，可考虑回收用做建筑材料。岩屑及粗粒石英晶屑的回收可使尾矿减量约20％。

（2）选矿回收硫化物晶屑，以回收大部分有价元素及有害元素。样品中矿物晶屑含量约占65％，其中黄铁矿、磁黄铁矿、锡石、脆硫锑铅矿、闪锌矿、毒砂矿物晶屑约占晶屑总量的68％。因此，建议在分散"渣屑"、脱泥的基础上回收所有的晶屑，再在回收的晶屑精矿的基础上进一步分选锡石及各类硫化物，以获得相应的锡、铅+锑+银、锌、砷金属矿物精矿及硫铁矿精矿。这些晶屑的回收，可使尾矿再减量约40％。

6 影响选矿回收的工艺矿物学因素

以上分析显示，原尾矿中可选矿回收的目标物为黄铁矿、磁黄铁矿、脆硫铅锑矿、锡石、闪锌矿、毒砂晶屑及岩屑。影响它们回收的工艺矿物学因素为：

（1）泥质：含量约占15％的泥质，尤其是其中大部分泥质黏结了约80％的目标矿物晶屑后成"渣屑"产出，需要首先分散"渣屑"，以解离其中的矿物晶屑。

（2）残留的选矿药剂：残留的选矿药剂不但对后续药剂的选用有影响，尤其是其与泥质一起黏结目标矿物晶屑成具一定强度的"渣屑"。常规球磨磨矿，势必造成"渣屑"中矿物晶屑被再度粉碎，因此，建议选择相对柔性的磨矿工艺与分级多段回收工艺，"能早及早"回收"渣屑"中解离的目标矿物晶屑。

（3）炭质：样品中还含有微量的炭质，微粒炭质对浮选工艺有较大影响。

（4）目标矿物粒度细：约 7% 的目标矿物分散于 - 0.019mm 粒级范围内；分布在 - 0.25 ~ + 0.038mm 粒度段的目标矿物部分具有相互连生的现象，需要进一步破碎才能解离这些矿物。

（5）目标矿物的脆性：目标矿物普遍具有脆性，因此应选择适当的解离工艺与产品体系。

7　结语

以上研究显示，班塘尾矿中目标元素主要分别以黄铁矿、磁黄铁矿、毒砂及脆硫锑铅矿、闪锌矿、锡石矿物晶屑以及硅质岩岩屑等形式存在，建议在脱泥的基础上回收全部的晶屑与岩屑，再在回收的晶屑精矿的基础上进一步分选铅、锌、锡、砷矿物以获得相应的金属矿物精矿，分选的岩屑可用做建筑砂石料。晶屑及岩屑的回收，预计可使尾矿减量 60% 左右。

尾矿的综合利用既要考虑经济效益，更要考虑环境效益与社会效益，因此，该尾矿应充分重视黄铁矿、磁黄铁矿、毒砂的回收。

建议对环境有重金属污染的老尾矿进行深入的工艺矿物学研究，结合不断更新的选冶技术，以寻找这类尾矿资源化利用的突破点，为合理制定、评估尾矿减量化、资源化技术路线提供技术支撑。

参 考 文 献

[1] 张新英，等. 广西一个典型矿业镇环境中重金属污染分析[J]. 中国环境监测，2008(4)：79 ~ 83.

[2] 周兴，宋书巧. 刁江流域重金属污染土地合理利用探讨[J]. 广西师范学院学报（自然科学版），1999(4)：93 ~ 97.

[3] 张云，毛蒋兴. 矿业开发对刁江流域沿岸环境影响的初步研究[J]. 大众科技，2007(7)：99 ~ 101.

[4] 李雪华，等. 广西大厂矿区沉积物重金属污染及风险评价[J]. 中北大学学报（自然科学版），2012(2)：190 ~ 196.

[5] 刘光. 地质矿产勘查规范与地质环境调查、灾害监测评估使用手册[M]. 合肥：安徽文化音像出版社，2003：470，850 ~ 851，1002.

[6] 矿产资源综合勘查评价规范（GB/T 25283—2010）[M]. 北京：中国标准出版社，2011：25，30，32.

山西低品位铝土矿选矿试验研究

张建强[1,2]　陈湘清[1,2]　吴国亮[1,2]　田应忠[1,2]

(1. 中国铝业股份有限公司郑州研究院，郑州　450041；
2. 国家铝冶炼工程技术研究中心，郑州　450041)

摘　要：本文针对山西低品位铝土矿进行研究，通过原矿性质分析、磨矿试验、浮选药剂试验及工艺流程试验，开发了使用山西低品位工艺流程及药剂制度，通过选矿可以得到 Al_2O_3 75%，SiO_2 7.22%，Al_2O_3/SiO_2 为 10.39 的铝土矿选精矿。

关键词：山西铝土矿；选矿；高岭石

山西铝土矿资源丰富，其中以高铝、高硅、低铁矿石为主[1]，该地区矿石是氧化铝及耐火材料行业的优质原料[2,3]。目前，山西部分地区耐火材料行业对开采矿石只进行筛分，筛上块料直接进入耐火材料生产，筛下小块及粉料大量堆弃，而这部分堆弃矿石通过选矿后可以提高铝硅比，具有较好的经济价值。因此，本文针对山西低品位铝土矿进行研究，为后续山西区域铝土矿选矿技术推广提供技术支持。

1　试验矿样

1.1　多元素分析

本次试验矿样混合均化后，取 50kg 破碎至 3mm 以下用于实验室试验，剩余矿样作为备样。矿样全元素分析见表 1，矿样的氧化铝含量 56.31%，二氧化硅含量 23.09%，Al_2O_3/SiO_2 比 2.44，氧化铁含量较低为 2.65%。

表1　全元素分析结果　　　　(%)

Al_2O_3	SiO_2	Fe_2O_3	TiO_2	K_2O	Na_2O	CaO	MgO	灼减	Al_2O_3/SiO_2
56.31	23.09	2.65	2.38	0.5	0.017	0.13	0.097	13.72	2.44

1.2　物相分析

对试验矿样进行了 X 射线粉晶衍射半定量分析，分析结果见表 2，原矿 X-衍射图谱见图 1，由表 2 可见，原矿中一水硬铝石含量为 43.00%，高岭石含量为 45.00%，主要脉石矿物为高岭石，含有少量的伊利石。

表2　物相分析结果　　　　(%)

一水硬铝石	高岭石	伊利石	锐钛矿	金红石	赤铁矿
43.00	45.00	5.00	1.90	0.5	2.6

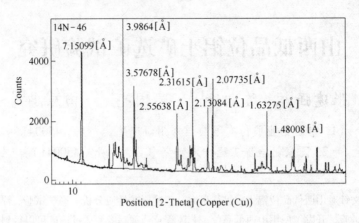

图 1　原矿 X-衍射图谱

2　实验室试验

2.1　实验室试验准备

实验室试验所用设备见表 3。

表 3　试验设备一览表

设 备 名 称	规 格 型 号	设 备 名 称	规 格 型 号
球磨机	XMQ-67	精密 pH 计	PHS-3C
浮选机	XFD1.5L	电子天平	BS110，$d = 0.1 \, mg$
过滤机	旋片式真空过滤机	真空干燥箱	DZF-6210

2.2　选矿试验研究

2.2.1　磨矿试验

为了给考察了该矿石的可磨性，对矿石进行了磨矿试验研究，结果如图 2 所示。

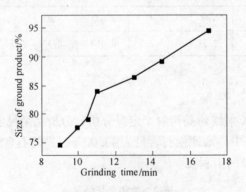

图 2　磨矿试验曲线图

由图 2 可知，磨矿细度随着磨矿时间的增加而增加，该矿石磨矿至 -200 目含量达到 90% 时，磨矿时间为 14.5min。

2.2.2　磨矿细度对浮选影响试验

磨矿细度是影响铝土矿浮选生产的重要因素，因此，对试验矿样在不同磨矿细度下的浮选性能进行了研究。试验流程如图 3 所示，结果如表 4 所示。

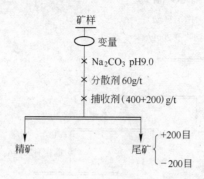

图 3　磨矿细度对浮选影响试验流程图

表 4　磨矿细度对浮选影响试验结果

磨矿细度/%	产物	产率/%	Al_2O_3/%	SiO_2/%	Al_2O_3/SiO_2
80	精矿	51.58	64.25	14.90	4.31
	尾矿	48.42	47.20	27.33	1.73
	合计	100.00	56.00	20.92	2.68
85	精矿	52.64	64.25	16.36	3.93
	尾矿	47.36	47.09	27.22	1.73
	合计	100.00	56.12	21.50	2.61
90	精矿	62.55	63.13	16.43	3.84
	尾矿	37.45	44.25	32.89	1.35
	合计	100.00	56.06	22.59	2.48
95	精矿	63.34	62.13	16.00	3.88
	尾矿	36.66	43.22	33.54	1.29
	合计	100.00	55.20	22.43	2.46

由表 4 中数据可知，随着磨矿细度的增加，浮选精矿产率逐渐增加，精矿 Al_2O_3/SiO_2 逐渐降低，尾矿 Al_2O_3/SiO_2 逐渐降低。当磨矿细度较粗时（细度为 85% 以下），尾矿中 Al_2O_3/SiO_2 较高，在 2.5 以上，在这种情况下，尾矿 Al_2O_3/SiO_2 很难降到 1.4 以下，说明矿石中铝矿物与杂质矿物嵌布粒度较细，该矿石需细磨才能单体解离，实现铝矿物与杂质矿物的浮选分离。比较磨矿细度 90% 和 95% 两种情况，磨矿细度较高时，精矿产率略微增加，Al_2O_3/SiO_2 变化不大；而尾矿相差不大，因此，将浮选磨矿细度定为 90%。

2.2.3　捕收剂用量试验

在磨矿细度为 90% 的条件下，研究合适的药剂条件，在尾矿 Al_2O_3/SiO_2 较低的前提下，确定合适的药剂用量。试验流程如图 4 所示，试验结果如表 5 所示。

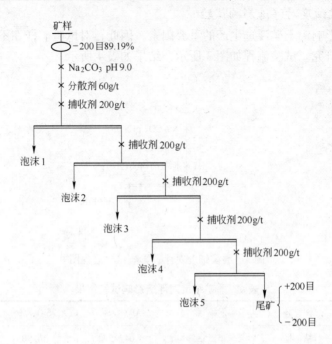

图 4　捕收剂用量试验流程图

表 5　捕收剂用量试验结果

产　物	产率/%	Al_2O_3/%	SiO_2/%	Al_2O_3/SiO_2
泡 1	33.58	69.00	13.12	5.26
泡 2	21.42	62.50	17.64	3.54
泡 3	10.07	55.13	21.24	2.60
泡 4	6.17	48.25	27.04	1.78
泡 5	4.88	43.63	30.06	1.45
尾矿	23.88	42.10	33.89	1.24
合计	100.00	57.27	21.55	2.66
尾矿 +200	3.88	55.50	23.72	2.34
尾矿 -200	20.00	39.50	35.86	1.10

通过表 5 中数据可知，捕收剂 1000g/t 时，能得到产率 23.88%，Al_2O_3 42.10%，SiO_2 33.89%，Al_2O_3/SiO_2 1.24 的尾矿，说明该矿石浮选捕收剂用量不超过 1000g/t。为确定捕收剂用量，对不同捕收剂用量的结果进行核算，结果如表 6 所示。

表 6　捕收剂用量核算结果

药剂用量 g/t	产　物	产率/%	Al_2O_3/%	SiO_2/%	Al_2O_3/SiO_2
200	泡　沫	33.58	69.00	13.12	5.26
	底　流	66.42	51.34	25.81	1.99
400	泡　沫	55.01	66.47	14.88	4.47
	底　流	44.99	46.02	29.70	1.55

续表6

药剂用量 g/t	产物	产率/%	Al$_2$O$_3$/%	SiO$_2$/%	Al$_2$O$_3$/SiO$_2$
600	泡沫	65.07	64.71	15.86	4.08
	底流	34.93	43.40	32.14	1.35
800	泡沫	71.24	63.29	16.83	3.76
	底流	28.76	42.36	33.24	1.27
1000	泡沫	76.12	62.03	17.68	3.51
	底流	23.88	42.10	33.89	1.24

由表6中数据可知：

（1）随着捕收剂用量的增大，泡沫产品产率逐渐增加，Al$_2$O$_3$/SiO$_2$ 逐渐降低；尾矿产率逐渐降低，Al$_2$O$_3$/SiO$_2$ 逐渐降低，证明试验所用捕收剂可以有效地分选出矿石中的铝矿物。

（2）药剂用量为600g/t时，泡沫产率仅65.07%，Al$_2$O$_3$/SiO$_2$ 4.08，底流 Al$_2$O$_3$/SiO$_2$ 1.35；药剂用量为800g/t时，泡沫产率71.24%，Al$_2$O$_3$/SiO$_2$ 3.76，底流 Al$_2$O$_3$/SiO$_2$ 1.27，最终确定药剂用量为800g/t。

通过表5中数据，泡沫4的 Al$_2$O$_3$/SiO$_2$ 仅1.78，结合最终精矿和尾矿 Al$_2$O$_3$/SiO$_2$ 要求（精矿 Al$_2$O$_3$/SiO$_2$ > 6，尾矿 Al$_2$O$_3$/SiO$_2$ 小于1.4），最终确定浮选捕收剂分配为粗选（400+200）g/t，扫选捕收剂200g/t。

2.2.4　全流程探索试验

根据上述的磨矿细度以及捕收剂用量试验结果，在确保精尾矿 Al$_2$O$_3$/SiO$_2$，尽可能提高精矿回收率的前提下，验证一粗两精一扫流程对该矿石的选别效果，试验流程图见图5，试验结果如表7所示。

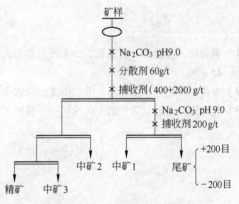

图5　全流程试验流程图

表7　全流程试验结果

产物	产率/%	Al$_2$O$_3$/%	SiO$_2$/%	Al$_2$O$_3$/SiO$_2$	Fe$_2$O$_3$/%
铝精矿	31.35	75.00	7.22	10.39	1.41
中1	5.08	49.00	26.93	1.82	3.24
中2	19.92	50.50	26.86	1.88	3.04
中3	10.95	57.75	20.95	2.76	2.99
尾矿	32.70	43.20	31.44	1.37	3.61
合计	100.00	56.51	21.56	2.62	2.72
尾矿+200	6.07	51.75	23.50	2.20	3.29
尾矿-200	26.63	41.25	33.25	1.24	3.68

根据图4和表7中数据可知：

（1）原矿 Al_2O_3 含量 56.51%，Al_2O_3/SiO_2 2.62，Fe_2O_3 2.72%，经图 5 工艺流程，试验得出产率 31.35%，Al_2O_3 含量 75.00%，Al_2O_3/SiO_2 10.39，Fe_2O_3 1.41% 的铝精矿；产率 32.70%，Al_2O_3 含量 43.20%，Al_2O_3/SiO_2 1.37，Fe_2O_3 3.61% 的尾矿，分选效果良好，证明在图 5 工艺流程的药剂制度和工艺流程下，可以有效地完成矿石分选过程。

（2）精矿 Al_2O_3/SiO_2 为 10.39，富集比高达 3.96，证实试验流程与药剂制度是合适的。

3　结论

（1）本试验研究矿石原矿 Al_2O_3 含量 56.31%，SiO_2 含量 23.09%，Al_2O_3/SiO_2 为 2.44，Fe_2O_3 含量 2.65%。

（2）矿石属于高铝高硅低铁型，铝矿物主要以一水硬铝石的形式存在；硅矿物主要存在于高岭石中，高岭石占矿石组成的 45%，是矿石中的重要成分，浮选的主要目标是分离一水硬铝石和高岭石。

（3）通过"一粗两精一扫"流程，在捕收剂用量为粗选（400 + 200）g/t，扫选 200g/t 的条件下，实验室可得到产率为 31.35%，Al_2O_3 75%，SiO_2 7.22%，Al_2O_3/SiO_2 为 10.39 的精矿，Al_2O_3/SiO_2 为 1.37 的尾矿，分选效果良好，证明该矿石适合于浮选生产。

参 考 文 献

[1] 崔吉让，方启学，黄国智. 一水硬铝石与高岭石的晶体结构和表明性质[J]. 有色金属，1999(11)：25～30.
[2] 姜涛，邱冠洲，李光辉，等. 中低品位铝土矿选矿预脱硅的新进展[J]. 矿冶工程，1999(6)：1～4.
[3] 钮因键，夏忠，等. 铝土矿选矿——我国氧化铝工业的希望[J]. 轻金属，2000(12)：3～7.

铝土矿新型脱硅药剂研究

郭　鑫[1,2]　　陈湘清[1,2]　　吴国亮[1,2]　　李素敏[1,2]

(1. 中国铝业股份有限公司郑州研究院，郑州　450041；
2. 国家铝冶炼工程技术研究中心，郑州　450041)

摘　要： 随着氧化铝生产规模的扩大，铝土矿品位不断下降，对新型脱硅药剂的需求不断增加，本文针对中低品位铝土矿脱硅药剂进行了研发，开发出了新型的脱硅药剂。

关键词： 铝土矿；脱硅；药剂

我国铝土矿大多为一水硬铝石型，具有高铝、高硅、低铁的特点[1]。随着铝工业的不断发展，对铝土矿的需求日益扩大，使得铝土矿的品位不断下降。选矿拜耳法是较好地提高铝土矿品位的方法，通过多年发展，该方法已经基本成熟[2]。在生产应用中，较为突出的问题为药剂问题，存在用量大、泡沫量大、选择性差等问题[3]，且随着矿石品位的下降，需要对药剂进行调整[4]。本文针对上述问题，进行了药剂研究，开发出了一种高效铝土矿脱硅药剂。

1　矿石性质

试验用铝土矿为河南某区域矿石，采用 X 荧光光谱分析仪（XRF）和 X 射线衍射仪（XRD）对铝土矿进行了矿物学研究，原矿化学性质分析组成和矿物组成分析如表 1 和表 2 所示。

表 1　原矿化学性质分析　　　　　　　　　　　　　　（%）

组分	Al_2O_3	SiO_2	Fe_2O_3	TiO_2	K_2O	CaO	Na_2O	MgO	Al_2O_3/SiO_2
含量	57.62	15.49	6.72	3.04	1.54	0.054	0.79	0.33	3.72

表 2　原矿矿物组成分析　　　　　　　　　　　　　　（%）

组分	一水硬铝石	伊利石	高岭石	石英	赤铁矿	方解石	锐钛矿	金红石
含量	57.62	15.49	6.72	3.04	1.54	0.054	0.79	0.33

由表 1 和表 2 可知，原矿铝硅比为 3.72，其中主要杂质矿物为伊利石、高岭石、石英等，是典型的中低品位铝土矿。

2　试验方法

浮选试验采用 XFD 型单槽浮选机，浮选槽容量为 1.5L，浮选温度 30℃，浮选浓度 29%，调浆时间 2min，试验用捕收剂为自制 ZYY 捕收剂，用量为 700g/t，碳酸钠为调整剂，浮选 pH 值为 9~9.5，六偏磷酸钠作为抑制剂，加入量为 60g/t，硫酸钠在浮选开始前加入。

3　试验结果与分析

　　为考察捕收剂对铝土矿脱硅的影响，分别采用 ZYY 捕收剂和传统捕收剂进行试验，采用的试验流程以及试验条件如图 1 所示。

　　由表 3 可知，采用相同的流程和工艺条件，新型捕收剂 ZYY 的各项试验指标均优于普通药剂，ZYY 捕收剂的精矿产率较普通药剂高 2%，精矿 Al_2O_3/SiO_2 高 1.01，尾矿 Al_2O_3/SiO_2 低 0.09，由此可见，与普通药剂相比，ZYY 捕收剂有较强的捕收能力和分选能力，能够更好地识别高品位矿物的活性位，从而与高品位矿物结合，将其富集在泡沫中，最终实现高品位矿物与低品位矿物的分选。采用 ZYY 捕收剂进行试验时，可以发现其泡沫更加容易消除，在生产应用中，将减少可能出现的"冒槽"等现象，从而使生产更加

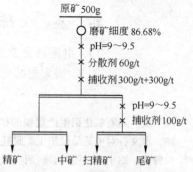

图 1　铝土矿浮选脱硅试验研究流程图

稳定，更易操作。通过该试验，证明 ZYY 药剂适用于铝土矿选矿脱硅，是一种新型高效捕收剂。

表 3　铝土矿浮选脱硅试验研究结果

药剂种类	产品名称	产率/%	Al_2O_3/SiO_2
普 通	精 矿	57.74	7.68
	尾 矿	19.93	1.22
	扫精矿	6.35	3.45
	中 矿	15.99	2.33
	合 计	100.00	3.63
ZYY	精 矿	59.78	8.69
	尾 矿	15.92	1.13
	扫精矿	3.10	2.33
	中 矿	21.19	2.40
	合 计	100.00	3.84

4　结语

　　（1）采用 ZYY 捕收剂可以取得良好的试验结果，精矿 Al_2O_3/SiO_2 达到 8.69，尾矿铝硅比为 1.13，完全可以满足铝土矿选矿厂的生产要求。

　　（2）与普通药剂相比，ZYY 捕收剂的精矿产率更高，精矿品位更高，尾矿品位更低，证实其捕收能力和分选能力均优于普通药剂，采用 ZYY 捕收剂用于生产，可以降低药剂用量，提高精矿富集比，降低尾矿品位，有利于降低生产成本，提高资源利用率。

　　（3）ZYY 捕收剂泡沫量少、泡沫易消除等优点，适用于铝土矿脱硅生产，可以提高流程稳定性，减少可能出现的"冒槽"等现象，使生产操作更加简单。

参 考 文 献

[1] 刘冰，邱跃琴. 铝土矿浮选脱硅研究现状与展望[J]. 现代矿业，2012(5)：131~133.

[2] 陈占华，陈湘清，李莎莎，等. 混合型铝土矿浮选脱硅试验研究[J]. 湖南有色金属，2013(4)：8~10，42.

[3] 刘三军，覃文庆，刘维，等. 铝土矿浮选中 Tween-20 对油酸的增效机理[J]. 中国有色金属学报，2013(8)：2284~2289.

[4] 宋江红. 中州铝土矿浮选药剂的研究和优化[J]. 有色金属（选矿部分），2013(3)：78~81.

某选矿厂生产水池淤泥清理实践

郝一乐　宋春丽　梁　帅　刘海龙

（山东黄金矿业股份有限公司焦家金矿，莱州　261441）

摘　要：选矿厂生产水池是选矿厂闭路生产循环的基础配套设施。在生产过程中，由于井下供水含泥及浓密机跑浑等现象致使生产水池淤泥厚度不断增高，生产水池有效容积不断减小，严重制约选矿生产的顺利进行。该选矿产厂通过各种改造，清理井下淤泥，解决生产瓶颈。

关键词：选矿；生产水池；淤泥清理；改造

1　前言

某选矿厂生产水池是选矿厂闭路生产循环的基础配套设施，其设计容积约为 5000m³。正常生产情况下，三矿区井下水，选厂各浓密机溢流回水，沉淀后的矿区生活污水等均汇入该生产水池，清水再经泵输送至各生产环节。

由于该矿各矿区井下水含泥量较高，同时选厂部分浓密机生产能力不足，偶尔会发生溢流跑浑现象，由此造成部分细泥进入生产水池，池底淤泥厚度不断增高。经测量：其生产水池淤泥层平均厚度已经达到 3.2m（水池深 5m），估算可用容积仅为 36%。水池缓冲能力不足对选矿生产用水的正常供应造成严重影响，同时，目前选矿用水很大一部分来源于主矿区新建竖井，如竖井建成后该部分水消失，选矿生产用水供应不足的问题将会更加突出。

为尽可能降低水池淤泥厚度，保证正常生产，该选矿厂专门抽调人员设置了抽泥岗位。利用高压风搅动底部淤泥，然后利用潜污泵抽泥。该岗位虽能起到一定清理作用，但由于操作条件、抽泥设备等诸多因素限制，将水池内淤泥全部清除难度较大。

鉴于以上原因，为进一步消除生产瓶颈，提高工艺系统合理性，该选矿厂对生产水池淤泥进行集中清理，并对水池结构进行适当改造。

2　清理方案

2.1　老生产水池改造

（1）选矿厂老生产水池中两 400m³ 水池淤泥厚度 0.7m，600m³ 水池厚度 0.3m，淤泥平均品位 1.47g/t。为保证水池整体 1400m³ 缓冲能力，需在管路改造前对池底淤泥进行集中清理。清理设备计划采用新购置的抽泥泵，同时利用现有的闲置管路将清理出的淤泥排至矿泥 24m 浓密机。

（2）待淤泥清理工作完成后，对老生产水池进水管路进行改造，包括：1）目前主矿区井下水大部分通过 DN300mm 管路直接排至水池溢流管，少部分通过一条 DN100mm 管路排至 600m³ 水池，改造时，将 DN100mm 管路阀门关闭，使此部分水全部直接进入水池

DN300mm 溢流管；2）将新竖井储水池 φ176 溢流管路堵住，同时在北侧新增加一条 DN300mm 管路，使其与水池 DN300mm 高分子复合溢流管相连；3）将生活污水通过管路连接排至 5000m³ 生产水池。由此，实现老生产水池不再进水。

（3）利用液下泵将老生产水池内积水抽干后，进行管路改造，包括：1）目前两 400m³ 水池连通管为 φ245mm，需更换为 DN600mm 管路；2）目前东侧 400m³ 水池与 600m³ 水池连通管为 φ325mm，需更换为 DN600mm 管路；3）在西侧 400m³ 水池地面位置增加 DN600mm 出水管，具体安装方式见图 1；4）在东侧 400m³ 水池地面位置增加两条 DN300mm 出水管，具体安装方式见图 2。

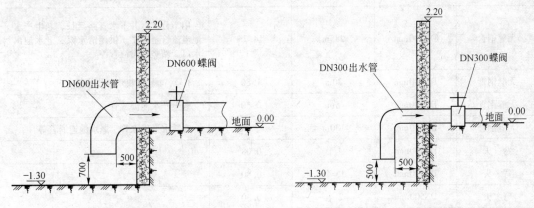

图 1　DN600mm 出水管安装示意图　　　　图 2　DN300mm 出水管安装示意图

（4）以上工作全部完成后，可将进水管路改为原始状态。

2.2　进、出水管路改造

（1）在老生产水池改造全部完成的前提下，延长第二分矿区井下水管路出口端至东侧 400m³ 水池，将主矿区井下水两 DN300mm 管路出水端改至老生产水池。同时，通过阀门控制，使选厂各浓密机回水和第一分矿区井下水全部进入 600m³ 水池。由此，实现所有生产用水全部进入老生产水池。

（2）延长西侧 400m³ 水池的 DN600mm 出水管路，使其与 1 号、2 号磨机供水泵水箱进口连接。连接完成后，使用 R-600-400 变径管将 DN600mm 管路变径为 DN400mm，并继续向北延伸，末端与 3 号、4 号磨机供水泵连接。由此实现一条管路为两台水泵同时供水。该管路水平段在铺设过程中向吸水点方向保持 5‰ 坡度。

（3）延长东侧 400m³ 水池的两条 DN300mm 出水管路，使其与原有的两条 DN300mm 溢流管连接。同时，延长此两条溢流管末端，使其中一条与碎矿清水泵连接，另一条与供尾清水泵连接。

2.3　其他改造

（1）在 600m³ 水池西侧增加 DN500mm 溢流管，使其连接至排水沟。

（2）对现有排水沟进行清理，保证水流畅通。

（3）完成以上全部工作后，能够实现 5000m³ 完全停用，可以组织人员对淤泥进行集中清理。

（4）清理完成后，按照设计建造水池隔墙。

3　投资估算

水池改造投资估算见表 1。

表 1　水池改造投资估算

项　目	型　号	数　量	估价/万元	备　注
无缝钢管	DN200mm	8m	0.20	碎矿、供尾清水泵进口管
无缝钢管	DN300mm	285m	14.25	用于分矿区井下水管路延长、老生产水池溢流管至碎矿、供尾清水泵、老水池出水口、新竖井溢流管等
无缝钢管	DN400mm	20m	1.80	3 号、4 号磨机水泵供水管
无缝钢管	DN500mm	5m	0.50	老生产水池溢流管
无缝钢管	DN600mm	130m	13.00	磨浮水泵供水管、老水池连通管等
弯　头	DN200mm	4 个	0.08	
弯　头	DN300mm	15 个	0.80	
弯　头	DN500mm	2 个	0.30	
弯　头	DN600mm	4 个	1.00	
蝶　阀	DN300mm	4 个	0.60	
蝶　阀	DN600mm	1 个	0.40	
变径管	R-600-400	1 个	0.03	
白塑料管	DN50mm	250m	0.40	
镀锌管	DN20mm	5m	0.01	
球　阀	DN20mm	6 个	0.01	
安　装			15.00	需大型吊车辅助安装
其　他			5.00	
合　计			53.38	

4　隔墙设计

为确保后期清理生产水池工作能够简单易行，特在本次清理计划中增加隔墙设计。设计过程中要求尽量避免水池空间浪费，减少建墙工作量，同时能够保证水池正常使用，且清理淤泥方便快捷。

4.1　设计方案

根据要求，该隔墙初步设计如下：

（1）在各水泵进水口处增加 4.0m 和 28.0m 隔墙，使该部分空间与水池隔离，在此空间安装一条 DN800mm 管路用于向各台清水泵供水，该管路南北向安装，长 25m。

（2）水池其余部分采用一道东西向隔墙分离，形成 1 号、2 号水池。

（3）在 1 号、2 号水池底部采用 DN500mm 钢管与 DN800mm 管路连接，连通管共 4 条，每条连通管均采用一个 DN500mm 闸阀和一个 DN500mm 蝶阀形成双阀门控制。

（4）对水池进水管适当改造，使各部分生产用水能够根据需要，分别排至 1 号、2 号水池。

（5）隔墙高 5.0m。

具体建造方式见图 3。

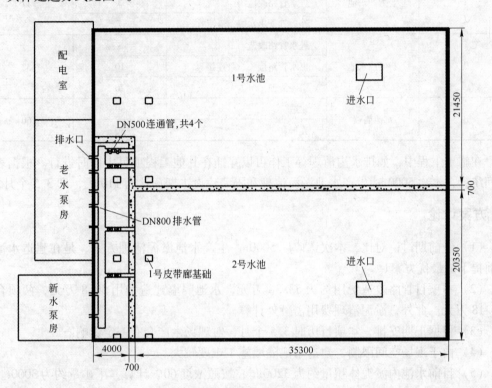

图 3　隔墙设计示意图

4.2　投资估算

水池隔墙投资估算见表 2。

表 2　水池隔墙投资估算

项　目	型　号	数量	估价/万元	备　注
水池隔墙	$H = 5m$	$L = 67.5m$	40.0	
无缝钢管	DN800mm	25m	3.0	供　水
无缝钢管	DN500mm	15m	1.0	水池连通管
闸　阀	DN500mm	4 个	1.0	
蝶　阀	DN500mm	4 个	0.8	
安　装			5.0	
合　计			50.8	

5　工期安排

方案工期安排见表 3。

表 3　方案工期

序　号	项　目	内　容	工期/天	
			个　别	合　计
1	老生产水池	淤泥清理	7	17
		进水管路改造	3	
		连通管、出水管、溢流管改造	7	
2	新生产水池	进水管路改造	3	33
		出水管路接头、泵连接等	10	
		淤泥清理	20	
3	水池隔墙	建造	30	60
		养护	30	

在施工工程中，如排水沟清理等工作可以穿插在其他工程项目中同时进行。根据表中时间统计，本次 5000m³ 生产水池淤泥清理和隔墙建设工期预计为 110 天，即 3.5 个月。

6　方案讨论

（1）经前期讨论对比，本次选矿厂 5000m³ 生产水池淤泥清理方案，是在建造水池隔墙前提下的最优方案。

（2）本项目管路改造费用约为 53.38 万元，水池隔墙建造费用 50.8 万元，两项合计 104.18 万元。此外，淤泥清理费用需额外计算。

（3）根据工期安排，本项目历时 3.5 个月，对现场生产会有一定影响。

（4）由于现场空间限制，建造水池隔墙施工难度较大。

（5）目前水池内淤泥体积量约为 3200m³，按照浓度 60% 计算，干矿量约为 3000t。清理过程中，如此部分淤泥进入生产工艺，鉴于洗矿 24m 浓密机和矿泥浮选机生产能力及特点，淤泥需进行造浆并间断加入，估计至少需要 20 天时间。如不进入生产工艺，需挑选合适位置建造沥水池。

7　小结

通过此次清理，并对水池结构进行改造。进一步增加了井下水小时供应量，基本消除了选矿生产瓶颈，提高了工艺系统的合理性，达到了预期效果。

参 考 文 献（略）

尾矿脱水工艺的设计与应用

王东海　吴碧波

（三门峡市黄金设计院有限公司，三门峡　472000）

摘　要：本文主要介绍了尾矿脱水工艺设计方案的要点和工业应用，采用尾矿脱水新工艺、新设备实现尾矿干排，回收选矿废水，既达到了环境保护要求又能进一步提高企业效益。

关键词：尾矿脱水；工艺设计；应用

1　尾矿脱水工艺的发展前景

金属与非金属矿山是工业生产的高危行业，其事故发生率和死亡人数在全国工业安全生产领域占较大的比重。尾矿库是金属与非金属矿山安全生产的重要环节，也是该领域的重大危险源之一，作为具有高势能的人造泥石流危险源，其一旦发生事故，将会给下游人民生命财产安全造成巨大损失，给区域环境和经济发展及社会稳定也带来严重的负面影响。

据不完全统计，我国现有 12000 余座尾矿库，尾矿排放方式大部分为湿式排放，大量尾矿带来了安全、环保和土地占用等诸多问题。尤其是湿排尾矿库在安全运行过程中的管理难、隐患多、投资大、施工期长、库容的有效利用率和回水率偏低等因素，已引起了国家安全监管部门的高度重视。目前，国内大部分省市已将新建湿排尾矿库列入重点审批范围之内。

近几年，随着我国选矿工艺的进步和装备水平的提高，尾矿干排等一批新的尾矿处理技术日臻完善，其特点和优越性得到各级安全和环保部分以及企业的认可，并在我国部分矿山中得到了推广和应用，市场前景和安全环保效益日渐突出。

2　尾矿脱水工艺的设计方案

单一的浓缩、过滤工艺和设备很难实现尾矿脱水干排，因此，在设计尾矿脱水工艺时应依据物料性质和粒级组成，采用组合设备进行工艺设计，大体可分为以下几种方案。

2.1　浓密机＋带式过滤机（圆筒过滤机）

本组合适用于 -200 目 45% ~60% 的中粗粒级尾矿脱水。工艺原理：尾矿进入浓密机浓缩后，浓密机底流产品浓度达到 50% ~55% 进入过滤机进行脱水，滤饼水分可小于 20%；浓密机溢流水和过滤机滤液合并进入沉淀池澄清后返回系统重复利用。本工艺流程简单，操作条件要求一般，过滤设备能连续作业，但是考虑设备维修保养，设计时主要考虑过滤机的生产负荷和备用台数。

2.2　浓密机＋陶瓷过滤机（圆盘过滤机）

本组合适用于 -200 目 60% ~95% 中细粒级尾矿脱水。工艺原理：尾矿进入浓密机浓缩后，浓密机底流产品浓度达到 50% ~55% 进入过滤机进行脱水，滤饼水分可小于 15%；浓密机溢流水和过滤机滤液合并进入沉淀池澄清后返回系统重复利用。本工艺相对复杂，操作条件要求较为严格，由于使用陶瓷滤板，需要用酸液定时清洗滤板，不能连续作业，设计时考虑主要过滤机的生产负荷、备用台数和清洗陶瓷滤板的酸液储量。

2.3　浓密机 + 厢式压滤机（立式压滤机）

本组合适用于中细粒级和细粒级尾矿脱水，−400 目达 95% 的仍可应用。工艺原理：尾矿进入浓密机浓缩后，浓密机底流产品浓度达到 50% ~55% 进入压滤机进行脱水，滤饼水分可小于 15%；浓密机溢流水和压滤机滤液合并进入沉淀池澄清后返回系统重复利用。本工艺相对复杂，操作条件要求严格，使用滤布，需要定期更换，另外，由于压滤机不能连续进矿和排矿，设计时主要考虑压滤机生产负荷、备用台数和带式输送机的运输能力。

2.4　旋流器（组）+ 耐磨脱水筛 + 深锥浓密机 + 厢式压滤机

本组合是新型脱水工艺，几乎可适用于 −325 目 80% 以内的所有矿种的尾矿脱水要求。工作原理：尾矿泵扬至旋流器（组），旋流器底流进入耐磨脱水筛，筛下产品与旋流器溢流合并进入深锥浓密机浓缩，浓密机底流进入厢式压滤机，滤饼与耐磨脱水筛筛上产品合并经带式输送机运入尾矿堆场，产品水分可小于 15%；深锥浓密机溢流水与厢式压滤机滤液合并进入沉淀池澄清后返回系统重复利用。

本工艺特点：（1）使用了旋流器（组）和耐磨脱水筛组合，可实现尾矿中较粗粒级的直接脱水，产率可达总尾矿量的 40% ~45%，并且水分可小于 15%，大大减小了浓密机和压滤机的工作负荷和设备选型，相应也减少了企业投资。（2）采用深锥浓密机能到达占地少，浓缩率高的效果。

本工艺使用耐磨脱水筛和厢式压滤机，滤布和筛网需要定期更换，另外，由于压滤机不能连续进矿和排矿，设计时主要考虑：（1）脱水设备的生产负荷、备用台数和带式输送机的运输能力；（2）耐磨脱水筛进矿浓度要控制在 65% ~70% 为宜，建议选用深锥旋流器（组），提高旋流器分级效率和底流浓度。

本工艺相对复杂，操作条件要求严格，适应于大、中型选矿厂尾矿脱水和炭浆吸附工艺尾矿脱氰、脱水工艺。

3　尾矿脱水工艺的应用

尾矿脱水工艺设计方案应依据矿石特性和尾矿粒级组成进行多方案对比确定，在设计方案（1）、（2）、（3）时，可根据矿种附加值、场址位置、高差和投资等因素，可加入旋流器（组）对尾矿预先浓缩分级脱水，能有效地降低浓密机的工作负荷，减小浓密机的设备选型，达到设备占地小和企业投资少的目的。

参照河南省三门峡市黄金设计院有限公司的设计成果和我们多年来的设计经验，以河南省灵宝市某金矿 900t/d 炭浆吸附选矿厂尾矿脱氰—脱水工艺设计，简要介绍尾矿脱水工艺在生产中的应用。

3.1　工艺设计

工艺设计如下：

生产能力：900t/d；磨矿细度 –200 目 92%。

破碎工艺：二段一闭路碎矿。

磨矿工艺：二段闭路磨矿。

选别工艺：四段浸出 + 四段吸附。

尾矿脱水工艺：尾矿脱氰 + 尾矿脱水。

尾矿处理工艺：尾矿库干式堆存。

3.2 尾矿脱氰—脱水数质量流程图

尾矿脱氰—脱水数质量流程详见图 1。

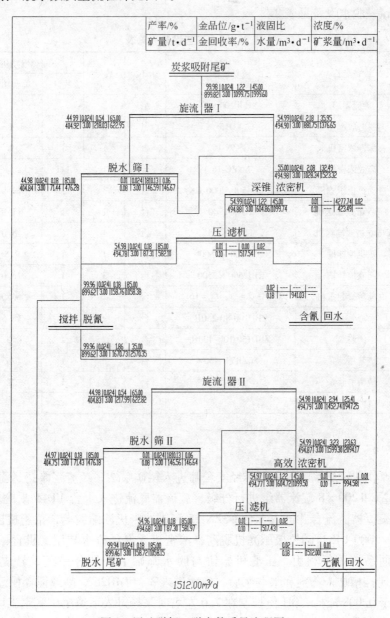

图 1 尾矿脱氰—脱水数质量流程图

3.3　生产工艺水量表

生产工艺水量平衡表见表 1。

表 1　脱水工艺水量平衡表

项　目	脱氰前尾矿含水量/$m^3 \cdot d^{-1}$	含氰回水量/$m^3 \cdot d^{-1}$	脱水后尾矿含水量/$m^3 \cdot d^{-1}$	回水率/%
数　据	1099.75	941.03	158.72	85.57

3.4　尾矿脱氰—脱水设备

尾矿脱氰—脱水设备见表 2。

表 2　脱水工艺设备一览表

序号	设备名称	型号规格	单位	数量	配套电动机功率/kW 数量	单台功率	总功率
1	旋流器组	XC II 200 × 8	组	2			
2	耐磨脱水筛	VD15	台	2	1	4	8.00
3	深锥浓密机	GSZN-15	台	1	1	9	9.00
4	高效浓密机	NXZG-15	台	1	1/1	5.5/1.5	7.00
5	自动拉板压滤机	XMZG500/2000-UK	台	3	1	12.5	37.50
6	No. 5 带式输送机	TD75-1200	台	1	1	11.0	11.00
7	No. 6 带式输送机	TD75-1200	台	1	1	15.0	15.00
8	双机搅拌槽	SJ-2000 × 2500	台	1	1	7.5	7.50
9	高效搅拌槽	GBJ2500 × 2500	台	3	1	15.0	45.00
10	电动单梁起重机	TD 型 $Q = 5t$, $L_k = 16.5$	台	1	1	5.50	5.50
11	渣浆泵	ZBD100-80-250R	台	2	1	18.5	37.00
12	渣浆泵	ZBD150-100-400R	台	2	1	15	30.00
13	渣浆压滤泵	80ZBYL-450	台	3	1	75	225.00
14	液下渣浆泵	100R-LP	台	3	1	22	66.00
	小　计						503.50

3.5　尾矿脱氰—脱水工艺

尾矿脱氰作业：炭浆吸附后尾矿经安全筛进入尾矿泵站，经渣浆泵扬送至尾矿脱药车间进入 1 台 XC II 200 × 8 旋流器组进行分级，旋流器底流进入 1 台 VD15 耐磨脱水筛分级；筛下产品与旋流器溢流合并进入 1 台 GSZN-15 深锥浓密机浓缩脱药，浓密机底流泵扬至 1 台 XMZG500/2000-UK 自动拉板压滤机脱药；浓密机含氰溢流水与压滤机含氰滤液进入含氰回水池返回系统重复利用。压滤机滤饼与脱水筛筛上产品合并经 5 号皮带进入 1 台 SJ2025 双机搅拌槽加入药剂和水调浆后，依次进入 3 台 GBJ2525 高效搅拌槽经充分搅拌使 CN⁻浓度低于 0.008mg/L、pH 值控制在 7.0 左右时泵扬进入下道尾矿脱水工序。

尾矿脱水作业：脱药尾矿泵扬至脱水作业的 1 台 XC II 200 × 8 旋流器组进行分级，旋流器底流进入 1 台 VD15 耐磨脱水筛脱水；筛下产品与旋流器溢流合并进入 1 台 NXZG-15 高效浓密机浓缩脱水，浓密机底流泵扬至 1 台 XMZG500/2000-UK 自动拉板压滤机（备用 1 台）脱水，浓密机无氰溢流水与压滤机无氰滤液进入无氰回水池用于尾矿脱氰作业后搅拌调浆。压滤机滤饼与脱水筛筛上产品合并经 6 号皮带进入尾矿临时堆场，经汽车转运至尾矿库堆存。

3.6 工艺设计评价

该设计方案是在企业对环境保护十分重视的前提下，采用了全泥氰化 + 炭浆吸附 + 尾矿脱水干排的工艺设计。针对尾矿脱水采用了尾矿脱氰 + 尾矿脱水工艺，其特点是：

（1）浸出吸附后的尾矿浆经旋流器组 + 耐磨脱水筛 + 深锥浓密机 + 厢式压滤机一次脱药后，浓密机溢流水和压滤机滤液水中含有一定数量的 CN⁻ 和溶解金，经沉淀澄清后返回系统重复利用，可减少浸出工艺氰化钠的补加量，还可以有效的回收尾矿浆中流失的溶解金，相应地减少了药剂成本和提高了企业效益。

（2）由于脱氰尾矿含氰水分小于 15%，再经搅拌槽加水调浆，加入漂白精药剂充分搅拌二次脱药脱水，干排尾矿既达到了环保要求，又能大大减少漂白精药剂的用量。

（3）本工艺设计相对复杂，操作条件较为严格，企业一次性投资相对增大，但是从企业效益和区域环境保护的角度考虑是成熟可靠的，值得推广和应用。

4 结语

（1）尾矿干排工艺优点：一是对堆放场要求的条件不苛刻；二是回水利用率可达到 85% 以上，在严重缺水地区优势明显；三是可减少对环境及地下水体的污染。

（2）尾矿干排工艺缺点：一是运营费用较高，从国内现有矿山使用尾矿干堆的情况看，尾矿脱水干排的费用在 6 ~ 25 元/m³；二是在降雨较多的地区和汇流面积较大，很难实现截洪沟排水的库址条件下，实现干堆工艺需要慎重考虑；三是特大型矿山和附加值较低的矿种实施有一定难度。

参 考 文 献（略）

含砷复杂难选金矿石提金工艺的研究与应用

陈桂霞　于庆强

（黄金克拉玛依哈图金矿，克拉玛依　834000）

摘　要：针对新疆某金矿含砷复杂难选金矿石，采用国际先进的尼尔森选矿机进行重选试验研究和工业应用的技术研究，同时采用国内外先进的细菌氧化工艺对浮选金精矿进行预处理试验研究和工业应用技术研究，有效提高了含砷复杂难选金矿石的选冶回收率。

关键词：含砷复杂金矿石；重选回收；尼尔森离心选矿机；生物氧化

1　前言

新疆某金矿原选矿厂处理规模为500t/d，选冶工艺流程为跳汰机重选—浮选—氰化—冶炼工艺。跳汰机重选回收率为27.58%，氰化作业回收率50.15%，选冶总回收率不足60%，资源利用水平很低。而且近年来矿山新探明的矿石储量均位于深部，矿石性质与前期上部矿石发生了很大的变化，矿石中既有中细粒自然金，又有微细粒及次显微粒金，为了提高资源利用水平，必须对现有落后工艺流程实施技术改造。矿山在对含砷复杂难选金矿石提金工艺进行试验研究的基础上，实施技术的工业应用，取得了显著效果。

2　矿石性质（表1～表5）

表1　矿石的化学分析结果　　　　　　　　　（%）

元素	Au/g·t^{-1}	Ag/g·t^{-1}	Cu	Pb	Zn	As	S	Fe
含量	3.87	3.49	0.020	0.008	<0.005	0.54	1.72	5.70
元素	SiO$_2$	Al$_2$O$_3$	CaO	MgO	C	TiO$_2$	K$_2$O	Na$_2$O
含量	45.70	10.19	9.51	4.83	3.49	0.75	1.09	2.70

表2　原矿物理性质

项目	密度/t·m^{-3}	松散密度/t·m^{-3}	硬度系数 f	原矿品位 Au/g·t^{-1}
数据	2.85	1.75	4～13	3.60

表3　精矿多元素分析结果　　　　　　　　　（%）

元素	Au/g·t^{-1}	Ag/g·t^{-1}	As	Fe	S	Cu	Sb	Zn
含量	30.00	8.68	4.10	18.44	16.93	0.10	0.032	0.032
元素	P	K	Pb	C	CaO	MgO	Al$_2$O$_3$	SiO$_2$
含量	0.18	0.45	0.004	2.35	7.52	3.43	7.64	33.69

表4 精矿砷物相分析结果 （%）

相 别	砷/砷氧化物	砷/雄、雌黄	砷/砷黄铁矿	总 砷
含 量	0.052	0.058	3.99	4.10
相对含量	1.27	1.41	97.32	100.00

表5 精矿 （−0.074mm 95.30%） 筛析结果

粒级/mm	产率/%		金品位/g·t⁻¹		金分布率/%	
	部 分	累 计	部 分	累 计	部 分	累 计
>0.071	4.60	4.60	30.00	30.00	4.60	4.60
0.071~0.040	11.07	15.67	36.92	34.89	13.62	18.22
0.040~0.035	1.33	17.00	40.30	35.30	1.78	20.00
<0.035	83.00	100.00	28.92	30.00	80.00	100.00
合 计	100.00	—	30.00		100.00	

鉴于矿山的矿石性质，影响金回收率的因素主要是分布于0.038mm以下的脉石包裹金，虽然浮选金的回收率较高，而由于毒砂、黄铁矿中金分布率达31.78%，浮选金精矿中含As、S，且As的含量相对偏高，金在常规浸出条件下浸出率较低，低于70%，矿石中还存在一部分次生硫化铜矿物对金浸出也会有一定影响。

3 选矿试验研究

3.1 尼尔森选矿机重选试验研究

尼尔森选矿机（Knelson Concentrators）是由加拿大尼尔森重选方案（KGS）公司研发生产的高速离心重力选矿设备，产品已在世界七十多个国家的黄金选矿工业中得到广泛应用，并成功应用于伴（共）生金、铂族金属选矿强化回收，尼尔森选矿机的出现被认为是重选技术的一次突破性进展。

原矿试验：将所送原矿样品21890.3g（2袋样品中的一袋）调浆后，用MD3尼尔森选矿机选别一遍，所得精矿经过淘洗盘适当淘洗后得到精矿1和中矿1。MD3选别尾矿脱去大部分水后磨矿至−200目55%。磨矿产品用MD3选别一遍，选别精矿经过淘洗盘适当淘洗后得到精矿2和中矿2。在淘洗盘中肉眼检查精矿单体金情况。重选试验流程如图1所示，试验结果见表6。

表6 重选试验结果

粒度	产品	质量/g	产率/%	金品位/g·t⁻¹	金属量/g	回收率/%
<1.0mm 100%	精矿1	8.9	0.041	888	36.41	5.9
	中矿1	89.6	0.41	18.86	7.73	1.25
<76μm 55%	精矿2	11	0.05	1680	92.1	14.93
	中矿2	92.5	0.42	124	52.08	8.44
	尾矿2	450	2.06	4.22	8.69	1.41

续表6

粒度	产 品	质量/g	产率/%	金品位/g·t⁻¹	金属量/g	回收率/%
<76μm 75.30%	精矿 3	12.7	0.058	419	34.3	5.56
	中矿 3	106.5	0.49	97.4	47.73	7.74
	尾矿 3	21119.1	96.48	3.5	337.68	54.75
	给　矿	21890.3	100	6.17	616.72	100
	尼尔森精矿					43.82

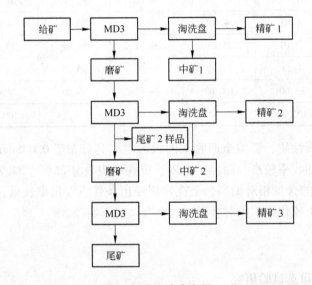

图 1　重选试验流程

浮选尾矿试验：将所送样品调浆后，用 MD3 尼尔森选矿机选别一遍，所得精矿经过淘洗盘适当淘洗后得到精矿和中矿。试验流程见图 2，试验结果见表 7。

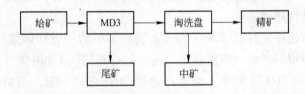

图 2　浮选尾矿试验流程

表 7　浮选尾矿试验结果

粒 度	产 品	质量/g	产率/%	金品位/g·t⁻¹	金属量/g	回收率/%
原　状	精矿 1	5.7	0.028	49.7	1.39	1.38
	中矿 1	64.5	0.31	5.96	1.85	1.83
	尾　矿	20588.8	99.66	0.98	97.67	96.79
	给　矿	20659	100	1.00	100.91	100
	尼尔森精矿					3.21

结论：原矿经过三遍 MD3 选别，最终磨矿细度为 - 0. 074mm 占 75. 30%，金回收率为 43. 82%；MD3 第一段选别回收率为 7. 15%，第二段为 23. 37%，第三段为 13. 30%，它表明矿石中金粒主要分布在中细粒级之中，少量粗粒金。肉眼检查第一遍选别所得淘洗精矿时，能辨别出少量中、细粒单体金粒。在磨矿后选别所得淘洗精矿中，肉眼能辨别出少量细粒单体金和约 0. 5 ~ 1. 0mm 直径的薄片金数粒。

浮选尾矿样品经过一遍 MD3 选别，淘洗精矿品位 49. 7g/t，金回收率为 3. 21%；计算的给矿品位为 1. 00g/t Au。肉眼检察 MD3 选别所得的淘洗精矿时，发现疑似细粒单体金。浮选尾矿尼尔森重选难有工业实践价值。

以上说明，原矿中含有相当数量的可重选金，可在磨矿回路中安装尼尔森进行重选回收。

3. 2 生物氧化试验研究

细菌氧化提金工艺是处理难选冶含金矿石的有效方法，在黄金选冶技术上处于国际前沿水平，特别是针对高砷、高硫、含锑金矿石以及被这些有害杂质包括的金矿物十分有效，回收率提高非常明显。同时细菌氧化工艺可以将矿石中的有害杂质砷转变为比较稳定的砷酸盐，长期存放不会对周围水土造成污染，是一项环境友好型的高新科技项目，在难选冶金矿石的开发利用上具有很好的发展前景，既有很高的经济效益，又有良好的社会效益。

在确定最终预氧化工艺之前，分别对浮选金精矿进行了焙烧氧化试验和生物氧化初步试验，试验结果见表 8、表 9。

表 8　焙烧氧化试验结果

项　目	技术指标值	备　注
金精矿品位	67. 80g/t	
焙砂产率	77. 6%	
脱砷率	95% 以上	两段焙烧
氧化渣金品位	7. 33g/t	
金浸出率	91. 5%	

表 9　生物氧化试验结果

项　目	技术指标值	备　注
金精矿品位	49. 24g/t	预氧化 7 天，氧化渣失重 43. 75%，品位损失 2. 03g/t，对于直接浸出的氰化渣通过生物氧化后再浸出，金浸出率仍然可以达到 93. 26%
氧化渣品位	73. 86g/t	
氰化渣品位	2. 46g/t	
金浸出率	96. 67%	

据此确定在氰化提金之前，采用生物氧化工艺是非常合适的，随后进行了详细的生物氧化试验研究。

试验用浮选精矿样品由新疆某金矿采取，经化验分析金品位为 30. 00g/t，银品位为 8. 68g/t，含砷、铁、硫分别为 4. 10%、18. 44%、16. 93%。精矿氰化试验流程如图 3 所示，试验结果见表 10。

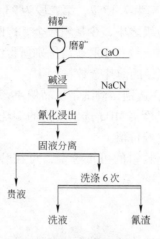

图 3　精矿氰化试验流程

表 10　精矿氰化试验结果

细度 −0.075mm(−0.040mm)/%	精矿品位 Au/g·t^{-1}	氰渣品位 Au/g·t^{-1}	浸出率 Au/%
90. 20(78. 00)	30. 00	11. 20	62. 67
95. 30(84. 00)	30. 00	11. 00	63. 33
97. 50(85. 20)	30. 00	10. 80	64. 00
98. 00(89. 90)	30. 00	10. 50	65. 00
100. 00(92. 00)	30. 00	10. 50	65. 00

精矿直接氰化磨矿细度：变量；矿浆浓度：25%；碱浸时间：2h；碱浸 CaO 用量：10kg/t（浓度 0.05%）；NaCN 用量：15kg/t（浓度 0.23%）；氰化浸出时间：24h。

精矿直接氰化试验结果表明，随着磨矿细度的增加，金浸出率也在增加，当磨矿细度达到 −0.040mm 89.90% 时，金浸出率为 65.00%，继续增加细磨细度时金浸出率不再增加，说明精矿中尚有 35% 左右的金呈微细粒被硫化矿物等矿物包裹，常规的机械磨矿很难使其单体解离。为使被黄铁矿、砷黄铁矿等硫化矿物包裹的金从硫化矿物中单体解离或暴露出来，需要对硫化矿物进行氧化。

试验研究首先着手进行菌种的选择、驯化和细菌氧化的条件试验，试验所使用细菌以氧化亚铁硫杆菌为主，含有氧化硫硫杆菌和铁螺旋菌等。细菌无毒、无污染，对人体及动植物无害，不会对环境造成污染。

根据试验结果建议细菌氧化—氰化工艺原则流程见图 4，试验结果见表 11。

表 11　细菌氧化—氰化工艺流程试验结果

名称	产率/%	品位				脱除率/%			氰渣品位 Au/g·t^{-1}	浸出率 Au/%
		Au /g·t^{-1}	As /%	Fe /%	S /%	As	Fe	S		
氧化渣	73. 1	41. 04	0. 46	5. 26	4. 31	91. 80	79. 15	81. 39	1. 33	96. 76
精矿	100	30. 00	4. 10	18. 44	16. 93	—	—	—	—	—

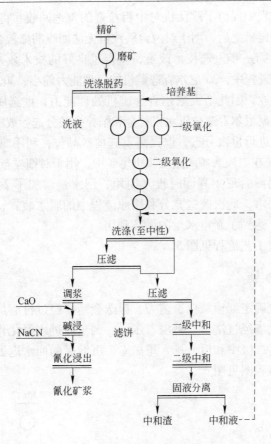

图 4　细菌氧化—氰化工艺流程

　　精矿细菌氧化—氰化提金试验，取得了较好的试验结果。细菌氧化试验为单槽间断试验，氧化时间为 8 天，在生产过程中，由于细菌氧化是连续作业，环境稳定，更有利于细菌的繁殖和增长，细菌氧化矿物的速度会进一步加快，氧化时间将进一步缩短。细菌氧化浸出液经中和处理后，所含砷和硫与氧化钙反应生成砷酸铁、硫酸钙等沉淀，具有很好的稳定性，排放至尾矿坝，不会对环境造成污染。中和液可以返回细菌氧化渣洗涤作业循环使用。

　　浮选金精矿中含硫高，含砷低用常用的细菌即可，而新疆某金矿矿石特点是含硫相对偏低，含砷高（精矿含砷≥5%），使用常用细菌会使细菌砷中毒而无法氧化，达不到回收金的目的。在委托试验中，针对矿山浮选金精矿中含砷偏高的问题，在实验研究时研究培育了新的耐高砷细菌，获得了良好的技术指标。

4　技术改造过程及解决的问题

4.1　尼尔森重选技术改造过程

　　第一步改造：利用 20 尼尔森选矿机，分别对旋流器溢流和二段球磨机排矿进行尼尔森的重选对比试验，试验时间分别为半个月。试验表明尼尔森在磨矿闭路的分选效果优于旋流器溢流的分选效果。原有重选设备为两台跳汰机，分别安装在一段和二段磨矿分级闭路流程中，在重选流程改造过程中保留了跳汰机对中粗粒金的重选回收，将 20 尼尔森选矿机安装在二段球磨闭路跳汰机尾矿之后，用于对两台跳汰机无法回收的细粒金进行补充回收。

第二步改造：经过第一步重选技术改造，获得了良好的技术效果，重选回收率提高了10% 以上。但是在运行过程中，20 尼尔森选矿机的处理能力偏小，30% 的矿浆没有经过尼尔森选别就进入了浮选作业，因此增大尼尔森选矿机处理能力，重选回收率仍然有上升的空间。在第二步改造中根据尼尔森选矿机对粗粒金和细粒金的分选参数不同，20 尼尔森选矿机对两台跳汰机的粗精矿进行再次分选，以提高重选精矿品位，利用 30 尼尔森选矿机替代原来 20 尼尔森选矿机安装在二段磨矿闭路跳汰机尾矿中，用于对细粒金的补充回收。

第三步改造：因为两台尼尔森同时投入使用，用水量增加了 24m³/h，为了保证浮选的矿浆浓度满足工艺要求，此次改造充分利用原流程中的脱水装置，多余的水量进入回水箱再分布到各用水点，达到了新增水量的循环利用。

技术改造后的重选工艺流程见图 5。

4.2 细菌氧化工艺的实施

通过细菌氧化试验确定细菌氧化工艺为，浮选金精矿经过再磨加入培养基调浆后进入氧化槽，氧化后的氧化渣经过洗涤、碱浸、压滤、调浆后进入氰化作业。氧化洗涤产生的酸性废水采用石灰经过二级中和后，排入尾矿库，沉淀后的回水返回流程用于生产。原则细菌氧化—氰化工艺流程图见图 6。

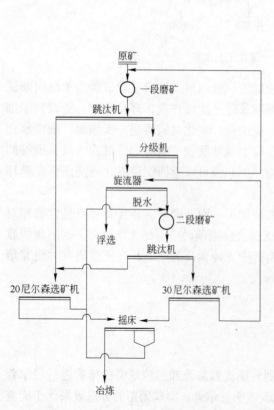

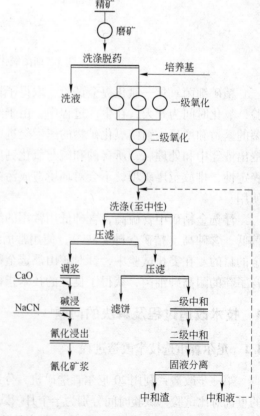

图 5　技术改造后的重选工艺流程　　　　图 6　原则细菌氧化—氰化工艺流程

生物氧化过程的主要反应中，有的反应产生酸，如砷酸铁沉淀；有的反应消耗酸，碳酸盐酸溶。因为浮选金精矿中的硫含量相对偏低，在细菌氧化过程中酸的消耗量始终多于氧化过程产生的酸，因此生产过程中需要不断补加硫酸来补充氧化过程中的酸平衡，以保持细菌的活性，满足溶液中氧化反应的环境。针对氧化过程酸不平衡所导致的硫酸补加量大的问题，经过反复探讨研究、化验分析，将氧化后的部分酸性溶液作为调浆水返回氧化作业，以此来弥补酸不平衡的问题。我们将第一段氧化洗涤浓密机部分溢流液引入一台搅拌桶，在搅拌桶的下部安装一台耐腐蚀水泵。因为氧化后的酸液和未经氧化的新鲜浮选金精矿混合后会产生黄钾铁矾沉淀，对后续的氰化提金作业带来一定的影响，因此返回的酸液不能直接进入一级氧化前的分矿器。我们单独安装了一台酸液桶，酸液泵将酸液输送到酸液桶后再分别进入一级氧化槽。需要注意的是，一级氧化的进浆浓度必须做出适当的调整，以满足氧化工艺的需求。因为在氧化洗涤过程中不断加入新水，返回酸液中含有的细菌抑制成分不会积聚，不会因为毒素增加而导致细菌种群的冲失。将氧化后的酸性溶液返回氧化流程，补充了氧化过程所需的酸，减少了硫酸的补加量，同时进入中和的酸性溶液量减少，中和过程需要的石灰量也有了一定程度上的减少。

4.3 问题分析与解决

（1）自然金及其载体矿物粒度对于金的回收工艺及回收率很重要，新疆某金矿矿石中约60%自然金分布于0.038mm以下。金矿物细度以细粒嵌布为主，中、细、微粒不均匀嵌布，金矿物主要分布于0.010～0.074mm，粒级分布率为55.44%，0.010mm以下分布率为25.17%，采用传统的重选设备回收金，能够回收一部分大颗粒的自然金，但是，大部分细粒自然金由于超过了传统重选设备回收了粒度下限，而损失于重选尾矿进入浮选作业，又受泡沫的负载极限而损失于浮选尾矿中，影响金的回收率。

为了适应矿石中中、细、微粒金的不均匀嵌布，更好的发挥尼尔森选矿机的分选效果，在工艺技术改造实施中保留了两台跳汰机，采用两段磨矿两段重选工艺，分别回收矿石中的粗、细粒自然金，同时对尼尔森选矿机的分选参数进行适当的调整，利用20尼尔森对两台跳汰机粗精矿的中粗粒金进行富集回收，将30尼尔森安装在二段磨矿闭路跳汰尾矿中用于对细粒金的补充回收。两段尼尔森重选工艺在国内为首创，解决了细颗粒自然金不易重选回收的难题，提高了重选回收率；跳汰机与尼尔森离心选矿机的结合，解决了粗颗粒矿石不能进入尼尔森选矿机选别的难题，同时，较好地解决了尼尔森处理量的问题，优化了工艺流程的配置。

（2）生物氧化作业所需要的氧化亚铁硫杆菌、氧化硫硫杆菌、氧化亚铁钩端螺旋菌的生长繁殖，需要在一定的酸性环境中才能顺利进行，新疆某金矿的浮选金精矿硫的含量在15%以下，有时在10%左右，若要保持pH值1～1.5的酸性矿浆环境，需要添加大量的硫酸，势必造成生产成本的增加。对于含硫高砷浮选金精矿，依据试验数据为参考，在生产运行中通过不断调整药剂制度、充气量，严格控制氧化温度和电位，以取得最佳氧化效果，在工艺实施过程中，经过分析研究，采取有效措施将氧化后的酸性溶液适时返回氧化前调浆工艺，同时还充分考虑了酸性溶液返回的方式和位置。生物氧化后酸性液体返回氧化前调浆工艺方法，解决了新疆某金矿浮选金精矿含硫量偏低的问题，有效地维持了生物氧化矿浆所需的pH值，避免了硫酸的添加，而且消除了酸液循环使用所导致的细菌抑制成分和毒素积聚对生物氧化的影响。

（3）新疆某金矿处在塔城老风口地带内，暴风雪天气较多，气候环境比较恶劣。2008年 11 月底开始生物氧化工艺的生产调试，已经进入冬天，天气寒冷，这对生产调试工作带来了严峻的挑战。在细菌放大培养过程中，利用外加热源保证生物氧化所需要的温度条件，根据氧化还原电位和铁离子的氧化率情况，逐步添加新疆某金矿的浮选金精矿，培养菌种的耐砷性和环境的适应性，直到完全适应新疆某金矿的浮选金精矿。

5　取得的成果

改造前后技术指标见表 12。

表 12　改造前后技术指标

年　份	重选回收率/%	氰化回收率/%	选冶回收率/%
2008	39.03	59.07	66.68
2009	39.69	89.32	83.77
2010	40.48	95.64	86.73
2011	50.44	94.75	88.94
2012	54.70	96.13	90.18

我们针对新疆某金矿含砷复杂难选金矿石，采用国际先进的尼尔森选矿机进行重选试验研究和工业应用的技术研究，同时采用国内外先进的细菌氧化工艺对浮选金精矿进行预处理，有效提高了砷复杂难选金矿石的选冶回收率，使黄金选冶技术指标达到了国内同类矿山先进水平。该工艺的研究与应用，不仅提高了矿山资源利用效率，为企业的可持续发展起到积极的推动作用，而且有效保护了职工的职业健康安全，减少了有害物质对矿区环境的污染，具有经济和社会双重效益。随着金矿石选别难度的日益增加，尼尔森选矿机与细菌氧化工艺联合使用处理含砷复杂难选金矿石的技术研究与应用，也为含砷含硫、低品位细粒包裹金矿石的处理提供了良好的选别思路，为同类矿山在选冶新技术的工业应用方面提供了很多宝贵的经验。

6　结语

尼尔森选矿机的运行参数还有待于进一步优化，同时尼尔森选矿机的新增水量大，间歇卸矿会造成流程水量的不稳定。在对粗细粒金分选时，最好选用两段重选，通过采用不同的运行参数能使粗细粒金都达到最佳分选效率。在生物氧化工艺方面，要特别注意一级氧化分矿的平衡，减少一级氧化不平衡对二级氧化的影响，同时要通过电位变化和铁离子的转化情况，及时进行工艺调整，避免氧化不彻底或者过氧化。氧化渣经过三次洗涤后仍然呈弱酸性，需要通过添加石灰调整为碱性，进行氰化前的碱浸；氧化渣必须经过完全的压滤脱水后再调浆进入氰化作业，否则铁离子会对金的置换作业产生很大影响。氧化产生的尾液呈酸性，需要采用大量的石灰进行中和，石灰消耗量大，随着生物氧化技术的不断成熟和完善，对氧化尾液中的一些有价元素可以实施回收，既可降低有害元素对环境的影响，实现清洁生产，同时也能达到资源的最佳综合利用。

参 考 文 献

［1］ 选矿手册（第三卷第一分册）［M］. 北京：冶金工业出版社.

［2］ 张金钟. 尼尔森重选应用类型及其他/尼尔森选矿机及应用［R］. 2006.

［3］ 北京华宝技贸公司. 新疆某金矿尼尔森重选试验研究报告［R］. 2007.

［4］ 陈桂霞. 细粒金矿石的重选回收生产实践［C］//2012 年全国选矿前沿技术大会论文集. 北京：冶金工业出版社，2012.

［5］ 吉林省冶金研究院. 新疆某金矿浮选金精矿生物氧化—氰化试验研究报告［R］. 2008.

［6］ 邢洪波，刘新艳，陈桂霞. 新疆某金矿金精矿细菌氧化—氰化提金实验研究［J］. 黄金，2009（5）：37～39.

料垫在选矿中的巧用

李云平　　刘传国　　管永胜　　姜相丰

（抚顺罕王傲牛矿业股份有限公司，抚顺　113000）

摘　要：通过对选矿生产中磨蚀问题的研究，巧妙利用料垫原理，提出了"降磨"的新思路，并应用于生产实际，取得了良好的效果。

关键词：选矿厂；磨蚀；料垫；"降磨"；新思路

本文所指的磨蚀是在选矿过程中固体流或浆体流对其所流经的通道造成的破坏现象，浆体中含腐蚀性化学物质时也称磨耗腐蚀，它是流体运动作用的结果，流动的固体、液体或气体不断冲刷通道材料表面，不仅直接磨耗材料，而且破坏材料表面的保护层，使材料表面不断与腐蚀性流体接触，从而加速了腐蚀作用，当流体中含有固体粒子时磨蚀更为严重。在选矿生产中的高压辊磨机辊面、矿石溜槽、矿浆流槽、设备槽底、管道弯曲处最为常见。磨蚀是一个常见难题，无论是固体流磨蚀，还是浆体流磨蚀，它不但增加了生产成本，加重了维修工作量，而且还影响了设备的运转率，制约了生产的正常进行。笔者对这一问题进行了长时间的研究，结合选矿生产实际，充分利用料垫原理，较好地解决了这一难题。

1　选矿厂常见的磨蚀问题

1.1　固体流动磨蚀

固体流动磨蚀主要发生在碎矿作业当中，如原矿仓内壁、料斗、溜槽、高压辊磨机辊面等。碎矿作业中，固体物料粒度大，一般在 0～800mm，且是不规则料块，棱角锋利，对料斗、溜槽、辊面等造成很大的磨蚀。一般厚度的碳钢板溜槽使用几个月就要焊补或更换，就是用锰钢板来制作，寿命也有限。通常的做法是在易磨蚀部位镶上耐磨衬板，或是干脆改用复合耐磨合金板材制作，这样不是加大了维修工作量，就是增加了材料成本，生产经常因这些不起眼的问题而停车，难以保证设备运转率。尤其是原矿仓，粒度可能达到1000mm，设计院在设计原矿仓时，通常在内壁上设计上一定厚度的防磨衬板或是道轨，以保护大块矿石对仓壁的破坏，一旦出问题，维修起来费材又费时，很头疼。近年来，随着矿山用高压辊磨机的大力推广，在如何有效解决辊面耐磨方面也走了不少弯路，尤其是中硬以上的矿石，比较棘手。

1.2　浆体流动磨蚀

浆体流动磨蚀主要发生在磨矿作业当中，如返砂槽、流槽、磁选机选箱槽底、矿浆管道弯曲处等。磨矿作业中，固体物料粒度小，一般在 0～20mm，但浓度不一，黏度不同，再加上浆体的紊流作用，对矿浆流槽、管道拐弯处、设备槽底等造成很大的磨损，若浆体带有腐蚀性，这种磨蚀更严重。一般的做法是在溜槽过流处粘贴瓷砖等光滑的耐磨材料，或是喷涂橡胶、聚氨酯、聚乙烯等耐磨涂层，一旦出问题，到处漏浆，当某些耐磨层的整体脱落堵塞设备时，维修起来很麻烦，严重影响生产的正常进行。

1.3 风力磨蚀和水力磨蚀

风力磨蚀主要出现在风力选矿或者除尘设施中，本文暂不赘述。

以上问题时常困扰着生产一线工作者，亟需有有效的办法来解决。

2 傲牛铁矿的选矿流程

傲牛铁矿选矿厂是由傲牛铁矿的技术人员独立设计建成的先进工艺流程，为二段一闭路碎矿 + 大块干选 + 高压辊磨机 + 粗粒湿筛 + 粗粒磁选 + 称重磨机 + 高频细筛 + 精选淘洗。粗碎为 C110 颚破，中碎为 HP400 圆锥，粗碎和中碎的排矿经干选后抛废后再用圆振筛进行筛分，筛上产品返回 HP400 圆锥，筛下产品（0 ~ 30mm）给到 GM140 × 60 高压辊磨机；高压辊磨机产品经直线振动筛进行湿式筛分，筛上产品返回 GM140 × 60 高压辊磨机，筛下产品给到粗粒磁选；粗粒磁选后的精矿给到高频细筛，筛上产品经再磨再选后返回高频细筛，筛下产品经磁选及精选后过滤即得到全铁含量 67% 以上的铁精矿。流程图略。

从以上流程可以看出，从原矿石到产出铁精矿，矿石要经过多次转运，必须用到各种流槽和管道，随着矿石颗粒的逐渐变小，产生的固体流和浆体流对其所经过的通道造成了不同程度的磨蚀，由于是矿石为鞍山式沉积变质岩磁铁矿石，$f = 14 \sim 16$，属较硬的矿石，更加剧的磨蚀的强度。我们组织技术人员，从矿石性质、流体流速、自流管槽坡度、通道材质等多个方面进行了试验研究，最终利用"以毒攻毒"的方法，经过对流槽简易改造，使物料在所流经的槽底自行生成料垫，从而延缓了磨损，收到了意想不到的效果。

3 巧妙利用料垫来"降磨"

3.1 料垫在高压辊磨机上的应用

高压辊磨机是傲牛铁矿选矿厂破碎系统的关键设备，不同结构的辊面，抗磨蚀能力也不同，在设备选型时，有关技术人员进行了全面的论证，最终确定选用柱定辊面的国产高压辊磨机。由于在辊套上镶嵌了一定间距且外露一定尺寸的柱钉，高压辊磨机工作时，物料填充在柱钉间，形成自生式抗磨料垫，正是这种独特的辊面结构，有效地保护了辊面，减少了磨蚀，延长了辊面使用寿命，加工较硬的铁矿石，这种辊面的使用寿命一般可达 1 年以上。经过近三年的运行看，效果良好，辊面磨损控制在期望的范围内，满足了生产要求。

3.2 料垫在竖直溜槽上的应用

一般在高压辊磨机和其上面的恒重仓之间有一段数米高的竖直流槽，矿石在其内向下自流形成料柱，以便于高压辊磨机的喂料。我单位的流槽尺寸为高×长×宽＝8000×600×400，该溜槽开始是使用 20mm 厚的锰钢板焊制的，使用到三个月时，槽壁就磨蚀出了一个洞（物料粒度 0～30mm，多为块砾状），磨损太快。经过研究，我们将流槽尺寸加大成 8000×800×600，钢板厚度改为 16mm，内壁沿截面方向每隔 600mm 间距焊上一定角度 120mm 宽的条形钢板，从而流槽净尺寸仍为 8000×600×400，满足了喂料要求，由于内壁条型钢板的阻隔作用，形成了一圈厚度为 100mm 的缓慢移动的矿石料垫，如今使用快三年了，还没有更换，效果非常好。

3.3 料垫在矿浆自流槽上的应用

在选矿工艺中，无论是钢筋混凝土流槽还是钢结构流槽，槽底磨损都较严重，尤其是颗粒较大的砂性尾矿浆对流槽底部磨蚀非常严重。由于各种矿浆的浓度、黏度、粒级、比重、流速的不同，致使在设计流槽时往往坡度超过矿浆临界流速时的最佳坡度较多，再加上作业现场高差或是施工安装等原因，没有很好的处理好矿浆性质、矿浆临界流速、自流槽坡度三者之间的关系，给正常生产带来了较大的影响。我们通过研究，在槽底垂直料流方向安装了一些间隔的钢板条，使部分尾矿砂沉积在槽底，形成料垫，有效地降低了槽底的磨损。

3.4 料垫在设备槽底上的应用

笔者在实际生产中曾遇到一个有趣的问题，由于进行选矿工艺的技术改造，先后有两个知名厂家（甲和乙）的磁选机同时在现场使用，需要选别的物料粒度均为 0～3.5mm，甲厂家的磁选机槽底使用到两年后才出现局部磨蚀漏浆现象，而乙厂家的磁选机槽底使用到三个月后就出现磨蚀漏浆现象，况且乙厂家的槽底还加铺了厚度为 30mm 耐磨铸石板，槽体其他结构材料比甲厂家的还好。经过仔细比对，除了冲散水管的原因外，主要是槽底结构不同，甲厂家的槽底能自行形成沉砂料垫，而乙厂家的槽底形不成相对稳定的沉砂料垫，故磨蚀太快。

4 选矿"降磨"新思路

（1）生产中磨蚀问题是一个常见难题，解决选矿生产中的磨蚀问题有多种方法，作为生产一线的工作者，要尽量做到用简单的办法解决复杂的问题，用最低的成本达到理想的效果，不要掉进磨蚀问题就是材质问题这一误区，要敢于试验，广开思路。巧妙的用好料垫不是技术问题，只是思路问题，但是任何部位自生成的料垫都不固定的，它是可被后续物料慢慢置换的，只是速度较慢，从而减缓了磨蚀。

（2）选矿设计工作者在设计选矿厂时，某些方面的设计要敢于突破设计标准的束缚，大胆运用一些"偏方"，可能会设计出更实用的优秀作品。有些时候解决问题并不是仅靠高科技或是所谓的好材料，巧妙地用好料垫就是一个鲜明的例子。

（3）设备制造商在采用的标准图纸制造设备时，要充分与生产工艺结合起来，制造出物美价廉耐用的设备，材质固然重要，有时合理的结构更重要，上面所提到的甲厂和乙厂就是一个例证。

5 结语

通过对选矿厂磨蚀问题的深入研究，采取"以毒攻毒"的方式，巧妙地利用料垫，提出了选矿厂"降磨"新思路，有效地解决了选矿过程中的一些磨蚀问题，给选矿厂设计、设备制作、工艺管路流槽制安、技术改造做出了新的方案，对于有效降低选矿成本、减少维修工作量、提高设备运转率具有普遍的借鉴意义。

参 考 文 献（略）

傲牛铁矿管控系统的开发与应用

刘传国　　金永河　　于海龙　　丁振东　　赵树松　　赵成利

（抚顺罕王傲牛矿业股份有限公司傲牛铁矿，抚顺　113001）

摘　要： 本系统紧密结合傲牛铁矿的具体环境来设计，充分利用现代科学技术（信息技术、网络技术），生产数据的上报、查询实现网络化，体现生产管理的实时性、先进性，实现生产过程网络化管理，全矿各部门之间生产相关信息迅速高效的互通，快速高效协调各部门完成工作任务。由信息采集系统采集上来的数据经过系统自动处理后能实现以下功能：生产管理、物资管理、成本管理、基础管理，具体能容为生产数据查询、生产报表、电能查询、能耗查询、能耗统计、能耗报表、预测分析、设备管理、系统维护等。各模块间既可单独使用，数据库又可互相通用，实现数据共享。

关键词： 高效管理；数据共享；生产管理；物资管理；成本管理；基础管理

傲牛铁矿位于辽宁省抚顺市境内，是抚顺罕王傲牛矿业股份有限公司旗下的一个重要矿山企业。矿山于 1992 年建成投产，经过逐年扩产和多次升级改造，目前傲牛铁矿已经发展成为一座拥有员工近千人的大型现代化矿山。矿山以露天大型机械化开采作业为主，辅以地采开采方法，选矿方法为磁选，选矿工艺流程为：两段一闭路碎矿 + 干式磁选 + 高压辊磨机（细碎）+ 湿式磁选 + 一段磨矿 + 多次选别 + 精矿脱水。矿石类型为条带状磁铁石英岩型，属鞍山式变质铁硅建造型铁矿床，矿石平均品位较高，已经成为抚顺最大的铁矿生产矿山，也是该区首个百万吨铁粉生产的现代化矿山。主要产品是铁精粉，其平均品位达 66% ~ 69%，P、S、Ti 等微量和杂质含量均较低，代表了"罕王铁"高端品牌标准。

伴随着生产规模的扩大和生产技术的革新，傲牛铁矿全面管理也尤为重要，原来的管理系统已不能适应生产的需要，为了满足管理的需要，2011 年傲牛铁矿与科研单位共同开发了矿山智能管控系统，为将傲牛铁矿打造成数字矿山打下基础。该系统共分两期进行，一期为数据的采集及报表，已于 2013 年一月份开始运行，二期为数据的分析，也即将进入实施阶段。

1　系统的目的与作用

（1）实现化验室化验数据实时上报、车间生产岗位实时显示（车间安装大屏幕，实现化验数据实时显示），帮助生产岗位根据矿石性质、指标情况及时调整生产过程。

（2）实现磅房矿石及矿粉出售检斤数据自动提取，取消纸质报表上报，方便采矿、选厂统计矿石检斤及矿部统计矿粉检斤数据情况。

（3）实现网络化生产数据上报、查询，体现生产管理的实时性、先进性。

（4）根据上报的生产基础数据，自动生成矿、车间生产日报表，自动生成月生产统计台账和年生产统计报表，数据自动上报集团。

（5）减少生产统计人员计算报表、复制数据的工作量，提高工作效率。免除生产报表人工发放的模式，变人工发放为自发查询，实现生产数据多部门共享。

（6）建立生产数据平台，为生产数据查询统计提供数据支持，为领导决策提供数据依据，为其他系统提供生产数据接口。

2　系统分析与设计要求

通过对矿山生产信息的分析可以看出，矿山是一个复杂多变的综合环境，信息量大且信息杂乱，各种各样数据格式繁多，需要多专业多部门通力协作。从表面看这些信息各不相同，实质上是相辅相成的；现代化矿山建设快，变化大，数据的产生与更新周期短，不同时期不同的环节数据尺度不一；矿山包含着多方面专业的属性信息，单一的属性信息不能满足对矿山生产的完整描述，长期生产中一些约定俗成成为了习惯，导致了信息容易混淆，在信息记录的时候不能有效的保证信息的准确性、唯一性和时效性，而且记录复杂多样的信息时辨别与录入人员容易出现失误，增加出错的几率。因此，系统的设计必须要考虑通用性，系统开发时应该以简单明了、包容性强、操作简单为主要原则。

3　建立矿山生产数据库

建立矿山生产数据库主要是收集各环节各专业相关基础数据，分动态数据与静态数据两部分，建立数据库的主要目的是为系统的研发和运行做基础，各专业各环节要求全面、细致、准确，以保证系统的可靠性与真实性。因此数据库建设可概括为3点：（1）满足矿山日常生产的需求；（2）适应矿山有关部门规划设计要求和信息服务要求；（3）采用表格、报告形式对矿山信息数据进行管理。

4　系统实现

4.1　界面

用户界面，也称人机交互界面，是直接面向用户的操作环境与数据联系的桥梁。界面的简洁性和可靠性直接影响操作人员具体操作，从而直接影响系统所有模块的安全性。本系统界面设计遵循下列原则：（1）界面美观，交互性好；（2）界面术语通俗易懂；（3）界面运行良好，容错性强；（4）界面高效率、易维护的。界面设计包括菜单方式、会话方式、操作提示方式，以及操作权限管理方式等。如图1、图2所示。

4.2　系统功能

系统采用面向对象的设计方法，以菜单和表单的形式实现各种功能，主要功能包括如下几方面。

4.2.1　基础信息维护

基础信息维护是对整个系统用到的基础信息进行维护。该功能建立了系统管理的基础

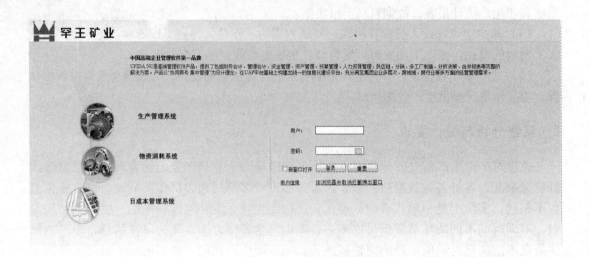

图 1　登录界面

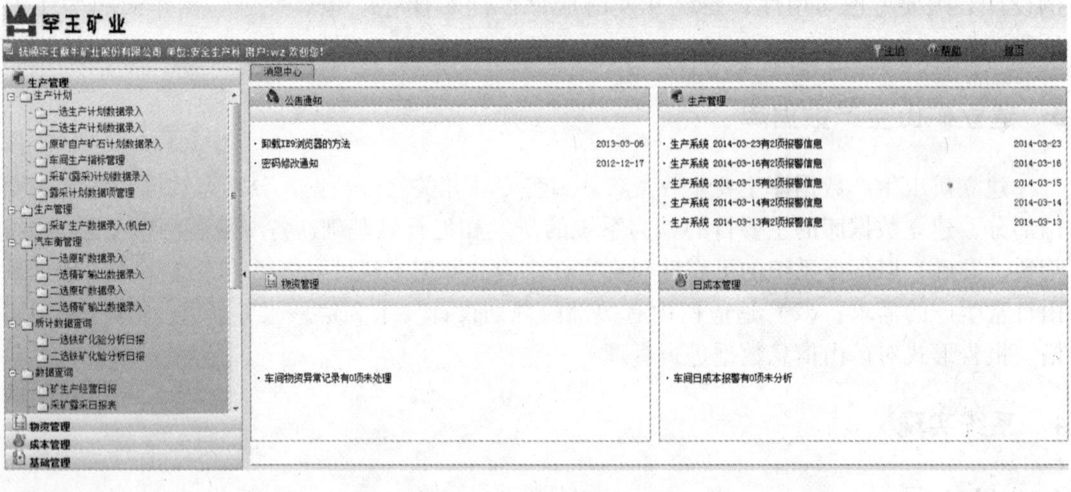

图 2　操作界面

数据，明确规定系统内部组织结构，从而方便了后面的业务系统能自动根据基础信息的内容进行数据的操作、分类、显示等。

4.2.2　生产管理

生产管理是对矿山整体生产系统动静态数据的统合，该功能建立了全面的数据体系，主要有生产计划、生产管理、汽车衡管理、质计数据查询、数据查询、统计台账。而且使之能够与矿山生产实时相关。集管理、录入、输出、显示、报表等操作一体化。简单高效，界面简单明了实用率高。如图 3 ~ 图 5 所示。

4.2.3　物资管理

物资管理是将各项物资的归类用度做了明细的集合，把当前内部的资产库存和运行资产进行挂钩，并且对当前整个企业库存状况、库存资金、成本进行有效的管理和跟踪。其

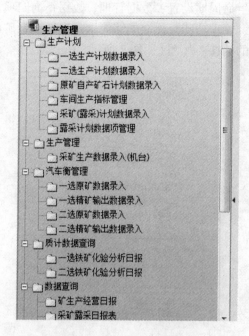

图3 生产管理分类项

一选生产数据录入

请选择日期：2014-4-13 ▼ 请选择班型：一八点班一 ▼ 请选择班别：一甲一 ▼ 　　保存

产品产量 | 设备台时 | 库存数据 | 其他数据

系列	原矿耗量(t)	入磨矿量(t)	原矿品位mFe(%)	原矿品位TFe(%)	入磨品位mFe(%)	入磨品位TFe(%)	精矿产量
一	0						6
二	0						6
三	0						6

图4 生产管理—生产数据录入管理

傲牛一选矿生产日报

请选择日期：2014-4-1 ▼ 　导出

序号		项目	单位	合计	累计	年累计	甲班				乙班				丙班			
							合计	一系列	二系列	三系列	合计	一系列	二系列	三系列	合计	一系列	二系列	三系列
1		原矿耗量	吨	7025.71	7025.71	420660.29	2130.33	708.02	708.02	714.3	2342.41	780.8	780.8	780.8	2552.97	849.81	849.81	853.35
2		入磨矿量	吨	5235.71	5235.71	315027.29	1589.33	528.02	528.02	533.3	1760.41	586.8	586.8	586.8	1885.97	627.81	627.81	630.35
3	原矿	原矿品位(TFe)	%	22.35	22.35	22.67	22.11	22.11	22.11	22.12	22.01	22.01	22.01	22.01	22.86	22.86	22.86	22.86
4		原矿品位(mFe)	%	17.32	17.32	18.4	16.96	16.96	16.96	16.97	16.93	16.93	16.93	16.93	17.98	17.98	17.98	17.98
5		入磨品位(TFe)	%	27.69	27.69	28.02	27.35	27.35	27.35	27.35	27.06	27.06	27.06	27.06	28.56	28.56	28.56	28.56
6		入磨品位(mFe)	%	22.84	22.84	24.25	22.33	22.33	22.33	22.33	22.13	22.13	22.13	22.13	23.92	23.92	23.92	23.92
7		产量	吨	1992	1992	118861	602	200	200	202	648	216	216	216	742	247	247	248
8	精矿	精矿品位(TFe)	%	66.82	66.82	67.75	67.04	67.04	67.04	67.04	66.87	66.87	66.87	66.87	66.61	66.61	66.61	66.61
9		水份	%	8	8	8.05	8	8	8	8	8	8	8	8	8	8	8	8
10		细度(-0.074mm)	%	65.56	65.56	65.06	67	67	67	67	66	66	66	66	64	64	64	64
11		尾矿品位(TFe)	%	3.65	3.65	3.94	3.15	3.15	3.15	3.15	3.87	3.87	3.87	3.87	3.88	3.88	3.88	3.88

图5 生产日报表

中主要有设备分类设置、生命周期设置、数据管理、数据查询四项。该功能集合了选厂各项物资的出入记录、查询、管理功能。使之能够简单直观地查看矿山各项物资消耗和出入管理，以便于减少不必要的消耗。如图 6、图 7 所示。

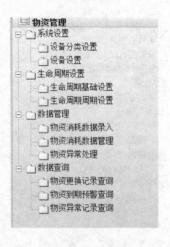

图 6　物资管理

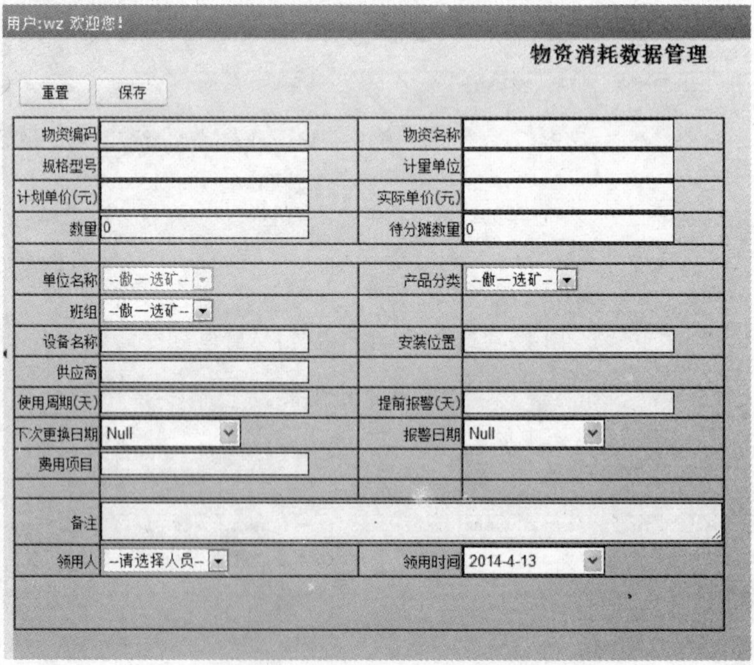

图 7　物资管理—物资消耗管理

4.2.4　成本管理

该功能主要是将矿山生产成本从从前的旧模式中解离出来，通过数据的收集和整合将各个环节的成本具体体现出来，以达到降低成本节能高效的目的。如车间成本指标管理、班组成本指标管理、机台成本指标管理、厂矿成本指标管理、车间日消耗查询、工段消耗查询、厂成本汇总查询等。细致详细的分类到了各个环节，以做到从最基础的地方做到缩减成本提高效益。如图8、图9所示。

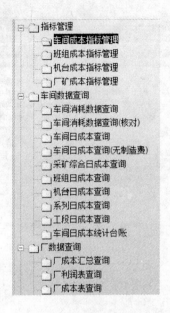

图8 成本管理

	项目	单位	单耗指标	单耗指标（最小值	单耗指标（最大值）	是否参与考核	备注
1	一、职工薪酬及福利		0	0	0	☑	
2	直接工人薪酬		0	0	0	☑	
3	福利费		0	0	0	☑	
4	保险费		0	0	0	☑	
5	二、物资		0	0	0	☑	
6	球锻		0	0	0	☑	
7	钢球	kg	0	0	0	☑	
8	钢锻	kg	0	0	0	☑	
9	衬板		0	0	0	☑	
10	球磨衬板	kg	0	0	0	☑	
11	破碎衬板	kg	0	0	0	☑	
12	筛片		0	0	0	☑	
13	破碎筛片		0	0	0	☑	
14	磨选筛片		0	0	0	☑	
15	皮带		0	0	0	☑	
16	500皮带	m	0	0	0	☑	
17	650皮带	m	0	0	0	☑	
18	800皮带	m	0	0	0	☑	

图9 成本管理—车间成本指标管理

4.2.5 设备管理和检测

设备管理和检测是以技术对象的组织方式管理设备的静态信息，根据设备的登记，了解企业当前设备的状况，对设备进行动态跟踪和管理。对设备进行计划预防性、预测性提示维修。通过系统的查询功能和状态提示，检索到企业资产的维修预防等显示信息，如图 10 所示。

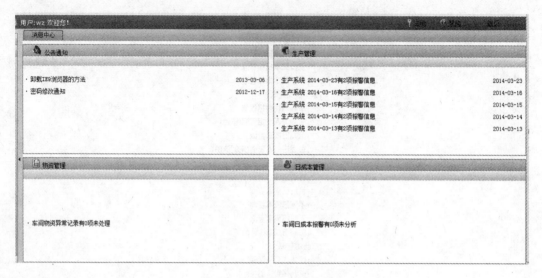

图 10　检测信息提示

4.2.6　查询分析和决策支持

系统提供完善的综合数据查询、统计汇总、分析功能，为管理层决策提供依据。可以查询全部资产的个体状况，也可以按照分类、部门、编号、采购时间、设备状态、维修、维护、备件状况等各种状况进行查询。统计汇总可以按照不同要求，统计分析企业资产的实际使用效果，使管理机构对企业资产的状况得到准确的结论，从而调整企业资产的组成和构成，对不良资产进行合并、整理等资产管理方式。分析功能提供按照企业资产的状态，资产在某段时间过程中的使用效率、维修次数等资产的趋势，实现数据分析的功能。

4.2.7　报表工具

系统提供自定义报表工具，方便企业进行报表定制。通过自定义的报表，按照不同的管理要求，随时设计出来符合自己单位、领导要求的企业报表。

4.2.8　基础管理——系统维护和安全性管理

通过系统中的用户、角色、权限及数据库的管理，来维护整个系统的运行。设置操作人员的基本用户、基本角色和基本权限，以及整个系统中需要进行的数据库的维护和管理，并对数据库进行备份等。用户在进入应用程序查看或编辑数据时，必须提供有效口令。每当用户进入时系统将自动记录使用情况以备检查，防止非法用户的进入，破坏数据库的数据。系统还可在客户端自动更新。此外，用户还可在此基础上自行开发设计新的设备管理应用。如图 11 所示。

图 11　基础管理

5 结束语

系统投入运行一年来，系统运行稳定、安全高效，整体性能良好；该系统操作及维护方便，所有应用部门反映较好；该系统在应用过程中，信息的导入导出方便、灵活，使信息得到快速传递及共享，提高了企业管理的档次和工作效率。该管控系统有利于企业进行科学化、制度化和规范化的管理，降低成本，提高竞争能力。该管控系统的成功应用为建立数字化矿山打下基础。

参 考 文 献（略）

海南砂矿水下采选的选矿工艺设备选型

康金森　　张　旭

（宁德市康鑫矿山设备设计研发有限公司，宁德　352100）

摘　要：以海南砂矿水下采选的开掘法决定后，随其砂矿浆的脱碴筛分分级要优化选型，同时决定了对应的选矿工艺设备选型给予匹配；对"传统"与"新兴"观点进行对比分析，提出择优倾向性的选矿工艺设备选型，交代了选矿的后续产品转移与输送方案。

关键词：脱碴筛分；溜槽选矿；优势选型

海南钛铁锆砂的可选性，早在 20 世纪八九十年代已被人们所认识。现在由海南泰鑫矿业公司（下简称"海南泰鑫"）提出万宁保定锆钛矿资源开发利用工程项目采选设备正在选型之中。有关水下采选的开掘法，基本可确定，现重点评论开掘后续的筛分选别工艺设备选型。

1　海南砂锆铁矿筛分分级

海南万宁保定海区砂矿组成有如下特点：

（1）砂矿组成较干净，体现砂矿在水下堆积伴有呈贝壳、蛤片、珊瑚碎屑，约有 3% ~ 5%。这些碴杂比较轻，容易筛洗出去。

（2）有一点泥质但不多，也不会产生胶结，以至不会造成矿浆浑浊，影响选矿过程的分层分带分选。

（3）砂层中没有夹杂过多有机杂物，如麻绳纤丝、树枝叶片类等。

（4）金属矿物的粒度分级比较集中，钛铁主要集中于 $-0.2(0.25) \sim 0.04\text{mm}$，锆石比钛铁矿粒度略细一些。

被吸扬送船上的矿浆，首要问题就是脱碴分级和沉淀浓缩，同时稳衡矿浆量。则筛分脱碴相应有生产能力、脱碴能力、功率配套。从前习惯采用卧式滚筒筛，拟 $\phi 1500 \times 3000$ 规格，筛孔控制 -4mm，生产能力可达 $600 \sim 800t/h$，这种适用于江河中，含较大粒砂砾石，功率在 4.0kW 左右；如果滚筒筛放大 $\phi 1800 \times 3600$ 时，生产能力可扩大 $800 \sim 1000t/h$，折合矿浆量可达 $2400 \sim 3000\text{m}^3/h$，所需功率不大于 5.5kW。根据我们的实践，筛孔换成 $\pm 2\text{mm}$（20 目）不锈钢网，海南海砂都好筛分脱碴。采用 B1200 $\times$ 3600 座式直线筛（代用试验），所需功率 $1.1 \times 2\text{kW}$，脱碴非常顺畅。

但是如果滚筒筛网换成 60 目（0.25mm），生产能力降低 2/3。故南方某科研设计提出采用叠层高频细筛，连其他的筛分机也可选择。可是湿式筛分脱碴控制，但它相应生产能力及设备摆布包括所需功率，将占领选矿主选设备 1/3 地盘。这样形成了两种不同观点：一是前者初级脱碴筛分（$\pm 2\text{mm}$）即可进入下一步选矿；二是后者以筛代选，把大于 0.25mm 筛分脱除掉，来减少选矿负担台数，这里筛分效能是否可以代替选矿功能呢？

还有，筛分脱碴是一方面，另一方面随后即进入矿浆浓缩。设备配置方面前者优胜后者。我们对宁波九洋疏浚（下简称"九洋"）的船舶做了改装设计方案，在滚筒筛筛下矿浆池加入斜板浓缩排溢新技术，将起到分级效果，可参见图1。

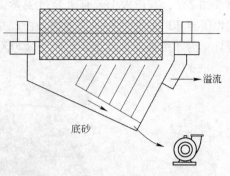

图1 船舶做了改装设计方案

按照"九洋"船中腹宽不小于18m，实地可组装4台 $\phi 1500 \times 3000$ 滚筒筛，所以矿浆处理能力可达 $12000 \sim 14000 m^3/h$。

两派观点的筛分脱泥要针对后面的螺旋选矿设备技能要求：

（1）粗筛（滚筒网孔 $\pm 2mm$）——大型粗（初）选设备（前者新兴派）；

（2）细筛（湿式 $<0.25mm$）——中型螺旋溜槽（后者传统派）。

2 海南砂矿选矿设备选型

人们常识所知 $\phi 1200$ 螺旋溜槽，一般生产能力 $7.0 \sim 7.5 t/(h \cdot 台)$，适应粒度 $0.25 \sim 0.037mm$。螺溜材质有标准防腐耐磨玻璃钢，螺旋片断面呈立方抛物线轮廓，大量实践生产证明它们适应性；而海南有一种自制的PVC螺溜，其断面不完全是立方抛物线轮廓，在内外缘的曲率弧形度，因成形限制简单过渡，远达不到标准立方抛物线的螺溜。它的有点比较廉价，但选别效能就不及玻璃钢螺溜，而且易老化变形，实用寿命较短。显然所见，螺溜不适应中粗粒级，如大于或等于 $1 \sim 2.0mm$ 选别，比较苛求入选粒度，所以要求筛分机筛网常更换。持这种观点的矿业科技人士已有七八年了，称"传统老一派"。

新兴一派观点，即粗筛之后研制一套宽粒级的选矿设备。其一种大型螺旋溜槽，国内流行有 $\phi 2000 \times 1200$ （距径比 $i = 0.6$），在广西车河实用，见图2。它是处理锡粗砂 $2 \sim 0.074mm$ 代替粗砂摇床。该机双头，处理能力 $\leqslant 12 t/(h \cdot 台)$ 水平，由于断面为立方抛物线，内缘横向坡角已小于 $6°$，所以产生滞流堵塞，也会形成"水陆洲"，破坏了螺旋流膜选矿；加上螺旋片老化变形，螺旋片内矿浆流态较差，在最后螺旋出料精矿带进不了内缘

a b c

图2 大型螺旋溜槽

槽（图 2c），有识人士若有机会可去参见螺旋选矿"老宝贝"。由康其人于 20 世纪 90 年代也研制 ϕ2000 普通钢螺旋溜槽，由北京恩菲公司出口至玻利维亚，而后在此基础上优化设计，为印尼某海滨钛铁矿研制了 ϕ2000 大型螺溜，参见图 3。

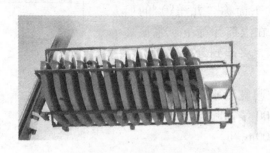

图 3　螺溜

它是修正立方抛物线，内缘增加线性倾角和外缘高幂方程圆曲呈复合断面轮廓，可保证入选粒度 - 2mm，强化下限粒度（+ 0.04mm）回收率，且内缘设有冲洗水的设置，呈 K. DL-ϕ2000 ×960 × 三头组装大型螺溜，也完全可信任海砂选矿。

其二、ϕ2000 圆锥选矿机，它本身就是用于澳大利亚的海滨砂钛铁选矿。在我国圆锥选矿始于 20 世纪七八十年代，由广州有色院仿绘澳大利亚的图纸，由福建宁德选矿设备厂玻璃钢研制锥体。我国第一代圆锥选矿也用于海南砂矿，例如在万宁的乌场（陆上）选钛铁矿，标准三段七层锥加螺旋溜槽精选联合，选矿指标：（1）处理量 60 ~ 65t/h，（95 ~ 100t/h 包括中矿返回）；（2）给料浓度 60%；（3）当给矿品位 TiO$_2$ 为 1.1%、ZrO$_2$ 为 0.123%；（4）精矿品位 TiO$_2$ 为 33.61%、ZrO$_2$ 为 3.85%；（5）尾矿品位 TiO$_2$ 为 0.184%、ZrO$_2$ 为 0.0133%；（6）回收率 TiO$_2$ 为 82.21%、ZrO$_2$ 为 77.28%。目前国内外 ϕ2000 圆锥的选别锥，都是单坡度，例如外选别锥单坡度 17.5°（17°）；内选别锥单坡度 16.5°（16°）~ 15.5°。宁德康鑫近年代研制多段选别锥度。依据溜槽选矿的坡角，粗粒（2 ~ 0.5mm）坡度 20° ~ 17°，中粒（0.5 ~ 0.1mm）坡度 15° ~ 12°，细微粒（0.074 ~ 0.037mm）坡度 12° ~ 8°。我们研制了 ϕ2400 或 3000 规格圆锥就是采用多段坡度 18° ~ 8° 变化选别锥，能加深对细粒有用矿物回收潜能，同时直径加大生产能力提高了 25% ~ 50%，而且选矿线加长能有效提高选矿指标。

其三、大型塔式螺旋选矿机（专利号 2013207094318）。该 K. XL-ϕ1500 × 四头选矿机是为海上选别海南砂矿量身定制的，其特点之一是变径变距的，上圈 ϕ1040 ~ 下圈 ϕ1500，构成塔式；特点之二螺旋断面是双椭圆与中间段立方抛物线复合而就，它可入选上限粒级 2（2.5）mm，同时回收下限延深至 0.037mm；特点之三螺旋选矿上方可布设四方给料点，而下方缩敛呈"一"字形两侧卸料——精中尾矿，能在海船上波浪适应性。同时该机由四方（宁德康鑫、海南泰鑫、宁波"金洋"船公司、临海海德盛船舶公司）组成工业试验考核。经需方海南泰鑫化验分析结果是成功可行。为提高选别效果，螺旋出料的中矿设置内小尖缩溜槽结构，将进一步降低尾矿品位之关键，由此提高了本机技术含量。

即此，新兴一派观点：粗筛均可配对其一、二、三三者大型溜槽选矿，它们既有适应上限粒度 2（2.5）mm，又可加强回收下限粒级 300 ~ 320 目的潜能。同时更适应有颠簸船体上作业。一般允许摇摆角度3°~5°，特别其二、三适应性更强；而普通螺旋溜槽这样结构就不适应颠簸船上作业。

3　水下采选后续问题

水下采选有两个后续运输问题，集中为两点：

（1）海上采选跟普通一座选矿厂一样，水下采选的毛重砂（粗精矿）运输到岸上待进一步加工。配合采选方案有驳船（约2500m³）；然后驳船开到离岸边的中转站附近，通过管道（抽砂式）转移；终后由中转站的管道输送到精选厂精选。这里中转站储容应有三四倍大的驳船容量，保证粗精矿连续平稳送至精选厂，可参见图4。

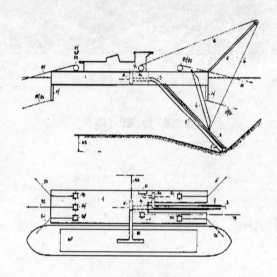

图4　驳船运输示意图

具体实施由海上浮箱、管道和高压泵（站）来执行粗精矿，驳送流程如图5所示。

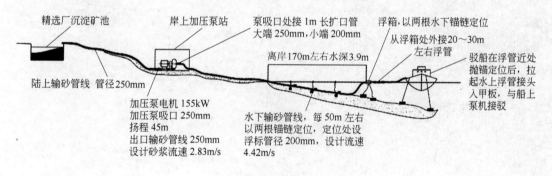

图5　驳送流程

（2）粗选尾矿排放方式，它跟水下采掘开拓方法相关，划定开拓采矿方块，拟定排放顺序，该方案比较经济可实行回填，参见图6。

有关水下开采相连的环境保护和综合治理，及岸上精选厂，此处不再赘述。所涉及水下采选的后续作业也是相当紧要的问题。

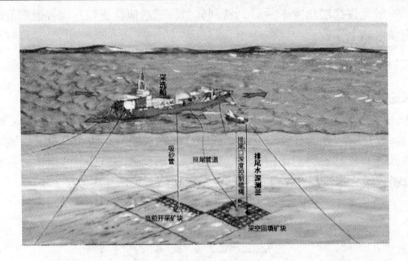

图 6　粗选尾矿排放示意图

参 考 文 献（略）

我国铁尾矿干排现状与工艺研究

朱逢豪　　侯华清

（山东地矿股份有限公司，济南　250000）

摘　要： 随着我国开采业的不断扩大和选矿技术的快速发展，尾矿处理越来越成为一种社会问题和环境问题。传统工艺上的湿排虽然技术成熟，工程实例较多，但在安全性、环保性、资源回收角度越来越成为焦点问题，尾矿干排工艺在这方面凸显了其优越性。本文对比了干排和湿排的各项指标，介绍了最常用的干排处理工艺、设备及优缺点，以山东地矿股份有限下属矿山的尾矿处理工艺为实例，阐述了尾矿干排干堆和尾矿充填在社会效益和环境效益上的优越性。

关键词： 湿排；干堆；充填；工艺及设备；工程实例

据统计，我国 92% 以上的一次性能源、80% 的工业原料、70% 的农业生产资料都是以矿产品为原料提供的。由金属或非金属矿山开采出的矿石，经选矿厂选出有价值的精矿后产生细砂一样的"废渣"即尾矿。尾矿一般作为固体废弃物而以尾矿库的方式储存，根据国家安监局统计数据，全国共有 12655 座尾矿库，其中，四等和五等小型尾矿库 12122座，占绝大多数（2009 年）。金属矿山堆存的尾矿量已达 50 亿吨以上，而且以 6 亿吨/年的速度递增，其中铁矿山每年排放 1.3 亿吨，有色金属矿山年排放 1.4 亿吨，黄金矿山较少，也在 2450 万吨以上（2010 年）。每年因固体废弃物的污染造成的经济损失在 300 亿元人民币左右，其中每年要花费 10～15 亿元用于堆存尾矿，15～25 亿元用于维护尾矿库。

1　尾矿干排处理现状

目前我国绝大部分尾矿库是利用传统水力冲填法使尾矿入库，矿浆浓度一般为 15%～25%，尾矿干排是今后尾矿研究的一个重要方向。尾矿干堆技术、尾矿充填技术、尾矿加工建材制品等尾矿整体利用技术并称为国内大中型矿山尾矿处理和利用的三大主要途径。

1.1　尾矿干堆

压滤后尾矿的干堆技术对解决矿山尾矿问题来说，并不是一剂万能药，从经济角度来说，尾矿干堆不及常规尾矿排放方式有优势。但是，随着尾矿干堆场数量的增加和法律的进步，承载着矿山、管理者、公众三方面期望的尾矿干式堆存技术逐渐成为尾矿运行管理的一个选择。

干堆技术是指尾矿经过脱水处理后产出的一种高浓度/膏体尾矿砂，采用皮带或者汽车送到尾矿场堆积，然后用推土机推平压实，形成不饱和致密稳固的尾矿堆。这种方法的关键在于尾矿经过脱水后在堆积过程中不发生离析、渗析，具有一定的支撑强度，能够自然堆积成。优点是安全性能高，尾矿库维护简单，综合成本低。缺点是尾矿在地表存放对环境的危害并没有根本上消除，尾矿脱水技术所用的设备结构复杂，维护费用较高，前期投资费用较高。

当遇到以下情况时应首先选择干堆：与水力输送尾矿分散排矿筑坝相比更具经济性；对尾矿库安全有特殊要求；环保和节水有特殊要求；库区地形、地质条件、尾砂物理力学条件不适宜采用水力输送尾矿分散排矿筑坝；位于降雨量少的干旱地区的矿山，尾矿库建设征地难的矿山，尾矿废水中还存留较多有价值的矿物元素、需进行废水回收的矿山以及采用尾矿湿排法不能满足当地安全和环保要求的矿山；南方多雨、汇流面积较大、地形与地质条件受限地区，采用尾矿干堆工艺还应慎重考虑。

1.2　尾矿充填

尾矿充填技术已经比较成熟，前后经历了从干式充填到水力充填，从分级尾砂、全尾砂、高水固化胶结充填到膏体泵送胶结充填的发展过程。按照尾砂的利用方法和利用率，可将充填分为分级尾砂充填和全尾砂充填两大类，其中分级尾砂充填是比较成熟的充填工艺，但是逐渐地退出历史舞台，全尾砂高浓度充填只是过渡性的技术，现已发展到全尾膏体充填技术，全尾砂处置产品从滤饼演变到膏体使尾矿处理发生了根本性变革。膏体充填是具有良好稳定性、流动性和可塑性的牙膏状胶结体，在重力和外加力作用下以柱塞流的形态输送到采空区进行充填。

膏体充填的关键技术包括高浓度尾砂的制备、胶结材料的选择和胶结料浆的输送技术。膏体包含全尾砂、水、胶结材料、粗骨料和改性材料，胶结材料主要有水泥和全砂土胶固材料，改性材料有减水剂、减阻剂等，如何制备全尾矿似膏体是提高充填体强度和节约金属矿山充填成本的重要途径。快速脱水浓缩是膏体充填工艺成功应用的重要前提，目前已形成以过滤设备为核心的多段脱水方式及以深锥浓密机为核心的一段脱水方式。

利用尾矿充填，既可以解决矿山充填骨料来源，又能够解决或部分解决尾矿的排放问题，是解决尾矿排放问题的有效途径，具有环境意义和社会意义。

1.3　尾矿干排与湿排的对比

根据 ICOLD 的统计分析，自 20 世纪初以来，已经发生的各类尾矿库事故不少于 200例。我国的大部分尾矿库普遍存在浸润线过高、调洪库容不够、坝体裂缝现象严重、坝体安全观测设施不健全等重大安全与环保隐患。干排与湿排相比较，在安全性能、生态、二次回收、占地及综合利用等方面，有明显的优势，两者具体的分项对比见表1。

表 1　干排与湿排的各项对比

对比项	干　排	湿　排
技术问题	尾矿脱水工艺复杂，脱水成本高，如何提高尾矿脱水设备系数、简化尾矿脱水工序、降低尾矿脱水成本还有待进一步研究；还没有一套完全适用于尾矿干堆的设计规范，在尾矿干堆设计中，一般是参照传统湿式尾矿排放法的设计规范；尾矿干堆的评价体系和评价模型也尚未建立；推广应用范围、技术成熟度方面相对有限，工程实践经验积累还远远不够，缺少系统的应用研究和试验分析作支撑	工艺成熟、工程实例较多、经验相对丰富，建设周期短，可使企业早投产早见效

对比项	干　排	湿　排
管理问题	尾矿库干堆场安全管理主要是参照适用于传统尾矿的《尾矿库安全管理规定》和《尾矿库安全监督管理规定》，但尾矿干堆在安全管理过程中还有一些特殊要求，如应注意避免运输沿途的污染；尾矿中含有毒物质时要定期清洗运输车辆和压滤车间；高寒地区压滤车间要有保暖设施；机械碾压尾矿时要注意保护防渗设施等	安全管理要求严格
库容及服务年限	库容利用系数可达 1.0~1.4，甚至更高，延长现役尾矿库的使用寿命	库容利用系数一般小于 0.8
回水利用率	绝大部分矿浆水在入库前就回用或集中处理，将 80% 以上的回水在选厂车间内实现闭路循环，同时减少地表蒸发和地下渗透等因素减少的可利用回水量	在尾矿库设置回水系统，利用率较低
二次利用	有利于有价贵金属的再选，根据尾矿成分用于开发建筑材料，延长企业产业链。如粗砂可作为建筑用砂，细砂可用于填充造地	不方便二次回收和利用
土地资源的占用	地形限制较少，使尾矿处理大为简化，节省尾矿占地，节约了征地费用	占地面积大
成　本	企业前期需要投入更多的资金配置压滤设备或浓缩设备，但可降低初期基建投资和封场（或闭库）费用	建设费、运营费、维护费较高
生态环境	减少了地下水渗漏及有毒污染物质迁移，对周边环境污染少，容易进行回填复垦和生态恢复，土地沙化和植被恢复问题易解决	矿浆水常含有选矿过程中添加的药剂、重金属离子以及在尾矿堆存过程中氧化产生的硫酸等物质，将会对大气和水土造成严重污染，并导致土地退化，植被破坏
尾矿入库输送方式	压滤后用皮带、汽车运输，高浓缩尾矿可以采用泵送	泵送或者自流，管道输送
维护和维修	对干排设备的维护及各环节协调管理任务较为繁重，但是对尾矿库的日常管理和维护及整改费用较少	后期需要继续投资，尾矿库维护治理费用较高，据统计，我国冶金矿山每吨尾矿需尾矿库基建投资 1~3 元，生产经营管理费用 3~5 元，全国现有的尾矿库，每年的运营费用高达 7.5 亿元之多

2　尾矿干排设备、工艺及实例

2.1　干排设备

　　不管是干堆还是充填，第一步制备高浓度的尾矿是关键，目前主要的尾矿处理工艺方式为浓缩设备＋脱水设备＋输送设备。浓缩设备主要有普通圆池型浓密机、斜板浓密机、斜管浓密机和高效浓密机。脱水设备主要有过滤机和压滤机，过滤机分为重力过滤器、真空过滤机和陶瓷过滤机 3 大类，压滤机有板框压滤机、厢式压滤机、立式压滤机和带式压滤机。国外用到的脱水设备有张弛筛、振动筛、振动离心机、斜板分离器等，其中张弛筛和振动筛用于尾矿的筛分，斜板分离器可用于有毒废水的澄清和矿浆浓缩。

2.2　干排工艺及实例

　　尾矿直接压滤，尾矿浓缩—压滤/过滤，尾矿分级—浓缩—压滤/过滤是目前最常用的 3 种工艺，具体工艺有以下五种：旋流器—浓缩机串联浓缩方案工艺流程，见图 1。特点是充分地利用了尾矿不同粒径的差异，优先将大颗粒浓缩，提高了浓缩机的处理能力，减少了浓缩机的直径，节省了投资。缺点是排出的尾矿浓度不高，不易干堆；过滤方案工艺流程，见图 2。特点是可得到含水较低的物料，便于运输，达到直接干排的目的。缺点表现在需要较大规格的浓缩机，占的面积大，投资高。不适于大、中型的选矿厂；两段浓缩—过滤方案工艺流程，见图 3。特点是旋流器的一段脱水，减轻了浓缩机的工作量，可使浓缩机的溢流水澄清，避免跑浑，同时浓缩机的规格也可以减小，占地面积少，投资费用降低。缺点在于过滤机的工作量大，需要大规格的过滤机或多台过滤机，能耗较高；两段浓缩—脱水筛方案工艺流程，见图 4。特点是可利用脱水筛脱水，减少了过滤机，节电、节省了投资。缺点表现为脱水筛下的细粒级物料返回到浓缩机形成无限循环，影响浓缩效果，使

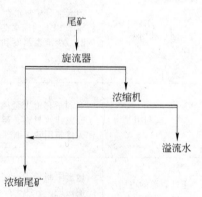

图 1　旋流器—浓缩机串联
浓缩方案工艺流程

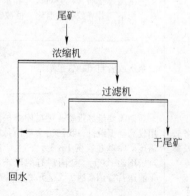

图 2　过滤方案流程图

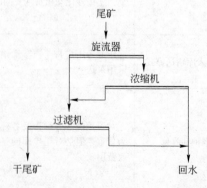

图 3　两段浓缩—过滤方案工艺流程图

浓缩澄清水跑混；最终将脱水筛的筛下物排入尾矿库，没能达到全部干排；两段浓缩—分段脱水方案工艺流程，见图5。该工艺的优点为利用旋流器和脱水筛进行，先将粗、重颗粒分选脱水后干排，减少了浓缩机、过滤机的工作量，使得浓缩机、过滤机的规格减小，减少了占地面积，降低了投资费用，脱水筛的筛下物给入过滤机确保了固液分离，达到了全部干排，过滤机的排液及冲洗水返回浓缩机，保证了生产用水的质量，缺点则是工艺较前几种方案复杂，设备种类较多。

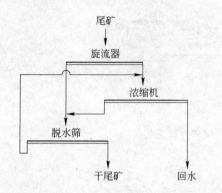

图4 两段浓缩—脱水筛方案工艺流程图

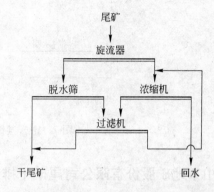

图5 两段浓缩—分段脱水方案工艺流程

　　山东煤机装备集团设计的处理铁矿尾矿的有效新工艺。尾矿浆进入旋流器，粗颗粒由水平带式过滤机过滤脱水，细颗粒先进入浓缩机沉淀后，底流由立式压滤机高压脱水形成滤饼，浓缩机的溢流水、水平带式真空过滤机和立式压滤机的滤液进入回收水池，返回选矿工艺循环利用，见图6。密云某铁矿选矿厂，设计尾矿干排工艺为旋流器—脱水筛+浓密机—压滤机。旋流器首先实现粗粒级物料的高效快速分级、浓缩，粗粒物料进入高效变频脱水筛，脱水筛筛上物料含水率为14%～18%，实现粗粒尾矿皮带运输干排，筛下返回旋流器入料泵池；细粒物料进入浓密机及压滤机，实现细粒干排及回水再利用，见图7。通过该矿的实践结果表明：高效旋流器与变频脱水筛组合设备可实现粗粒尾矿的快速干排，旋流器沉砂浓度高、产率大，脱水筛筛上浓度达到82%以上，粗粒尾矿的预先脱除降

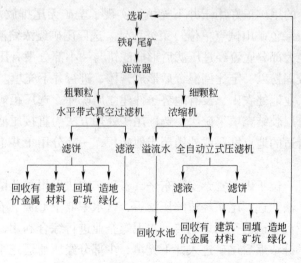

图6 山东煤机设计的尾矿处理工艺

低了进入浓密机及压滤机的干矿量，减少了浓密机的面积及压滤机使用台数，节省了初始投资及运行成本。

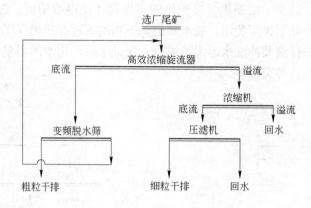

图 7　密云某铁矿选矿厂尾矿处理工艺

3　山东地矿股份有限公司尾矿干排实例

山东地矿股份有限公司下属四家铁矿山，每个又因自身的特点有着各自的尾矿排矿方式。娄烦县申太选厂位于水源保护区，矿山采矿采用无底柱分段崩落法，允许地表塌陷，塌陷区用干抛尾矿充填。选厂尾矿处理方式是干排后干堆，工艺流程形象联系图见图 8。浓度为 26%～29% 的尾矿用旋流器组第一次分级，粗颗粒尾矿浓度可达 60%，铺到脱水机滤布上，作为尾矿滤水的底层铺料；旋流器溢流的尾矿浆输送到浓密机中浓缩，澄清水泵至选厂回用，使底流尾矿浓度达到 40% 左右；浓缩后的尾矿浆平铺到底层粗颗粒铺料上，尾矿铺料随同滤布一起通过真空脱水机后，干燥的尾矿饼通过皮带输送机运至尾矿干堆库。该尾矿库已经达到了《尾矿库安全生产标准化评分办法》三级安全标准化要求，对我国尾矿干排技术的推广起到了推动作用。

淮北徐楼有限公司地处平原地区，周边无可利用地势建立尾矿库，采矿使用上向分层嗣后充填法，选矿厂的尾矿正好用于井下充填，实现了全矿无尾排放及资源的综合利用，因此获得了"国家级绿色矿山试点单位"荣誉称号。选厂尾矿经浓缩池沉淀后，澄清水泵至选厂车间用水，绝大部分底流经过压滤后形成滤饼与一小部分没有压滤的底流尾矿用泵输送至充填站，与胶固粉以一定比例混合后形成膏体，进行井下充填。

安徽芜湖太平矿业地处农田，没有地势条件建立尾矿库，选厂距矿山有一定距离。矿山采矿方法为上向分层胶结充填采矿法，选厂尾矿处理方法为直接压滤后干排，一部分干堆后用汽车运输至合适的地点堆存或外销至当地砖厂，一部分用于井下充填，最终实现无尾排放及综合利用。

山东东平盛鑫矿业位于山东省泰安市东平县，采矿方法采用浅孔留矿采矿法和上向水平分层胶结充填采矿法。选厂尾矿经浓缩压滤后，含水率低于 15%，在井下还没有形成充填能力之前，全部用汽车运送至当地制砖、水泥等企业进行综合利用，后期待尾矿充填系统全部建成后，大部分浓缩后尾矿进入井下充填，少部分经压滤运送至当地制砖、水泥企业，最终目标是建成绿色环保无尾矿山。

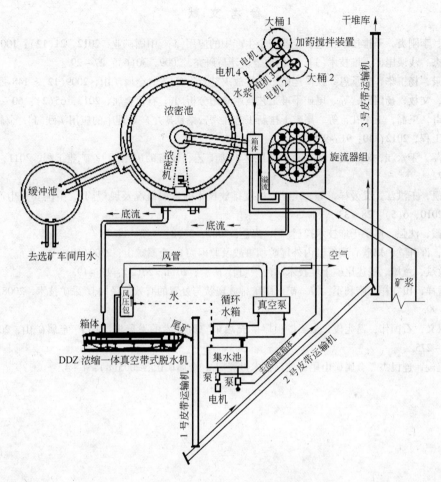

图 8　申太选厂尾矿干排工艺流程形象联系图

4　结论

（1）尽管尾矿干排工艺还存在一些问题，但该方法符合社会对安全和环保的要求，随着相应的政策、规范、技术、设备的不断完善，尾矿干排具有较大的发展空间，具体体现在应用手段越来越多和应用成本更低、经济效益更好两个方面。不管是干排后堆、外销还是井下充填，在政府和社会提倡安全和环保的背景下，优越性越来越明显；适用于尾矿干排的设计规范、安全管理规定正不断完善；脱水设备将朝着自动化、智能化、简单化和高效化的方向发展。

（2）脱水工艺是尾矿干排的关键技术，目前常用的脱水工艺主要有五种，各具优缺点。脱水设备种类繁多，企业选择脱水设备时应综合考虑尾矿性质和处理量等，选择适合自身特点的尾矿处理工艺，努力降低脱水成本，实现尾矿处理系统高效运行。

（3）从山东地矿股份有限公司下属矿山的尾矿排放方式对比来看，尾矿干排干堆和尾矿充填在社会效益和环境效益上凸显了其优越性。干排技术在山东地矿股份有限公司的成功应用，为尾矿干排技术的发展起到积极推动作用。

参 考 文 献

[1] 张德，李刚炎. 干排技术在选矿企业安全生产中的应用[J]. 中国矿业，2012，21(12)：100~104.

[2] 罗敏杰. 浅谈尾矿干堆技术[J]. 有色冶金设计与研究，2009，30(6)：27~29.

[3] 赵龙录，杨玉华，贾承恩. 铁矿尾矿干法排放工艺及设备[J]. 金属矿山，2009(12)：148~150.

[4] 傅灿，文枚，杨国刚，等. 尾矿干堆工艺技术应用分析[J]. 有色金属，2013，65(2)：60~63.

[5] 崔学奇，王磊，王书礼，等. 尾矿干排新工艺在密云某铁矿尾矿处理中的应用实践[J]. 金属材料与冶金工程，2012，40：91~93.

[6] 商林萍，于永江，刘义良，等. 新一代尾矿干排工艺和设备的应用[J]. 矿业工程，2011，31(3)：70~72.

[7] 杨盛凯，王洪江，吴爱祥，等. 尾矿高浓度排放技术的发展概况及展望[J]. 中国安全生产科学技术，2010，6(5)：28~33.

[8] 迟春霞，沈强. 尾矿干堆技术探讨[J]. 黄金，2002，23(8)：47~49.

[9] 魏勇，许开立，郑欣. 浅析国内外尾矿坝事故及原因[J]. 金属矿山，2009(10)：1~4.

[10] 邓政斌，童雄. 浅述尾矿干堆技术的前景[J]. 矿冶，2011，20(2)：10~19.

[11] 何哲祥，田守祥，隋利军，等. 矿山尾矿排放现状与处置的有效途径[J]. 采矿技术，2008，8(3)：78~90.

[12] 张保义，石国伟，吕宪俊. 金属矿山尾矿充填采空区技术的发展概况[J]. 金属矿山，2009，11：272~275.

[13] 吕宪俊，连民杰. 金属矿山尾矿处理技术进展[J]. 金属矿山，2005(8)：1~4.

新型螺线进料柱式旋流器在磨矿分级工艺中的应用

王　磊　崔学奇　锁　军　王世兰　齐加刚

（威海市海王旋流器有限公司，威海　264203）

摘　要： 本文介绍了新型螺线进料柱式旋流器在铁矿一段磨矿分级工艺中的应用情况，现场运行数据表明该新型旋流器与常规旋流器、螺旋分级机相比，具有分级效率高、返砂质量好等优点，在保证旋流器溢流细度的前提下可有效降低磨矿系统循环负荷、提高球磨机原矿处理能力，减少了磨矿分级作业的运行成本和单位能耗，为矿山企业带来了显著的经济效益。

关键词： 螺线进料；柱式；水力旋流器；应用

1　引言

磨矿分级作业是选矿厂能耗最大的作业环节。据统计，磨矿能耗约占选矿厂总能耗的40%～60%，矿物嵌布粒度越细，要求磨矿粒度越细，则磨矿能耗越高。因此，磨矿分级作业工作状态的好与坏，直接关系到矿山的经济效益。磨矿分级作业中曾广泛使用的分级设备为重力沉降螺旋分级机，但由于其存在分级效率低、沉砂夹细多、不易获得较细的分级溢流细度、占地面积大等缺点，慢慢被分级效率更高的旋流器所替代，国外金属矿山分级设备现均采用旋流器。

但在国内，有很多老选厂与一段球磨机组成闭路的仍为螺旋分级机，这主要是由于常规旋流器与一段球磨机组成闭路时存在循环负荷过高、底流口易堵塞、分级效率较低等问题，由此造成整个磨矿分级工艺过程存在以下难点问题：（1）球磨机利用系数低，台时处理量低；（2）溢流跑粗影响后续选别，底流夹细易发生过磨，从而影响矿物总回收率；（3）返砂比过大造成输送浓度高，能耗高，且旋流器、管路及其给料泵等的磨损严重。

为解决螺旋分级机及常规旋流器存在的上述难点问题，威海市海王旋流器有限公司研制成功了一种用于高浓度、粗粒级分级作业的新型螺线进料柱式旋流器，已成功用于中钢、鞍钢、太钢、首钢、山钢等各大矿山的选矿厂，为用户创造了巨大的经济效益。

2　新型螺线进料柱式旋流器结构特点

进料体的任务是把高速直线运动的流体变为高速曲线（旋转）运动的流体，以便其在离心力场的有限空间完成有效的分离过程，因此进料体的形状和尺寸对水力旋流器的生产能力、分级效率等工艺指标有重要的影响。目前，常规旋流器的进料体与圆柱体相贯连接方式主要有切向进料管、渐开线型进料管等形式。根据海王公司近年来的研究，有效延长并引导流体流动方向能有效提高旋流器的性能，螺旋进料体的研制思路就从这里开始，使流体从进料口进入到旋流器主体之前，有一段逐渐靠近旋流器主体并螺旋下旋的管道，流体在此空间内由直线运动逐渐变为受管道引导的曲线运动，可有效降低流体的湍流程度及能量损耗，从而达到提高分级效率、减轻内衬磨损的目的。

同时，新型旋流器在边界结构上设计一个圆柱平底型结构，圆柱筒下方设有底盖，底盖上设有底流口，在处理高浓度、粗、重物料时，杜绝了粗重物料在筒体内的堆积现象，同时降低了循环负荷，提高了球磨机的处理量。

3 现场应用

新型螺线进料柱式旋流器已在多个现场成功替代常规旋流器及螺旋分级机，该新型旋流器具有分级效率高、返砂质量好、能耗低等优点，有效地提高了球磨机的处理量，显著地降低了磨矿分级作业系统的能耗和运行成本。

3.1 在某钢铁集团选矿厂一段磨矿分级工艺的应用实践

该选矿厂为两段磨矿、节磨节选工艺，一段为旋流器与 MQY3660 球磨机构成闭路，共两个系列，之前采用的为某厂家生产的常规结构旋流器，存在分级效率低、循环负荷过高、球磨机处理能力低等问题。

2013 年海王公司对该现场进行技术改造，将新型螺线进料旋流器用于二系列与仍使用常规旋流器的一系列进行对比，取得了良好的技术指标。表 1 是新型旋流器与常规旋流器的各项技术指标综合对比结果（球磨机有效容积 55m^3，球磨给矿 -200 目按 5% 计）。

表 1 某铁矿选矿厂新型旋流器与常规旋流器技术指标对比

种 类	参 数	新型旋流器	螺旋分级机	差 值
旋流器	球排（-200 目）/%	24.88	21.50	+3.33
	溢流（-200 目）/%	60.22	60.02	+0.20
	沉砂（-200 目）/%	10.03	14.36	-4.33
	分级质效率 η/%	55.95	35.69	+20.26
	分级量效率 E/%	71.61	43.65	+27.96
	循环负荷/%	238	539	-301
球磨机	球磨机处理量/t·h^{-1}	110	100	+10
	磨机利用系数/t·(m^3·h)$^{-1}$	2.0	1.82	+0.18
	磨矿效率 q_{-200}/t·(m^3·h)$^{-1}$	1.10	1.00	+0.10

由表 1 可见，新型螺线进料柱式旋流器与原来常规旋流器相比：

（1）就分级指标而言，旋流器进料细度提高 3.33 个百分点、溢流细度提高 0.20 个百分点、沉砂夹细降低 4.33 个百分点，分级质效率及量效率分别提高 20.26 和 27.96 个百分点。

（2）就循环负荷而言，从原来的 539% 降低到 238%，缓解了球磨过磨现象为后续选别及过滤创造好的条件，同时旋流器给矿泵的能耗也大幅降低。

（3）就磨矿指标而言，单台球磨机处理量提高 10%，利用系数提高 0.18t/(m^3·h)，磨矿效率提高 0.10 $_{-200}$t/(m^3·h)，即每台球磨机每小时可多产生合格的 -200 目粒级含量为 0.10×55 = 5.5t。

后期该选矿厂已用新型螺线进料柱式旋流器替代一系列原有旋流器，产生了显著的经济效益。

3.2 在某矿业公司进口矿一段磨矿分级工艺中的应用实践

该矿业公司选矿厂主要处理进口矿石，原矿品位在50%～55%，采用两段磨矿、节磨节选工艺，共两个系列。

原有工艺中一二段分级设备均使用螺旋分级机，去年二段分级设备由螺旋分级机改造为海王旋流器后，精矿粒度及品位均有所提高且稳定性好。为了进一步提高选厂的经济效益，今年其中一个系列一段使用海王公司的新型螺线进料柱式旋流器（另一个系列使用螺旋分级机作为对比），通过现场取样分析，该旋流器与分级机相比各项技术指标优势明显，指标综合对比结果见表2（球磨机有效容积11m³，皮带给矿 -200目按5%计）。

表2　新型柱式平底旋流器与分级机现场技术指标对比

种 类	参 数	新型旋流器	螺旋分级机	差 值
旋流器	球排(-200 目)/%	30.3	38.5	-8.2
	溢流(-200 目)/%	62.4	50.3	+12.1
	沉砂(-200 目)/%	12.5	20.0	-7.5
	分级质效率 η/%	54.2	30.4	+23.8
球磨机	球磨机处理量/t·h⁻¹	35	35	0
	磨矿效率 q_{-200}/t·(m³·h)⁻¹	1.83	1.44	+0.39

由表2可知，新型螺线进料柱式旋流器与螺旋分级机相比：

（1）就分级指标而言，溢流细度提高12.1个百分点，沉砂夹细降低7.5个百分点；分级质效率提高23.8个百分点。

（2）就磨矿指标而言，磨矿效率提高 0.39_{-200} t/(m³·h)，提高幅度为27.1%。

（3）新型旋流器的入料压力仅为0.05MPa，一方面降低了分级作业的能耗，另一方面减轻了泵和旋流器的磨损，提高了设备的使用寿命。

（4）使用旋流器替代螺旋分级机后，精矿粒度由 -200目占70%提高到80%，精矿品位提高1个百分点。

4　结语

通过新型螺线进料柱式旋流器在现场选矿厂的应用实践，充分证明了该新型旋流器在高浓度、粗粒级磨矿分级作业中具有以下优点：

（1）旋流器溢流细度高，沉砂夹细量少，分级效率高；

（2）返砂质量高，提高了球磨机的处理量；

（3）降低了磨矿分级作业的能量耗损和运行成本，经济效益显著。

总之，新型螺线进料柱式旋流器解决了常规旋流器及螺旋分级机用于高浓度、粗粒级矿物分级时的溢流粒度粗、沉砂夹细、分级效率低、循环负荷高等问题，并且在满足细度指标的条件下可提高球磨机的台时处理量及磨矿效率，因此在黑色金属矿选矿厂一段具有广泛的推广应用前景，其经济效益十分显著。

参 考 文 献

[1] 庞学诗. 水力旋流器理论与应用[M]. 长沙：中南大学出版社，2000.

[2] 褚良银，陈文梅. 旋转流分离理论[M]. 北京：冶金工业出版社，2002.

湖南某钨矿选矿试验研究

刘　方　刘书杰　苏建芳　赵　杰　张云海　王中明

（北京矿冶研究总院矿物加工科学与技术国家重点实验室，北京　102600）

摘　要： 湖南某钨矿含 WO_3 0.24%，其中含白钨 86.42%，黑钨 12.76%，钨华 0.82%，部分钨矿物嵌布粒度细，属于低品位钨矿。在工艺矿物学研究的基础上，进行了大量的试验研究，最终采用了重—浮联合流程获得了两个钨精矿，钨精矿 1 品位 WO_3 49.2%，回收率 38.44%；钨精矿 2 酸浸后品位 WO_3 70.53%，回收率 39.79%。钨总回收率为 78.23%。

关键词： 钨矿；低品位；选矿试验研究

钨矿选矿一般采用重选、重—浮联合流程或者全浮流程，针对不同钨矿在矿石嵌布粒度的不同采用的流程也不同。湖南某钨矿含 WO_3 0.24%，钨在矿石中主要以白钨矿的形式存在，占 87.42%，另有少量赋存在黑钨矿中。部分钨矿物粒度较细，难以回收，在工艺矿物学研究的基础上，探索不同选矿流程，最终实现了钨矿物的高效回收。

1　原矿性质

通过使用光学显微镜，结合扫描电镜—X 射线能谱分析、X 射线衍射分析等手段，矿石中的钨矿物主要为白钨矿，另有少量的黑钨矿；矿石中的金属矿物含量较少，主要为黄铁矿、金红石、毒砂等，有时可见黄铜矿、闪锌矿、磁铁矿、赤铁矿、褐铁矿、方铅矿、磁黄铁矿、钛铁矿、铜蓝、辉铜矿、菱铁矿、辉钼矿、辉铋矿、辉铋铅矿、自然铋、锡石、锆石等。非金属矿物主要为石英、白云母，其次为绿泥石、黑云母，另有少量的斜长石、萤石、磷灰石、方解石、透闪石、绢云母、重晶石等。

原矿多元素分析结果见表 1，原矿钨的化学物相分析结果见表 2。

表 1　原矿多元素分析结果　　　　　　　　　　（%）

元　素	WO_3	Cu	Mo	Fe	Pb	Zn
含　量	0.24	0.01	0.001	3.67	< 0.005	0.011
元　素	Bi	S	P	As	SiO_2	Al_2O_3
含　量	< 0.005	0.64	0.061	0.055	73.01	12.53
元　素	CaO	K_2O	Na_2O	MgO	TiO_2	
含　量	0.62	3.55	0.13	1.62	0.63	

表 2　钨的化学物相分析结果　　　　　　　　　　（%）

相　别	钨　华	白钨矿	黑钨矿	合　计
WO_3 含量	0.002	0.21	0.031	0.243
占有率	0.82	86.42	12.76	100.00

通过对原矿中白钨矿和黑钨矿粒度测量可知，矿石中白钨矿的粒度比黑钨矿的粒度粗，在0.074mm之上部分占70.08%，粒度主要集中在0.02~0.42mm之间；黑钨矿的粒度总体偏细，主要集中在0.02~0.104mm，且小于0.01mm的颗粒较多，占10.27%，这部分在磨矿过程中，不易与其他矿物解离。

2　选矿原则流程的选择

根据对原矿工艺矿物学研究和现场工业生产实践，可考虑采用重—浮联合的流程，其原则流程见图1。

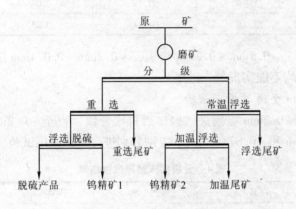

图1　重—浮流程原则流程

3　选矿工艺试验研究

3.1　重选抛尾试验

3.1.1　-0.5mm全通过分级摇床试验

原矿预先分级，+0.5mm级别进入磨矿后再次分级，直至-0.5mm全通过。然后分为-0.5+0.2mm，-0.2+0.074mm和-0.074mm三个级别分别进行摇床抛尾试验。试验结果见表3。

表3　分级摇床抛尾试验结果　　　　　　　　　　　　（%）

试验条件	产品名称	产　率	WO₃品位	WO₃回收率
-0.5mm+0.2mm	精　矿	0.63	8.74	23.95
	中　矿	4.96	0.11	2.38
	尾　矿	34.33	0.07	10.78
	给　矿	39.92	0.21	37.11
-0.2mm+0.074mm	精　矿	0.39	17.44	29.51
	中　矿	1.61	0.25	1.76
	尾　矿	24.41	0.06	5.85
	给　矿	26.40	0.32	37.12

（表头WO₃品位、WO₃回收率中下标以LaTeX表示）

续表 3

试验条件	产品名称	产 率	WO₃ 品位	WO₃ 回收率
	精　矿	0.12	20.03	10.12
−0.074mm	中　矿	1.11	0.78	3.76
	尾　矿	32.45	0.08	11.89
	给　矿	33.68	0.18	25.77
	总精矿	1.13	12.88	63.58
合　计	总中矿	7.67	0.24	7.90
	总尾矿	91.19	0.07	28.52
	原　矿	100.00	0.23	100.00

　　由试验结果可知，−0.5mm +0.2mm 级别、−0.2mm +0.074mm 级别和与 −0.074mm 级别尾矿品位较高，均不能实现预先抛尾。

3.1.2　−0.2mm 全通过摇床试验

　　原矿预先分级，+0.2mm 级别进入磨矿后再次分级，直至 −0.2mm 全通过。然后分为 −0.2mm +0.074mm 和 −0.074mm 两个级别分别进行摇床抛尾试验。试验结果见表4。

表 4　分级摇床抛尾试验结果　　　　　　　　　（％）

试验条件	产品名称	产 率	WO₃ 品位	WO₃ 回收率
	精　矿	1.92	6.28	51.98
+0.074mm 级别	中　矿	5.39	0.06	1.44
	尾　矿	47.60	0.02	4.31
	给　矿	54.91	0.24	57.80
	精　矿	0.52	10.70	23.95
−0.074mm 级别	中　矿	4.23	0.14	2.56
	尾　矿	40.34	0.09	15.66
	给　矿	45.09	0.22	42.20
	总精矿	2.44	7.22	75.92
合　计	总中矿	9.62	0.10	3.99
	总尾矿	87.94	0.05	18.97
	原　矿	100.00	0.23	100.00

　　试验结果表明，+0.074mm 级别可实现尾矿预先抛尾，抛尾产率相对于原矿的 47%。−0.074mm 级别不能实现预先抛尾。

3.2　细粒浮选试验

　　原矿预先分级，+0.2mm 级别进入磨矿后再次分级，直至 −0.2mm 全通过。然后分为 −0.2mm +0.074mm 和 −0.074mm 两个级别，−0.074mm 作为浮选给矿，采用碳酸钠作为调整剂，水玻璃作为抑制剂进行钨浮选试验，条件试验得到最佳药剂用量为：碳酸钠 2kg/t；水玻璃 1.5kg/t，捕收剂用量 200g/t。

3.2.1 捕收剂种类试验

为了考查不同捕收剂对钨浮选的影响，进行了捕收剂种类试验，试验流程见图2，试验结果见表5。

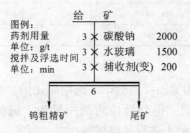

图例：
药剂用量 单位：g/t
搅拌及浮选时间 单位：min

给 矿

3 × 碳酸钠 2000
3 × 水玻璃 1500
3 × 捕收剂(变) 200

6

钨粗精矿   尾矿

图2 捕收剂种类试验流程

表5 捕收剂种类试验结果 （%）

捕收剂种类	产品名称	产 率	WO₃ 品位	WO₃ 回收率
BK418	钨粗精矿	4.20	4.85	83.83
	尾 矿	95.80	0.04	16.17
	原 矿	100.00	0.24	100.00
BK410	钨粗精矿	3.14	5.47	74.73
	尾 矿	96.86	0.06	25.27
	原 矿	100.00	0.23	100.00
油 酸	钨粗精矿	9.44	2.07	83.07
	尾 矿	90.56	0.04	16.93
	原 矿	100.00	0.24	100.00
733	钨粗精矿	5.97	2.71	67.98
	尾 矿	94.03	0.08	32.02
	原 矿	100.00	0.24	100.00

由试验结果可以看出，BK418 的选择性和捕收能力比较理想。综合考虑品位和回收率，选用 BK418 作为捕收剂进行后续试验。

3.2.2 闭路试验

根据条件试验结果，制定如图3所示的流程进行闭路试验，试验结果见表6。

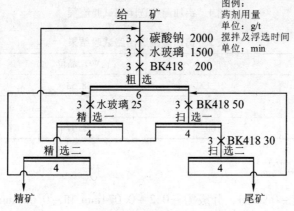

图例：
药剂用量 单位：g/t
搅拌及浮选时间 单位：min

给 矿

3 × 碳酸钠 2000
3 × 水玻璃 1500
3 × BK418 200

粗 选
6

3 × 水玻璃 25   3 × BK418 50
精 选一   扫 选一
4   4

3 × BK418 30

精 选二   扫 选二
4   4

精矿   尾矿

图3 闭路试验流程

<table>
<tr><td colspan="4" align="center">表6　闭路试验结果</td></tr>
</table>

产品名称	产　率	WO₃ 品位	WO₃ 回收率
钨精矿	1.51	13.34	83.97
尾　矿	98.49	0.04	16.03
原　矿	100.00	0.24	100.00

表6　闭路试验结果（%）

3.2.3　加温闭路试验

常温浮选得到的精矿作为加温浮选给矿，选用硫化钠、水玻璃和BK418作为加温浮选药剂，在试验室进行条件试验，得到最佳药剂用量为：硫化钠200g/t，水玻璃3000g/t，BK4185g/t。在条件试验的基础上进行闭路试验。

试验流程见图4，试验结果见表7。

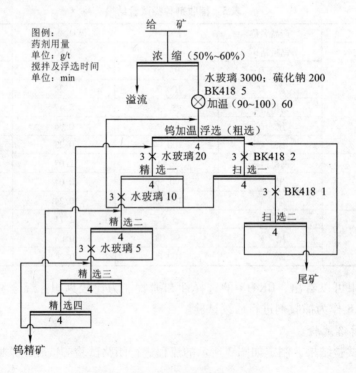

图4　钨加温精选闭路试验流程

<table>
<tr><td colspan="4" align="center">表7　钨加温精选闭路试验结果</td></tr>
</table>

产品名称	作业产率	WO₃ 品位	WO₃ 作业回收率
钨精矿	21.19	58.53	95.63
尾　矿	78.81	0.72	4.37
给　矿	100	12.97	100.00

表7　钨加温精选闭路试验结果（%）

3.3　重—浮全流程试验

将矿样全部磨至 -0.2mm，分级为 -0.2 +0.074mm 和 -0.074mm 两个级别，粗粒级别采用重选得到钨粗精矿，然后浮选脱硫得到钨精矿1；细粒级别直接常温浮选，得到的钨精矿经过加温浮选得到钨精矿2。

试验流程见图5，试验结果见表8。

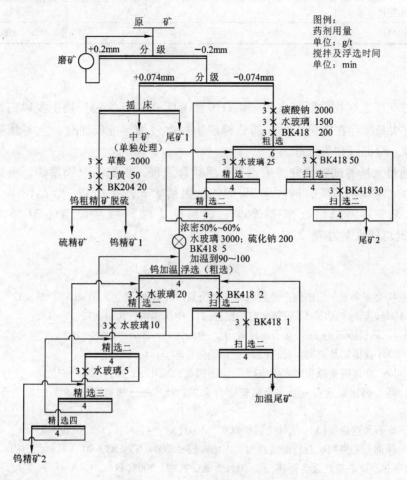

图5 重—浮全流程试验流程

表8 全流程试验结果 （%）

产品名称	产 率	WO₃ 品位	WO₃ 回收率
钨精矿1	0.18	49.02	38.44
钨精矿2	0.17	56.34	40.52
硫精矿	0.32	0.31	0.43
重选中矿	2.37	0.48	4.96
尾矿1	44.98	0.04	6.86
尾矿2	51.10	0.03	6.90
加温尾矿	0.88	0.50	1.89
原 矿	100.00	0.23	100.00

3.4 细粒加温浮选精矿酸浸试验

采用浓度为10%的盐酸对加温浮选钨精矿进行了酸浸试验，试验结果见表9。

表 9　精矿酸浸试验结果　　　　　　　　　　　　（%）

产品名称	作业产率	WO_3 品位	WO_3 作业回收率
酸浸钨精矿	78.44	70.53	98.19
浮选钨精矿	100.00	56.34	100.00

4　结论

（1）原矿工艺矿物学研究表明，矿石中含 WO_3 0.24%，钨矿物主要以白钨矿的形式存在，另有少量赋存在黑钨矿中。部分钨矿物粒度较细，难以回收。主要脉石矿物为石英、白云母、绿泥石和黑云母。

（2）通过大量的试验研究，采用重—浮联合流程，得到两个钨精矿，钨精矿 1 产率 0.18%，品位 WO_3 49.2%，回收率 38.44%；钨精矿 2 产率 0.17%，品位 WO_3 56.34%，回收率 40.52%；钨总回收率 78.96%；钨精矿 2 酸浸后品位 WO_3 70.53%，回收率 39.79%。钨总回收率为 78.23%。

参 考 文 献

[1] 中国钨业协会秘书处. 我国钨产业现状与发展前景[J]. 中国钨业，2004（5）：23～32.

[2] Micheal Maby. 国际钨协第 17 届年会市场报告[J]. 中国钨协，2004，12：9～13.

[3] Michtaby. 国际钨协第 14 届年会市场报告[J]. 中国钨业，2001，5～6：132.

[4] 祝修盛. 2004 我国钨品进出口分析[J]. 中国钨业，2005，1：17.

[5] Mark Seddon. 全球钨资源和未来供应[J]. 中国钨业，2001，5～6：135～137.

[6] 孙传尧，等. 钨铋钼萤石复杂多金属矿综合选矿新技术——柿竹园法[J]. 中国钨业，2004，10：8～13.

[7] 汪淑慧. 矿石预选进展[J]. 国外金属矿选矿，2003（3）：4～8.

[8] 刘建明. 深部开采黑钨矿石选矿实践[J]. 中国钨业，2004（5）：88～90.

[9] K. 卡斯蒂尔. 离心重选设备评述[J]. 国外金属矿选矿，2003（11）：4～6.

[10] 李平. 某选厂钨细泥回收工艺的研究[J]. 江西有色金属，2001（3）：24～26.